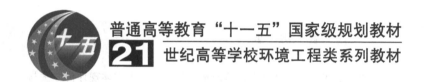

普通高等教育"十一五"国家级规划教材

21 世纪高等学校环境工程类系列教材

环境质量评价

（第二版）

刘 绮 潘伟斌 主编

华南理工大学出版社

·广州·

内 容 提 要

本书以评价理论、方法与技术为主线，各编、章密切结合环境质量评价应用，力求体现评价方法与评价对象相结合，理论与实践相结合。全书共分上编（第一章至第五章）、中编（第六章至第十一章）与下编（实例Ⅰ至实例Ⅶ）。上编系统地阐述了环境质量评价的发展简况及原理，同时给出区域环境影响评价的程序与环境质量评价图的绘制方法；中编则具体阐述了环境质量评价的方法与技术，按水环境影响评价、大气环境影响评价、生态环境影响评价、环境噪声影响评价、环境风险评价、环境-经济损益分析与评价，分章节论述；下编则给出七个建设项目环境影响评价的实例分析。

本书可供环境工程、环境科学、环境化学、环境生物专业本科生及研究生作为教学用书，也可供各类环境评价人员和环境科学工作者参考使用。

图书在版编目（**CIP**）数据

环境质量评价/刘绮，潘伟斌主编. —2 版. —广州：华南理工大学出版社，2008.5 （2024.6 重印）

（21 世纪高等学校环境工程类系列教材）

ISBN 978-7-5623-2828-5

I. ①环… Ⅱ. ①刘… ②潘… Ⅲ. 环境质量－评价－高等学校－教材 Ⅳ. X82

中国版本图书馆 CIP 数据核字（2008）第 059234 号

总 发 行：华南理工大学出版社（广州五山华南理工大学 17 号楼，邮编 510640）
营销部电话：020－87113487　87110964　87111048（传真）
E-mail：scutc13@ scut. edu. cn　　http://hg. cb. scut. edu. cn
责任编辑：孟宪忠
印 刷 者：广州小明数码印刷有限公司
开　　本：787mm×1092mm　1/16　**印张**：18.75　**字数**：480 千
版　　次：2008 年 5 月第 2 版　2024 年 6 月第 17 次印刷
定　　价：30.00 元

前　　言

　　环境质量评价是环境科学的一个重要分支，它从环境质量回顾评价、环境质量现状评价与环境影响评价的概念、理论、技术与方法出发，探讨环境质量与人类行为之间的关系，评价人类活动对环境质量的影响以及环境质量的变化对人类社会的生存和发展的影响，进行环境质量评价的最终目的是寻求环境-经济之间的协调发展。

　　环境质量评价课程是环境工程专业、环境科学专业的一门专业主干课。本书是在总结编者多年教学经验的基础上编写的，具有如下特点：

　　1. 全书以评价理论、方法和技术为主线，各编、章密切结合环境质量评价应用，力求体现评价方法与评价对象相结合，理论与实践相结合。

　　2. 本书较全面、系统地介绍了环境质量评价这门学科的概貌及其发展过程。

　　3. 鉴于近年来环境质量评价领域发展较快，本书增加了地理信息系统（Geographic Information System，GIS）在环境质量评价中应用的方法与技术和公众政策及公众参与方法在环境质量评价中的作用的内容。

　　4. 本书强调数学模型在环境质量评价中的应用，介绍了 QUAL-Ⅱ改进模型，阐述了传统的模糊数学方法在环境质量评价中的应用上存在的不足之处，并提出了改进的措施。

　　全书分上编、中编、下编共 12 章。上编环境质量评价导论，内容包括：环境质量评价的概念、目的及其发展概况；污染源调查与评价；环境质量现状评价；环境影响评价；环境质量评价图的绘制。中编环境影响评价的方法与技术，内容包括：水环境影响评价；大气环境影响评价；生态环境影响评价；环境噪声影响评价；环境风险评价；环境-经济分析损益与评价。下编建设项目环境影响评价实例，共列举了 7 个典型的实例。

　　本书可作为高等院校环境工程专业、环境科学专业、环境化学专业和环境生物学专业的教学用书，亦可供环境保护科学研究人员和环境评价人员、环境管理工作者参考。

　　我国环境保护事业发展至今，已由经济制约型向环境-经济协调型过渡，污染控制已由简单的单项治理向系统化的高层次管理过渡，相应地环境质量评价的理论、方法和技术正在迅速发展与完善。

　　为适应我国环境保护事业发展的要求和理工类高等院校环境专业的教学需要，我们编写了《环境质量评价》一书。本书由华南理工大学刘绮、潘伟斌主编，石林、李平参加了编写工作。

　　限于编者水平，书中错误和不妥之处在所难免，敬希读者批评指正。

编　者

2008 年 4 月于广州

目 录

上编 环境质量评价导论

上编　环境质量评价导论

第一章 环境质量评价的概念、目的及其发展概况

第一节 环境质量评价的概念与目的

一、环境质量评价的概念

自工业革命以来，特别是进入 20 世纪以来，科学技术和经济快速发展，但环境却付出了巨大代价。其中煤烟污染、石油污染、重金属污染、农药污染、难降解的有机物污染所造成的环境污染已成为一些国家的社会公害，成为世界关注的三大问题(资源、能源与环境)之一。人们要求保护环境的呼声日益高涨，环境质量评价工作也随之开展起来。

环境质量评价是对环境要素优劣进行定量的描述，即按照一定的评价标准(建立评价要素的等级序列，提供环境要素的质量分级)和评价方法对一定范围的环境质量进行定量的判定与预测。

环境质量评价要明确回答下列问题：某区域是否受到污染和破坏？程度如何？主要污染要素是什么？污染源何在？污染原因何在？该区域内什么区域环境质量最差？什么区域环境质量较好？等等。同时，要预测和定量地阐释环境质量的现状及变化趋势。

二、环境质量评价的目的

环境质量评价的目的还在于其参与研究和解决下列问题：①区域环境污染综合防治；②自然界与工业科学系统相互作用过程中如何维护生态平衡；③经济发展与环境保护之间协调发展的衡量标准；④能源政策的制定；⑤地方环境标准与行业环境标准的制定；⑥新建、改建、扩建项目计划与规划；⑦环境科研；⑧环境管理等等。

第二节 环境质量评价发展概况

一、国外环境质量评价发展概况

国外环境质量评价始于 20 世纪 60 年代中期，最早进行环境质量评价的是美国"格林大气污染综合指数评价"(1966 年)，其后陆续提出了"可呼吸到的厌恶污染物含量指数(MURC index)"，美国 1969 年制定的"国家环境政策法"(National Environment Protection Agency，NEPA)在世界上首次把环境影响评价制度作为国家政策确定下来。加利福尼亚州是美国第一个把环境影响评价制度列为州法律的州。例如，加利福尼亚大学承担的综合开发旧金山一带的环境影响评价工作的报告中同时对几个方案进行比较评价，以选择一个最优方案。到 1976 年 6 月，美国按 NEPA 要求所作的环境影响评价报告书共 7 334 份，其主要评价对象是对环境有相当影响的联邦政府的主要开发项目，尤其是农业部、运输部、原子能委员会、陆军工兵部队、内务部等的开发项目。

瑞典在 1969 年制定了以环境影响评价为中心的国家环境保护法，并成立了由环境保

护人员、法律专家、工业界人员等组成的"环境保护许可委员会"。开发项目的环境影响报告先由环境保护局进行技术审查，然后由"批准局"决定是否颁发许可证（当时瑞典审查的依据仅是根据大气污染、水质污染的排放标准、布局状况及项目给当地经济带来的影响）。

日本虽然在 20 世纪 60 年代后期已注重环境质量评价工作（浓度控制方式、总量控制方式、按变化的排放量分配方式等），然而直到 1972 年才把环境影响评价作为一项政策来实施，1976 年才提出把环境影响评价制度列为国家的专门法律。1973 年 6 月对北海道的苫小牧东部工业基地的环境影响评价和有关发电厂布局的环境影响评价，是日本在此领域的几个早期案例。

英国从 1970 年开始探讨环境影响评价制度，较强调项目开发后的系统的环境监测计划，并在 1971—1972 年对该国在 1943 年制定的"城市、农村计划法"进行了修改。该法要求对所有开发项目进行环境影响评价，这实际上是当时环境影响评价工作的基础；1974—1977 年平均每年审查 25 ~ 50 个开发项目，而 S. LROSS 在 1977 年对英国克鲁德河流主流与支流进行的水质评价中，仅以 BOD_5、氨氮、悬浮固体及 DO 四项为评价参数。

新西兰在 1973 年 11 月内阁会议上通过了环境保护与改善步骤的条例，虽然其中提出了要做环境影响评价，但只要求对环境有重大影响的项目，如公路建设、电力建设、住宅建设等做环境影响评价。

在东欧，原苏联等国采用统一的物理 – 化学指标进行评价，同时也考虑生物指标。20世纪 70 年代初期，就已在伏尔加河、顿河、莫斯科河建立了河流污染平衡模式，配合水质预报及最优化控制的水质评价研究进展速度较快。

从评价方法方面来说，早在 20 世纪 60 年代末期至 70 年代初期，国外的环境质量现状评价方法有几十种，环境影响评价方法也有几十种。纵观其发展，在当时就已形成了由单目标向多目标（Multiobjective Program）、由单环境要素向多环境要素、由单纯的自然环境系统向自然环境与社会环境的综合系统、由静态分析向动态分析的发展趋势。

二、我国的环境质量评价工作

我国环境质量评价工作是从 20 世纪 70 年代初期开始发展的，大体上经历了以下四个阶段。

1. 初步尝试阶段（1972—1976 年）

这一阶段从官厅水库水质调查工作开始至成都区域环境会议为止。我国在此阶段探讨了环境质量评价的指数表达等诸多方法，此阶段末期（1976 年）国家还对上海金山地区的环境质量本底值与现状做了大量调研工作，而后，冶金部又组织国内一些单位配合宝山钢铁公司对宝钢地区进行了环境现状评价与预测评价。

2. 广泛探索阶段（1977—1979 年）

这一阶段从成都区域环境会议到南京区域环境学术研讨会为止。该阶段国内环境保护工作者对环境质量评价的理论和方法进行了较广泛的探索，其评价工作实践也从以水体评价为主而扩展到大气、噪声、土壤、人群与整个区域环境等，诸如北京西郊环境质量评价、南京市环境质量评价等等。

3. 全面发展阶段（1980—1981 年）

这一阶段从南京区域环境学术会议到第一次全国环境质量评价学术研讨会为止。该阶段环境质量评价工作在全国各城市普遍展开，如"沈阳市环境质量评价和污染防治综合途径研究"、"鸭绿江下游环境质量评价与污染防治研究"。这一时期的环境质量评价工作已不限于受污染的环境，还涉及美学环境、社会环境等等。这一阶段环境质量评价工作的特点是：

① 由环境单要素评价发展到区域环境综合评价。

② 由环境现状评价发展到环境影响评价。

③ 由受污染与否的环境评价发展到自然和社会相结合的全环境评价。

④ 由城市环境质量评价逐步发展到水体环境、农田生态环境、海域环境、风景旅游环境、居住生活环境、工业区生产环境等多领域的环境质量评价。

⑤ 在评价理论与方法上，已经不限于环境监测数据的指数评价，提出了大量的模糊数学、概率统计、信息论等数学方法。由于系统工程理论与方法的引入，使环境评价理论在地学、生态学、化学、卫生学等领域得到广泛发展。例如，用热力学的熵的概念分析环境变异，把干燥度和化学平衡理论应用于环境功能区划等。

4．实施环境影响评价阶段

自 1979 年《中华人民共和国环境保护法（试行）》颁布以来，建设项目的环境影响评价在我国已制度化。1981 年，国家经委、计委、建设部与国务院环保办联合发布《基本建设项目环境保护管理办法的通知》（（81）国环字 12 号），使新建、改建、扩建项目的环境影响评价有了在全国城乡实施的细则。从此，环境影响评价工作在我国更广泛地开展起来。

1984 年，国务院颁布了《关于加强乡镇、街道企业环境管理的规定》（（84）国发第135 号），规定"所有新建、改建、扩建或转产的乡镇、街道企业，都须填写《环境影响报告表》"。

1986 年 3 月在河北省石家庄市召开的全国第二次环境质量评价学术研讨会上，除了按综合评价、环境管理、大气评价与水体评价四个专题进行研讨之外，还就区域环境影响评价与区域规划、环境评价中的生态学研究、乡镇企业的环境评价、风险评价、经济损益评价等进行了研讨，对评价理论、评价内容、评价的指标体系、预测评价方法等进行了进一步的研究。

1986 年，国家环保局颁布了《建设项目环境保护管理办法》（（86）国环字第 003号），简称"《86 管理办法》"，该文件较 1981 年颁布的《管理办法》扩大了管理范围，充实了管理内容，进一步明确了职责。

1987 年，国家计委和国家环境保护委员会又颁布了《建设项目环境保护设计规定》（（87）国环字第 002 号）；与此同时，在"七五"期间，有关部、委和各省市根据本地区的实际状况，结合贯彻《86 管理办法》而相应地制定了一批有关建设项目环境管理实施办法或细则，使国家法规与地方法规有机地构成了环境影响评价的制度体系。

1988 年 3 月，国家环保局颁布了《关于建设项目环境管理问题若干意见》，进而促进了环境影响评价工作的开展。到 1989 年 4 月，国家环保局又颁布《建设项目环境影响评价证书管理办法》（（89）环监字第 281 号），（89）评价证书管理办法代替（86）评价证书管理办法（试行），同时以附件形式公布了对持有《建设项目环境影响评价证书》单位的考核规定。

1998 年 11 月 18 日国务院第 10 次常务会议通过了《建设项目环境保护管理条例》，这标志着我国建设项目的环境保护管理进入了一个新时期。

为统一我国环境影响评价技术，使环境影响报告书的编制规范化，国家环境保护总局组织力量编写了《环境影响评价技术导则》，现已出版的有《HJ/T2.1—93 总纲》、《HJ/T2.3 地面水环境》、《HJ/T2.4—1995 声环境》、《HJ/T19—1997 非污染生态影响》。

在总结了《中华人民共和国环境保护法(试行)》执行 10 年的基础上，经过认真修改的《中华人民共和国环境保护法》（以下简称《环境保护法》）已由七届全国人大常委会第十一次会议通过，自 1989 年 12 月 26 日起实行的《环境保护法》是我国环境保护的基本法律，其第十三条规定："建设污染环境的项目，必须遵守国家有关建设项目环境保护管理的规定。建设项目的环境影响报告书必须对建设项目产生的污染和对环境的影响做出评价，规定防治措施，经项目主管部门预审并依照规定的程序报环境保护行政主管部门审批。环境影响报告书经批准后，计划部门方可批准建设项目设计任务书。"

第三节　环境质量评价的分类

1. 按时间要素划分

（1）环境质量回顾评价

对区域某一历史时期的环境质量进行评价的依据是历史资料。通过回顾评价可以揭示区域环境污染的变化过程。

（2）环境质量现状评价

对目前的环境质量状况进行量化分析，反映的是区域环境质量现状。

（3）环境质量影响评价

国家实行建设项目环境影响评价制度，可按下列三项规定对建设项目的环境保护实行分类管理：

① 建设项目对环境可能造成重大影响的，应当编制环境影响报告书，对建设项目产生的污染和环境影响要全面地详细地进行评价；

② 建设项目可能对环境造成轻度影响的，应当编制环境影响报告表，对建设项目产生的污染和对环境的影响进行分析或专项评价；

③ 建设项目对环境影响很小，不需要进行环境影响评价的，应当填报环境影响登记表。

环境影响评价与环境质量评价（又称环境质量现状评价）是性质上完全不同的两项工作，无论是工作目的、任务、内容和方法都各不相同，而不仅仅只是过去、现在、未来时间系列中的差别。其主要差别见表 1-1。

表1-1 环境影响评价与环境质量评价的区别

区别	环境影响评价	环境质量评价
工作目的	防患于未然，为建设项目合理布局或区域开发提供决策依据	为环境规划、综合整治提供科学依据
工作性质	环境影响预测	环境现状评定
工作对象	建设项目、区域开发计划	区域性自然环境
工作特点	工程性、经济性	区域性
工作方法	收集资料、模拟试验、监测、模式预测	环境调查与监测

2. 按环境要素与参数选择划分

（1）单环境要素评价：大气、地表水、地下水、土壤（农业土、自然土）、作物、噪声等的评价。

（2）部分要素的联合评价：地表水与地下水的联合评价、土壤与农作物的联合评价、河口与近岸海域水质的联合评价等。

（3）整体环境的综合评价：对环境诸要素（水环境、大气环境、噪声环境等）的综合评价。

（4）参数选择划分：物理评价、生物学评价、生态学评价、卫生学评价、农业环境质量评价。

3. 按评价的区域划分

按评价的区域可分为城市环境质量评价、海域环境质量评价、风景游览区环境质量评价等。

第四节 环境标准

一、环境标准的分类

环境标准是环境评价的主要依据之一，按执行范围可分为国家标准与地方标准；按行为方式可分为排放标准与环境质量标准。此外，还有环境基础标准、环境方法标准、环境标准物质标准等。

1. 环境质量标准

环境质量标准是在保障人体健康、维护生态良性循环和保障社会物质财产的基础上，并考虑技术经济条件，对环境中有害物质或因素所做的限制性规定。

这类标准系指在一定的地理范围内或介质（水、大气、土壤）内等环境中规定的有害物质容许含量。它是衡量环境是否受到污染的尺度，也是有关部门进行环境管理、制定污染物排放标准的依据。环境质量标准主要包括：大气质量标准、水质质量标准、环境噪声及土壤、生态质量标准等。

水质质量标准按水体类型可分为：地表水水质标准、海水水质标准、地下水水质标准。按水源用途又可分为：生活饮用水水质标准、渔业用水水质标准、农业灌溉用水水质标准及工业用水水质标准等。

环境质量标准分为国家和地方标准，并有现行和超前标准。

（1）国家环境质量标准

由国家规定，按照环境要素和污染因素分成大气、水质、土壤、噪声、放射性等环境质量标准与污染因素控制标准，适用于全国范围。国家环境质量标准还包括中央各部门对一些特定地区，为特定目的、要求制定的环境质量标准。如：GB 3095—1996《环境空气质量标准》；GB 3838—1999《地表水环境质量标准》；GB 3096—93《城市区域环境噪声标准》；《生活饮用水卫生标准》；《工业企业设计卫生标准》；《渔业水质标准》等。

（2）地方环境质量标准

这种标准是国家环境质量标准的补充和具体化，它可以根据地区的实际情况对某些标准要求更严格些。

2. 污染物排放标准

污染物排放标准是根据环境质量要求，结合环境特点和社会技术经济条件，对污染源排入环境的有害物质和产生的各种因素所做的控制标准。这类标准是指国家根据技术上的可行性和经济上的合理性，规定污染源排放污染物的容许浓度或数量（可分别列出现行标准和超前标准）。它可以起到直接控制污染源的作用，是实现环境质量目标的重要控制手段。

（1）国家排放标准

这是国家对不同行业、公用设备（如汽车、锅炉等）制订的通用排放标准。原则上各地区都执行这种标准。但由于行业多，排放的污染物种类多，加之生产工艺、设备、企业规模、污染治理水平等方面的差异，故按行业、产品品种、工艺水平和重点排污设备制订排放标准。如 GB 16297—1996《大气污染物综合排放标准》；GB 13271—91《锅炉大气污染物排放标准》；GB 8978—1996《污水综合排放标准》；GB 12348—90《工业企业厂界噪声标准》。

（2）地方排放标准

由于当地的环境条件等因素，国家级排放标准不适用于当地环境特点和要求时，则需要制订地方控制污染源的标准。它可以起到补充、修订、完善国家标准的作用。

地方排放标准一般是针对重点城市、主要水系（河段）和特定地区制定的。“特定地区”是指国家规定的自然保护区、风景游览区、水源保护区、经济渔业区、环境容量小的人口稠密城市、工业城市和经济特区等。

3. 环境基础标准

这是在环境标准化工作范围内，对有指导意义的符号、代号、图式、量纲、导则等所做的统一规定，是制订其他环境标准的基础。如制订地方大气污染排放标准的技术原则和方法（GB 13201—93）；制订地方污水排放标准的技术原则和方法（GB/T 3839—83）；环境保护标准的编制、出版、印刷标准等。

4. 环境方法标准

环境方法标准是针对环境保护对象所规定的对其进行试验、分析、统计、计算、测定等方法为对象而制定的标准。如 GB/T 14623—93《城市区域环境噪声测量方法》；GB 12349—90《工业企业厂界噪声测量方法》；GB 12524—90《建筑施工场噪声测量方法》；GB 5468—85《锅炉烟尘测试方法》；GB 9661—88《机场周围飞机噪声测量方法》；GB 7466～7494—87《水质分析方法标准》；GB3847—83《汽车、柴油机全负荷烟度测量方法》等。

5．环境标准物质标准

这是对环境标准物质必须达到的要求所做的规定。环境标准物质是在环境保护工作中，用来标定仪器、验证测量方法，进行量值传递或质量控制的材料或物质，如土壤：ESS—1 标准样品（GSBZ5001—87）、水质—COD 标准样品等。

6．环境保护其他标准

除以上标准之外，还有环保行业标准（HJ），它是对在环保工作中还需统一协调的如仪器设备、技术规范、管理办法等所做的统一规定。例如 HJ/T2.4—1995《环境影响评价技术导则·声环境》；HJ/T19—1997《环境影响评价技术导则·非污染生态影响》。

二、我国主要环境标准及标准实例

概括地说，环境标准体系是各个具体的环境标准按其内在联系组成的科学整体系统。我国的环境标准体系可由三类二级标准组成，即环境质量标准、污染物排放标准、基础标准与方法标准三类；国家标准和地方标准两级。

1．水环境标准体系

（1）水环境质量标准

①《地表水环境质量标准》（GB 3838—2002）

②《海水水质标准》（GB 3097—1997）

③《渔业水质标准》（GB 11607—89）

④《景观娱乐用水水质标准》（GB 12941—91）

⑤《农田灌溉水质标准》（GB 5085—92）

⑥《地下水质量标准》（GB/T 14848—93）

（2）污染物排放标准

综合污水排放标准（GB 8978—1996），以及烧碱、聚氯乙烯、磷肥、航天推进剂、兵器、合成氨、肉类加工、钢铁、造纸、纺织染整、海洋石油、船舶、船舶工业等行业污水污染物排放的行业标准。

（3）基础标准

①《水质词汇第一部分和第二部分》（GB 6818—86）

②《水质词汇第三部分～第七部分》（GB 11915—89）

③《环境保护图形标志·排放口（源）》（GB 15562—1995）

2．大气环境标准体系

（1）大气环境质量标准（GB 3095—1996）

（2）大气的污染物排放标准（GB 16297—1996），以及水泥厂、工业炉窑、火车焦炉、火电厂、锅炉、摩托车、汽车等行业大气污染物行业排放标准和污染物排放标准。

3．部分其他环境标准

①《电磁辐射防护规定》（GB 8702—88）

②《辐射防护规定》（GB 8703—88）

③《工业企业厂界噪声标准》（GB 12348—90）

④《建筑施工场界噪声标准》（GB 12523—90）

⑤《城市区域环境噪声标准》（GB 3096—93）

⑥《土壤环境质量标准》（GB 15618—1995）

4．主要环境质量标准实例

（1）《地表水环境质量标准》（GB 3838—2002）

本标准自 2002 年 6 月 1 日起实施，代替原《地表水环境质量标准》（GBZB 1—1999）。本标准规定了水域功能分类、水质要求、标准的实施等。它适用于中华人民共和国领域内江、河、湖泊、水库等具有适用功能的地表水水域。

① 地表水水质要求见表 1-2。

表 1-2　地表水环境质量标准基本项目标准限值　　　　　　　单位：mg/L

序号	项目 标准值 分类		I 类	II 类	III 类	IV 类	V 类
1	水温（℃）		人为造成的环境水温变化应限制在：周平均最大温升≤1　周平均最大温降≤2				
2	pH 值（无量纲）		6～9				
3	溶解氧	≥	饱和率90%（或7.5）	6	5	3	2
4	高锰酸盐指数	≤	2	4	6	10	15
5	化学需氧量（COD）	≤	15	15	20	30	40
6	五日生化需氧量（BOD_5）	≤	3	3	4	6	10
7	氨氮（NH_3-N）	≤	0.15	0.5	1.0	1.5	2.0
8	总磷（以 P 计）	≤	0.02（湖、库0.01）	0.1（湖、库0.025）	0.2（湖、库0.05）	0.3（湖、库0.1）	0.4（湖、库0.2）
9	总氮（湖、库，以 N 计）	≤	0.2	0.5	1.0	1.5	2.0
10	铜	≤	0.01	1.0	1.0	1.0	1.0
11	锌	≤	0.05	1.0	1.0	2.0	2.0
12	氟化物（以 F^- 计）	≤	1.0	1.0	1.0	1.5	1.5
13	硒	≤	0.01	0.01	0.01	0.02	0.02
14	砷	≤	0.05	0.05	0.05	0.1	0.1
15	汞	≤	0.00005	0.00005	0.0001	0.001	0.001

序号	标准值 项目	分类	I 类	II 类	III 类	IV 类	V 类
16	镉	≤	0.001	0.005	0.005	0.005	0.01
17	铬（六价）	≤	0.01	0.05	0.05	0.05	0.1
18	铅	≤	0.01	0.01	0.05	0.05	0.1
19	氰化物	≤	0.005	0.05	0.2	0.2	0.2
20	挥发酚	≤	0.002	0.002	0.005	0.01	0.1
21	石油类	≤	0.05	0.05	0.05	0.5	1.0
22	阴离子表面活性剂	≤	0.2	0.2	0.2	0.3	0.3
23	硫化物	≤	0.05	0.1	0.2	0.5	1.0
24	粪大肠菌群（个/L）	≤	200	2 000	10 000	20 000	40 000

除限值外，还要求水体不应有非自然原因所导致的下述物质：

a. 能形成令人感官不快的沉淀物的物质；

b. 令人感官不快的漂浮物，诸如碎片、浮渣、油类等；

c. 产生令人厌恶的色、味或浑浊度的物质；

d. 对人类、动植物有毒、有害或带来不良生理反应的物质；

e. 易滋生令人厌恶的水生生物的物质。

② 水域功能分类　本标准依据地面水水域适用目的和保护目标将其分为五类。

I 类　主要适用于源头水、国家自然保护区；

II 类　主要适用于集中式生活饮用水水源地一级保护区、珍贵鱼类保护区、鱼虾产卵场等；

III 类　主要适用于集中式生活饮用水水源地二级保护区、鱼虾类越冬场、洄游通道、水产养殖区等渔业水域及游泳区；

IV 类　主要适用于一般工业用水区及人体非直接接触的娱乐用水区；

V 类　主要适用于农业用水区及一般景观要求水域。

同一水域兼有多类功能的，依最高功能划分类别。

（2）《环境空气质量标准》（GB 3095—1996）

此标准将环境空气质量功能区分为三类，相应地将环境空气质量标准分成三级，并规定一类区执行一类标准，二类区执行二类标准，三类区执行三类标准。一类区为自然保护区、风景名胜区和其他需要特殊保护的地区；二类区为城镇规划中确定的居住区、商业交通居民混合区、文化区、一般工业区和农村地区；三类区为特定的工业区。通常一类区由国家确定，二、三类区及其适用的地带范围由地方人民政府确定。

① 浓度限值　表 1-3 列出了《环境空气质量标准》各级各项污染物浓度限值。在环境空气影响评价工作中，表 1-3 未列出的项目可参照其他标准执行，但无论执行什么标准都应在当地环保主管部门批准确认后执行。表中的年平均、季平均、月平均指任何一年、季、月的日平均浓度的算术均值；日平均、一小时平均指任何一日、一小时的平均浓度；植物生长季指任何一个植物生长季月平均浓度的算术均值。

表 1-3　环境空气各级各项污染浓度限值

污染物名称	取值时间	浓度限值			浓度单位
		一级标准	二级标准	三级标准	
二氧化硫(SO_2)	年平均	0.02	0.06	0.10	mg/m^3
	日平均	0.05	0.15	0.25	
	时平均	0.15	0.50	0.70	
总悬浮颗粒物(TSP)	年平均	0.08	0.20	0.30	
	日平均	0.12	0.30	0.50	
可吸入颗粒物(PM_{10})	年平均	0.04	0.10	0.15	
	日平均	0.05	0.15	0.25	
氮氧化物(NO_x)	年平均	0.05	0.05	0.10	
	日平均	0.10	0.10	0.15	
	时平均	0.15	0.15	0.30	
二氧化氮(NO_2)	年平均	0.04	0.04	0.08	
	日平均	0.08	0.08	0.12	
	时平均	0.12	0.12	0.24	
一氧化碳(CO)	日平均	4.00	4.00	6.00	
	时平均	10.00	10.00	20.00	
臭氧(O_3)	时平均	0.12	0.16	0.20	
铅(Pb)	季平均	1.50			μg/m^3
	年平均	1.00			
苯并[a]芘(B[a]P)	日平均	0.01			
氟化物(F)	日平均	7[①]			μg/m^3
	时平均	20[①]			
	月平均	1.8[②]		3.0[③]	
	植物生长季平均	1.2[②]		2.0[③]	

注：① 适用于城市地区；② 适用于牧业区和以牧业为主的半农半牧区，蚕桑区；③ 适用于农业和林业区。

② 环境空气质量标准的不同级别保护目的　一级标准是为保护自然生态和人类健康，在长期接触情况下不发生任何危害影响的空气质量要求。二级标准是为保护人群健康和城市、乡村的动、植物，在长期和短期接触情况下不发生伤害的空气质量要求。三级标准是为保护人群不发生急、慢性中毒和城市一般动、植物（敏感者除外）正常生长的空气质量要求。

（3）城市区域环境噪声标准（GB 3096—2008）

该标准规定了城市五类区域的环境噪声最高限值，适用于城市区域；乡村生活区域可参照执行。

① 标准值　城市五类环境噪声限值列于表1－4。

表1－4　环境噪声限值　　　　　　　　　　　　　dB（A）

声环境功能区类别 时　段		昼　间	夜　间
0 类		50	40
1 类		55	45
2 类		60	50
3 类		65	55
4 类	4a 类	70	55
	4b 类	70	60

② 各类标准的适用区域　0 类标准适用于疗养区、高级别墅区、高级宾馆区等特别需要安静的区域。位于城郊和乡村的这一类区域分别按严于 0 类标准 5 dB 执行。1 类标准适用于以居住、文教机关为主的区域，乡村居住环境可参照该类标准执行。2 类标准适用于居住、商业、工业混杂区。3 类标准适用于工业区。4 类标准适用于城市中的道路交通干线道路两侧区域，穿越城区的内河航道两侧区域，穿越城区的铁路主、次干线两侧区域的背景噪声（指不通过列车时的噪声水平）限值也执行该类标准。夜间突发的噪声，其最大值不准超过标准值 5 dB。

（4）污染物最高允许排放浓度标准

按照国家综合排放标准与国家行业排放标准不交叉执行的原则，造纸工业执行《造纸工业水污染物排放标准（GB 3544—92）》，船舶执行《船舶污染物排放标准（GB 3552—83）》，船舶工业执行《船舶工业污染物排放标准（GB 4286—84）》，海洋石油开发工业执行《海洋石油开发工业含油污水排放标准（GB 4914—85）》，纺织染整工业执行《纺织染整工业污水污染物排放标准（GB 4287—92）》，肉类加工工业执行《肉类加工工业水污染物排放标准（GB 13457—92）》，合成氨工业执行《合成氨工业水污染物排放标准（GB 13458—92）》，钢铁工业执行《钢铁工业水污染物排放标准（GB 13456—92）》，航天推进剂使用执行《航天推进剂水污染物排放标准（GB 14374—93）》，兵器工业执行《兵器工业水污染物排放标准（GB 14470.1～14470.3—93 和 GB 4274～4279—84）》，磷肥工业执行《磷肥工业水污染物排放标准（GB 15580—1995）》，烧碱、聚氯乙烯工业执行《烧碱、聚氯乙烯工业水污染物排放标准（GB 15581—1995）》，其他水体污染物排放均执行表1－5 与表1－6列出的第一类污染物（毒性较大且仅容许在车间排放口排放的污染物如 Hg、Cd、Pb、As、

Cr 等)与第二类污染物(毒性相对小些可在工厂排污口排放的污染物如 COD_{Cr}、挥发酚等)。

表1-5 第一类污染物最高允许排放浓度　　　　　　　　　　　　mg/L

序号	污染物	最高允许排放浓度
1	总汞	0.05
2	烷基汞	不得检出
3	总镉	0.1
4	总铬	1.5
5	六价铬	0.5
6	总砷	0.5
7	总铅	1.0
8	总镍	1.0
9	苯并[a]芘	0.000 03
10	总铍	0.005
11	总银	0.5
12	总 α 放射性	1 Bq/L
13	总 β 放射性	10 Bq/L

表1-6 第二类污染物最高允许排放浓度

(1997 年 12 月 31 日之前建设的单位)　　　　　　　　　　　　mg/L

序号	污染物	适用范围	一级标准	二级标准	三级标准
1	pH	一切排污单位	6～9	6～9	6～9
2	色度 (稀释倍数)	染料工业	50	180	—
		其他排污单位	50	80	—
3	悬浮物（SS）	采矿、选矿、选煤工业	100	300	—
		脉金选矿	100	500	—
		边远地区砂金选矿	100	800	—
		城镇二级污水处理厂	20	30	—
		其他排污单位	70	200	400

序号	污染物	适用范围	一级标准	二级标准	三级标准
4	5 日生化需氧量（BOD₅）	甘蔗制糖、苎麻脱胶、湿法纤维板工业	30	100	600
		甜菜制糖、酒精、味精、皮革、化纤浆粕工业	30	150	600
		城镇二级污水处理厂	20	30	—
		其他排污单位	30	60	300
5	化学需氧量（COD）	甜菜制糖、焦化、合成脂肪酸、湿法纤维板、染料、洗毛、有机磷农药工业	100	200	1000
		味精、酒精、医药原料药、生物制药、苎麻脱胶、皮革、化纤浆粕工业	100	300	1000
		石油化工工业（包括石油炼制）	100	150	500
		城镇二级污水处理厂	60	120	—
		其他排污单位	100	150	500
6	石油类	一切排污单位	10	10	30
7	动植物油	一切排污单位	20	20	100
8	挥发酚	一切排污单位	0.5	0.5	2.0
9	总氰化合物	电影洗片（铁氰化合物）	0.5	5.0	5.0
		其他排污单位	0.5	0.5	1.0
10	硫化物	一切排污单位	1.0	1.0	2.0
11	氨氮	医药原料药、染料、石油化工工业	15	50	—
		其他排污单位	15	25	—
12	氟化物	黄磷工业	10	20	20
		低氟地区（水体含氟量 <0.5 mg/L）	10	20	30
		其他排污单位	10	10	20
13	磷酸盐（以 P 计）	一切排污单位	0.5	1.0	—
14	甲醛	一切排污单位	1.0	2.0	5.0
15	苯胺类	一切排污单位	1.0	2.0	5.0
16	硝基苯类	一切排污单位	2.0	3.0	5.0
17	阴离子表面活性剂（LAS）	合成洗涤剂工业	5.0	15	20
		其他排污单位	5.0	10	20
18	总铜	一切排污单位	0.5	1.0	2.0

序号	污染物	适用范围	一级标准	二级标准	三级标准
19	总锌	一切排污单位	2.0	5.0	5.0
20	总锰	合成脂肪酸工业	2.0	5.0	5.0
		其他排污单位	2.0	2.0	5.0
21	彩色显影剂	电影洗片	2.0	3.0	5.0
22	显影剂及氧化物总量	电影洗片	3.0	6.0	6.0
23	元素磷	一切排污单位	0.1	0.3	0.3
24	有机磷农药（以P计）	一切排污单位	不得检出	0.5	0.5
25	粪大肠杆菌群数	医院*、兽医院及医疗机构含病原体污水	500 个/L	1000 个/L	5000 个/L
		传染病、结核病医院污水	100 个/L	500 个/L	1000 个/L
26	总余氯（采用氯化物消毒的医院污水）	医院*、兽医院及医疗机构含病原体污水	<0.5	>3（接触时间≥1h）	>2（接触时间≥1h）
		传染病、结核病医院污水	<0.5	>6.5（接触时间≥1.5h）	>5（接触时间≥1.5h）

注：*指 50 个床位以上的医院。

三、污染物排放标准制定方法及说明

1. 制定污染物排放标准的原则

制定污染物排放标准时考虑了以下原则：

① 以满足环境质量标准的要求为出发点　控制污染物排放的最终目的是保护人群健康和促进生态良性循环，因此制定污染物排放标准要以国家和地区的环境质量标准为目标。人们一直努力探索两者之间的数量关系，现已提出了多种相关模式。我国组织制定的地区大气和水污染物排放标准的制定原则和方法也是为了解决这个问题。

② 可行性　制定排放标准要很好地体现技术先进性与经济合理性的统一。排放标准所依赖的控制技术，要从我国的实际情况出发，不是越先进、越高级越好。盲目追求高效率，甚至所谓"零排放"，往往会造成社会财力、物力的极大浪费。因此，在使用净化设备控制污染物的排放时，要着重研究所需要的投资、运转等费用与可能取得的效果之间的关系。

③ 要考虑环境特征　制定排放标准要考虑环境特征，如环境容量，区域的功能，污染源的构成、分布与密度等。考虑区域的环境容量有巨大的经济意义。排放标准要求控制

的只是超过当地环境容量的部分。环境容量大的地方可适当放宽排放标准，避免不必要的耗费防治资金；反之，环境容量小，产业经济密度和人口密度大的地方的排放标准就要适当严一些，以保证实现环境质量要求。

④ 控制污染与促进经济发展相结合　在制定排放标准时要处理好控制污染与促进经济的辩证统一关系。目前，我国的工业生产中，能源、资源和各种原材料消耗率还较大。例如，我国的工业锅炉耗煤占全国总量的1/3，平均热效率仅为55%左右，煤烟、尘等随废气排出，既浪费能源，又污染大气。如能制定与较高热效率相对应的黑度标准（林格曼黑度法）达到设计热效率的75%（是可以做得到的），则一年有可能节约4 000万吨煤，这对促进生产将起巨大的作用。既要控制污染又要促进经济发展，就应掌握好排放标准宽严的尺度，也就是要实行区别对待的原则。这就要区分污染源的情况和特点，针对不同行业、污染物种类、工艺、生产规模等实际情况，综合分析后才能确定。一般来说，新建企业从严；小企业根据情况，近期从宽，长远也要达到与大厂同样的标准；对排剧毒物和重金属以及自然界难降解的积蓄性毒物，有致癌、致畸、致突变作用和易产生毒性大的污染物的企业从严。

2．制定方法

（1）按污染物扩散规律及环境容量制定排放标准

按污染物在环境中输送扩散规律及数学模型，推算出能满足环境质量标准要求的污染物排放量，并计算出本区域污染物容许排放总量。

（2）按"最佳实用方法（或最佳可用技术）"制定排放标准

因排放标准的制定不能脱离实际生产工艺过程排放的污染物量和污染控制的具体技术水平，所以在制定排放标准之前，必须做一定的调查研究工作：

① 调查了解能有效减少或控制某种污染物排放的先进工艺技术和各种净化设备，鉴定其效率，找出其最佳者。

② 计算最佳方法的投资和运转费用，估计在多大范围内推陈出新的可能性。

③ 大致推算最佳方法普遍使用后的环境质量状况，为进一步修订做好准备。

3．国内外的几种不同的排放标准

目前存在着几种不同的排放标准，各有特点，按控制方式可分为以下几类：

（1）浓度标准

浓度标准即规定企业或设备的排放口排放污染物的浓度。废水中污染物的浓度以mg/L表示，废气中污染物的浓度以 mg/m³ 表示。此类标准的主要优点是简单易行，只要监测总排放中的浓度即可。它存在的严重缺点是无法排除以稀释手段降低污染物排放浓度的情况，不利于对不同企业的污染做出确切的评价和比较；另一缺点是不论污染源大小皆一律看待。改进的方向是，既监测浓度，又监测介质（废水、废气）的流量。

（2）地区系数法标准

这是根据环境质量目标、各地自然条件、环境容量、性质功能、工业密度等，规定不同系数的控制污染源排放的方法。如日本，为控制大气 SO_2 的点排放源，给各地规定了不同的系数 K 值，K 值规定后，某个企业的 SO_2 允许排放量决定于其烟囱高度。K 值是根据环境质量标准和大气扩散模式计算的，为逐步达到环境质量目标，K 值要一年或几年改变一次，逐步强化控制。在日本，K 值被订入大气污染防治法。

我国制定了与日本 K 值法类似而有改进的 P 值法以控制 SO_2 的点源排放，还制定了 B 值法以控制 SO_2 的面源排放。

（3）总量控制标准

这是首先由日本发展起来的标准。日本于 20 世纪 70 年代初首先在神户奈川县对废气排放试行了总量控制，1973 年在濑户内海应用，1974 年纳入大气污染防治法律。这种方法受到世界各国和我国环境保护工作者的重视。它的基本思想是：由于在发生源密集的地区，如果只对每个发生源规定排放标准，将出现不能控制环境质量的情况，因而发展出了这种方法。它是以环境质量标准为基础，考虑自然特性，计算出环境容量（此处为满足环境质量标准的污染物总允许排放量），然后综合分析所有在区域内的污染源，建立一定的数学模式，计算每个源的污染分担率和相应的允许排放量，求得最优方案。每个源都控制小于最优方案的规定值，即可保证环境质量标准的实现。

（4）负荷标准（或称排放系数）

这是美英等国使用的标准，是从实际控制技术出发，采用分行业分污染物来控制，以每吨产品或原料计算的任何一日排放污染物的最大值和连续 30 天排放污染物的平均值来表示。此法比总量控制法简单，不需计算复杂的环境总容量和各种源的分担率，但对不同行业产量、品种、工艺要区别对待。

（5）工艺标准

这是瑞典 1979 年实行的标准，基本精神是由环境保护部门深入工业企业调查后，与每个企业协商确定排放标准。我国某些地方部门制定允许的污染物流失量——流失指标，就属于此法。

四、区域开发项目环境影响评价采用标准的确定原则

区域开发项目的环境评价涉及的主要评价标准有环境质量标准、污染物排放标准和社会经济环境评价标准等。

1. 环境质量标准选择原则

区域开发环境评价中环境质量标准选择应遵循下列原则：

首先考虑区域开发活动的性质对环境质量有无特殊要求。一般应按特殊要求选择环境质量标准，如高级别墅区的噪声要采用 0 级标准，微电子行业粉尘的标准要采用 I 类大气环境质量标准等。

国家环境质量标准中没有包括的，但在区域开发活动中产生的重要污染物，可以借鉴国际标准或其他国家的标准。在借用国际标准或其他国家的标准时，应得到当地环保部门的认可。

2. 污染物排放标准选择原则

污染物排放标准的选择原则是：

①首先选择地方污染物排放标准；

②没有地方污染物排放标准，或地方污染物排放标准中没有的污染物，采用国家污染物排放标准；

③国家污染物排放标准中没有限定的污染物，可以借鉴国际标准或其他国家的排放标准；

④在实行总量控制的地区，要向区域开发所在地的环境主管部门咨询该区域污染物排

放总量控制值以及削减计划，确定该区域污染物排放总量，并作为该区域该项污染物排放量的评价标准。

3．区域社会经济环境评价标准的选择原则

社会经济环境评价标准可从通过对以下资料的分析研究中获得：

①分析研究国家城市建设的有关规定，如《城市用地定额》、《城市公共设施建设定额》等；

②分析研究区域开发活动所在地区的社会经济发展规划、城市建设规划、环境保护规划等有关文件。

采用与该区域开发活动相类似的区域社会经济现状或发展目标为标准。采用类似的区域社会经济环境评价标准开展评价的地区，一般是尚无地区社会经济发展规划和城市建设规划，或国家对社会经济环境评价标准无统一的规定，选择的余地很大，标准的来源也不止一种途径。因此，在选择社会经济环境评价标准时，应特别把握区域开发活动的社会经济发展目标，对于有国际影响的地区，应尽量采用国际标准。

区域社会经济环境评价标准一般不采用一个固定值，通常均给出上限和下限。如北京市的望京新区、亦庄经济技术开发区、上地新技术产业开发区的社会经济环境评价指标均给出完全满意和完全不满意两个标准值。

习　题

1．什么是环境、环境要素和环境系统？

2．什么是环境质量，环境质量的价值表现在哪些方面？

3．开展环境评价工作有什么重要意义？

4．环境评价有哪些主要类型？

5．简述环境评价的基本工作程序。

6．什么是环境标准？中国的环境标准体系包括哪些内容？

7．什么是环境目标值和环境质量标准值，它们之间有什么联系和区别？

8．什么是环境容量和容许排放量？它们之间有什么区别和联系？

9．中国的环境评价工作有哪些特点？

10．根据你了解的情况简述开展环境评价对环境保护工作的益处。

参考文献

［1］国家环境保护总局监督管理司. 中国环境影响评价［M］. 北京：化学工业出版社，2000.

［2］陆雍森. 环境评价［M］. 第二版. 上海：同济大学出版社，1999.

［3］史宝忠. 建设项目环境影响评价［M］. 北京：中国环境科学出版社，1999.

第二章 污染源调查与评价

第一节 污染源概述

污染源，通常是指向环境排放或释放有害物质或对环境产生有害影响的场所、设备和装置。任何以不适当的浓度、数量、速度、形态和途径进入环境系统并对环境产生污染或破坏的物质或能量，统称为污染物。

根据污染的产生过程可分为两类：

① 一次污染物　由污染源释放的直接危害人体健康或导致环境质量下降的污染物。如日本米糠油事件，就是由食用受多氯联苯污染的米糠油引起的。其中多氯联苯是一次污染物。

② 二次污染物　排放物质在一定环境条件下产生的一系列物理、化学和生物化学反应，导致环境质量下降。例如，废水中的无机汞在水体的底泥中累集，在一定的 pH 值、氧化还原电位、温度、硫离子和有机质浓度下，通过微生物的作用转化为甲基汞（甲基汞比无机汞毒性更大），然后通过食物链危害人体健康。这里的甲基汞是二次污染物。

第二节 污染源分类

1. 按自然污染与人为污染分类

人为污染源是环境质量评价污染源研究的主要对象。

在人为污染源中，工业污染源情况复杂、种类繁多、污染严重。工业污染源又可以按部门分割将其进一步分为各种污染源，如图 2-1 所示。

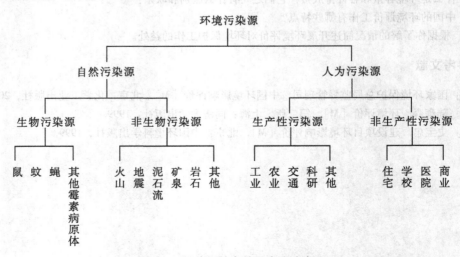

图 2-1　污染源按自然和人为分类

2．按污染物的理化性质（含化学存在形态）与生物特性分类

该分类如图2-2所示。

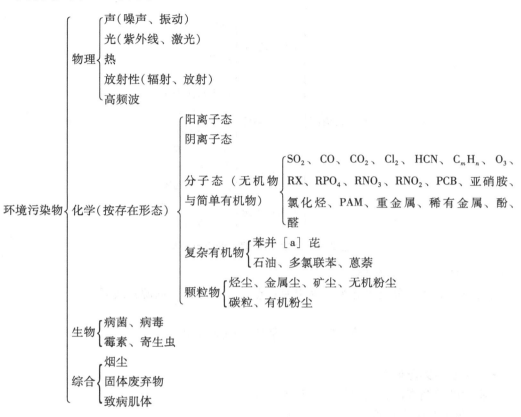

图2-2　污染源按理化性质与生物特性分类

3．按环境质量标准中的项目分类方法分类

该分类如图2-3所示。

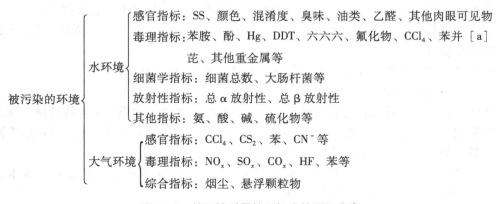

图2-3　按环境质量控制标准的项目分类

4．按污染物分布分类

按污染物的分布范围又可分为局部污染物、区域污染物和全球污染物。

21

5. 按对环境要素的影响分类

该分类如图 2 - 4 所示。

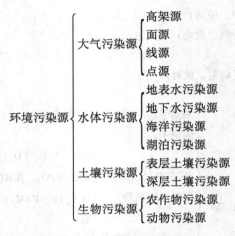

图 2 - 4　按对环境要素的影响分类

6. 按污染源的状态分类

按污染源的状态分类可分为：固定源：点源、面源；移动源：线源。

第三节　污染源调查内容

一、工业污染源调查

工业污染源调查内容应包括以下几个方面。

1. 工业企业生产和管理

①概况：企业名称、厂址、所有制性质、规模、产品、产量、产值等。

②生产工艺：工艺原理、主要反应方程、工艺流程、主要技术指标、设备条件。

③能源及原材料：种类、产地、成分、单耗、总耗、资源利用率等。

④水源：供水类型、水源、水质、供水量和耗水指标、复用率、节水潜力。

⑤生产布局：原料堆场、水源位置、车间、办公室、居住区位置、废渣堆放、绿化、污水排放系统等。

⑥生产管理：体制、编制、规章制度、管理水平及经济指标等。

2. 污染物排放及治理

①污染物产生及排放：污染物种类、数量、成分、浓度、性质、绝对排放量、排放方式、排放规律、污染历史、事故记录、排放口位置类型、数量等；对于工业噪声还需调查声源数量、分布位置、声源规律、声源等级及其与居民的关系等。

②污染物治理：生产工艺改革、综合利用、污染物治理方法、工艺投资、成本、效果、运行费用、损益分析、管理体制等。

3. 污染危害及事故的调查处理

危害对象、程度、原因、历史、损失、赔偿，职工及居民职业病、常见病、癌症死亡率、病物相关分析、代谢产物有毒成分分析，重大事故发生时间、原因、危害程度与处理情况。

二、农业污染源调查

农业污染既有点源，又有面源。污染物往往以水、大气为媒介而造成二次污染，其污染物主要源于：工业生产（特别是乡镇、村办、个体企业）、交通运输工具、日常生活燃料、禽畜业、过量使用的化肥与农药。其调查内容包括：

①土壤污染状况：土壤的理化性质，如 pH 值、电导度等；Cd、Hg、As、Cu、Pb、Zn、Cr、Ni 等含量。受污染的土地更要查其污染源头。

②农药使用状况：有机氯类杀虫剂、有机磷类杀虫剂、氨基甲酸盐剂、Hg 制剂、As 制剂、合成除虫菊精、昆虫生长调节剂等农药的数量、使用方法，有效成分含量，使用时间、年限；农作物品种。

③化学肥料：硫酸氨、过磷酸钙、尿素、氯化钾、硝酸铵钙及复合化学肥料的用量，施用方式、施用时间等。

④牲畜粪便污染源。

⑤农用机油污染源。

⑥灌溉用水及无规则排放到农业土壤的水中的下列污染物来源：城市废弃物、动物残体和工厂废弃物；含有足以传染疾病的病原菌；含有清洁剂等化学品；工厂、矿场的无机化合物、矿物质；放射性物质。

⑦对农业造成污染的大气污染源：氧化性污染物，如 O_3、NO_x、氯气等；还原性污染物，如 H_2S、SO_2、CO、甲醛等；酸性气体，如 HF、HCl、HCN、SO_3、$SiCl_4$ 等；碱性气体，如氨等；有机性气体，如乙烯、甲醇、苯酚等；重金属及其氧化物、粉尘、飘尘等。

⑧作物生长具有下列症状者更应重点查污染源：叶面枯黄或显斑点或呈叶烧状；植株细小、分蘖受阻；水稻分蘖特多、状若韭菜、后期倒伏枯萎；叶呈暗绿或褐黄色、过分柔软、水稻易患稻热病；水稻生育期反常，尤其是分蘖不孕；结实不饱满、千粒重、空壳率高；颗粒（果实）变色、诸如呈灰白、褐棕或腐黑；根系稀少、根毛腐烂发臭；稻米腹白大，易碎等。

三、生活污染源调查

生活污染源主要包括城市垃圾、粪便、生活污水、污泥、餐饮业的排放物等。其调查内容包括：

①城市居民人口总数、总户数、分布、密度、居住环境等。

②用水与排水：用水与排水设备状况、用水量、排水量、排水中污染物含量、种类。

③城市垃圾：种类、数量、垃圾点分布、占地面积等。

④供热方式及民用燃料种类构成、年使用量、使用方式。

⑤城市污水及垃圾处理状况：处理厂数量、位置、工艺流程、基建投资、运行费用、处理效果等。

四、交通污染源调查

交通污染源调查内容包括：

①尾气：汽车种类、数量、年耗油量、单耗指标，燃油构成、成分、排气量，NO_x、CO_x、C_xH_x、Pb、S^{2-}、苯并［a］芘含量。

②噪声：车辆种类、数量，车流量、车速，路面等级，道路两旁屋宇。

五、电磁辐射污染源调查

电磁辐射污染源调查内容包括：

①自然界电磁辐射源：雷电、恒星爆发、太阳黑子、宇宙射线等。

②人工电磁辐射源：电磁系统等射频设备的名称、型号、输出功率、输出形式、工作频率、屏蔽条件、接地状况。

③射频设备近区场强分布情况的调查与测试：以其对通讯信号的干扰作为电磁污染源调查的主要指标之一。

六、噪声源调查

噪声是一种能量污染（也称环境干扰），其影响范围小、时间短，声源一旦停止发声，影响也即结束，没有残留物。噪声分为工业噪声、社会噪声与交通噪声。对工业噪声源的调查内容主要是声源（机械运行的互相撞击、摩擦等产生）的数量、位置和机械运行规律，车间噪声等级及其与周围居民的关系；对社会噪声源主要调查娱乐业扬声器、餐饮业炊事机械和用具等发声噪声等级及波及范围。

七、放射性污染源调查

环境中的放射性污染源分为自然放射源和人工放射源两大类。人工放射性污染源可能由核试验、核工业、原子反应堆、核动力及核废物的排放产生，其调查首先是本底调查，明确评价区内水、土、气、农作物等的环境本底值含量——这是研究人工放射性污染的基础。

调查内容包括使用辐射源单位的类型、位置和原料来源，放射性废物的处置与排放方式、排放地点、排放量以及周围环境受放射性污染的情况，现场测定 α、β 剂量。

第四节　污染源调查与评价方法

一、污染源调查的工作方法

污染源调查一般是采用普查与详查相结合的方法。对于排放量大、影响范围广泛、危害严重的重点污染源，应进行详查。详查时污染源调查人员要深入现场，核实被调查对象填报的数据是否准确，同时进行必要的监测。

其余的非重点污染源一般采用普查的方法。进行污染源普查时，对调查时间、项目、方法、标准都要做出规定并采取统一表格。表格一般由被调查对象填写。

污染源的调查一般分为三个阶段，即

① 准备阶段——收集资料；

② 实地调查、监测、评价阶段；

③ 总结并提出污染防治对策。

二、污染源调查的技术方法

主要采用的方法有物料衡算法、排污系数法、实地监测法。

1. 物料衡算方法

该方法的依据是物质不灭定律，根据工厂的原料、燃料、产品、生产工艺及副产品等方面的平衡数据来推求污染物的排放量。

（1）基础数据

　　基础数据包括：产品的生产工艺过程、产品生成的化学反应式和反应条件；污染物在产品、副产品、回收物品、原料、材料及中间体中的含量；产品产量、纯度（质量）；原材料消耗量以及杂质含量；回收物数量及质量；产品得率、转化率；污染物的去除效率、污染物排放的监测数据。

　　（2）衡算模型

　　物料衡算的数学模型为

$$A = B - (a + b + c + d) \tag{2-1}$$

式中　A——污染物流失总量；

　　　　B——生产过程中使用或生成的某种污染物总量；

　　　　a——进入主产品结构中的该污染物总量；

　　　　b——进入副产品、回收品中的该污染物的量；

　　　　c——在生产过程中分解、转化掉的该污染物量；

　　　　d——采取净化措施处理掉的该污染物量。

　　如果对各种产品制定 A、B、a、b、c、d 的相应定额值 $A_定$、$B_定$、$a_定$、$b_定$、$c_定$、$d_定$，则污染物的流失总量为

$$A = A_定 M = \left[B_定 - (a_定 + b_定 + c_定 + d_定) \right] M \tag{2-2}$$

式中，M 为某种产品总产量；计算中各种定额值按下述方法计算：

$$B_定 = U_1 H_1 H_{1S} K_{H1} + U_2 H_2 H_{2S} K_{H2} + \cdots + U_n H_n H_{nS} K_{Hn} \tag{2-3}$$

式中　U——原料在生产过程中的转化率（%）；

　　　　H——单位产品中所消耗的物质量（kg/t）；

　　　　H_S——原料主要成分的纯度（%）；

　　　　K_H——当量换算系数

$$K_H = \frac{W}{E + W} \quad 或 \quad K_H = \frac{W}{W - E} \tag{2-4}$$

式中　$E + W$——构成污染物的化合物的质量；

　　　　$W - E$——产生污染物的化合物的质量；

　　　　W——污染物量。

　　单位产品中的物质定额量

$$a_定 = 1\,000 M_S K_M \quad （kg/t） \tag{2-5}$$

式中　M_S——主产品中与某种物质有关的主要成分的纯度（%）；

　　　　K_M——当量换算系数。

　　副产品和回收物中某物质的定额量

$$b_定 = F F_S K_F \quad （kg/t） \tag{2-6}$$

式中　F——副产品、回收物品中的回收定额；

　　　　F_S——副产品、回收物品中某种物质的主要成分的纯度（%）；

　　　　K_F——当量换算系数。

　　产品生产中某种物质的转化定额

$$c_定 = L L_S K_S \tag{2-7}$$

式中　L——分解定额；

L_s——分解物中某物质的主成分的纯度（%）；

K_s——当量换算系数。

确定去除量或净化定额

$$d_{定} = L_\alpha - L_\beta \qquad (2-8)$$

式中 L_α——治理前的污染物浓度；

L_β——治理后的污染物浓度。

根据式（2-3）至式（2-8）的计算结果，再由式（2-2）就可以求出污染物的排放总量。

物料平衡计算法以理论计算为基础，在当量换算系数取值的大小上平衡了设备理想状态运行与实际运行的差异。

2. 排污系数法

依据单位产品排除污染物的数量估计总排放量

$$G_i = MR_i \qquad (2-9)$$

式中 G_i——某污染物排放量；

M——产品产量；

R_i——某污染物单位产品的排放量，即产品的排污系数，与原材料、生产工艺、生产设备以及操作水平有关，取值可依类比分析法进行。

3. 实地监测法

（1）废水及排污量监测

废水流量可用流量计、流速仪测定。在生产过程变化不定的情况下，废水样可在不同时间采集，然后用不同流量加权混合检验分析。

污染物排放量可按下式计算

$$M_i = C_i Q \qquad (2-10)$$

式中 M_i——第 i 种污染物排放总量；

C_i——第 i 种污染物平均浓度；

Q——废水流量。

对不同类别工矿企业废水监测项目，一般可按表2-1选取。

表2-1　不同类别企业废水监测项目

类　　别	监　测　项　目
黑色金属矿山（包括磁铁矿、赤铁矿、锰矿等）	pH值、悬浮物、硫化物、铜、铅、锌、镉、汞、六价铬等
黑色冶金（包括选矿、烧结、炼焦、炼铁、炼钢、轧钢等）	pH值、悬浮物、COD、硫化物、氟化物、挥发性酚、氰化物、石油类、铜、铅、锌、砷、镉、汞等
选矿药剂	COD、BOD_5、悬浮物、硫化物、挥发性酚等
有色金属矿山及冶炼（包括选矿、烧结、冶炼、电解、精炼等）	pH值、悬浮物、COD、硫化物、氟化物、挥发性酚、铜、铅、锌、砷、镉、汞、六价铬等

类　　别			监　测　项　目
火力发电、热电			pH 值、悬浮物、硫化物、挥发性酚、砷、铅、镉、石油类、水温等
煤矿（包括洗煤）			pH 值、悬浮物、砷、硫化物等
焦化			COD、BOD₅、悬浮物、硫化物、挥发性酚、氰化物、石油类、水温、氨氮、苯类、多环芳烃等
石油开发			pH 值、COD、悬浮物、硫化物、挥发性酚、石油类等
石油炼制			pH 值、COD、BOD₅、悬浮物、硫化物、挥发性酚、氰化物、石油类、苯类、多环芳烃等
化学矿开采		硫铁矿	pH 值、悬浮物、硫化物、铜、铅、锌、镉、汞、砷、六价铬等
		雄黄矿	pH 值、悬浮物、硫化物、砷等
		磷　矿	pH 值、悬浮物、氟化物、硫化物、砷、铅、磷等
		莹石矿	pH 值、悬浮物、氟化物等
		汞　矿	pH 值、悬浮物、硫化物、砷、汞等
无机原料		硫　酸	pH 值（酸度）、悬浮物、硫化物、氟化物、铜、铅、锌、镉、砷等
		烧　碱	pH 值（酸、碱度）、COD、悬浮物等
		铬　盐	pH 值（酸度）、总铬、六价铬等
有机原料			pH 值（酸、碱度）、COD、BOD₅、悬浮物、挥发性酚、氰化物、苯类、硝基苯类、有机氯等
化肥		磷　肥	pH 值（酸度）、COD、悬浮物、氟化物、砷、磷等
		氮　肥	COD、BOD₅、挥发性酚、氰化物、硫化物，砷等
橡胶		合成橡胶	pH 值（酸、碱度）、COD、BOD₅、石油类、铜、锌、六价铬、多环芳烃等
		橡胶加工	COD、BOD₅、硫化物、六价铬、石油类、苯、多环芳烃等
塑　料			COD、BOD₅、硫化物、氰化物、铅、砷、汞、石油类、有机氯、苯类、多环芳烃等
化　纤			pH 值、COD、BOD₅、悬浮物、铜、锌、石油类等
农　药			pH 值、COD、BOD₅、悬浮物、硫化物、挥发性酚、砷、有机氯、有机磷等

类　　别	监测项目
制药	pH 值(酸、碱度)、COD、BOD$_5$、悬浮物、石油类、硝基苯类、硝基酚类、苯胺类等
染料	pH 值(酸、碱度)、COD、BOD$_5$、悬浮物、挥发性酚、硫化物、苯胺类、硝基苯类等
颜料	pH 值、COD、悬浮物、硫化物、汞、六价铬、铅、镉、砷、锌、石油类等
油漆	COD、BOD$_5$、挥发性酚、石油类、镉、氰化物、铅、六价铬、苯类、硝基苯类等
其他有机化工	pH 值(酸、碱度)、COD、BOD$_5$、挥发性酚、石油类、氰化物、硝基苯类等
合成脂肪酸	pH 值、COD、BOD$_5$、油、锰、悬浮物等
合成洗涤剂	COD、BOD$_5$、油、苯类、表面活性剂等
机械制造	COD、悬浮物、挥发性酚、石油类、铅、氰化物等
电镀	pH 值(酸度)、氰化物、六价铬、铜、锌、镍、镉、锡等
电子、仪器、仪表	pH 值(酸度)、COD、苯类、氰化物、六价铬、汞、镉、铅等
水泥	pH 值、悬浮物等
玻璃、玻璃纤维	pH 值、悬浮物、COD、挥发性酚、氰化物、砷、铅等
油毡	COD、石油类、挥发性酚等
石棉制品	pH 值、悬浮物、石棉等
陶瓷制品	pH 值、COD、铅、镉等
人造板、木材加工	pH 值(酸、碱度) COD、BOD$_5$、悬浮物、挥发性酚等
食品	pH 值、COD、BOD$_5$、悬浮物、挥发性酚、氨氮等
纺织、印染	pH 值、COD、BOD$_5$、悬浮物、挥发性酚、硫化物、苯胺类、色度、六价铬等
造纸	pH 值(碱度)、COD、BOD$_5$、悬浮物、挥发性酚、硫化物、铅、汞、木质素、色素等
皮革及皮革加工	pH 值、COD、BOD$_5$、悬浮物、硫化物、氯化物、总铬、六价铬、色度等
电池	pH 值(酸度)、铅、锌、汞、镉等
火工	铅、汞、硝基苯类、硫化物、锶、铜等

类　　别	监　测　项　目
绝缘材料	COD、BOD_5、挥发性酚
生活污水	COD、BOD_5、悬浮物、氨氮、总氮、总磷、阴离子洗涤剂、细菌总数、大肠菌群等
医院废水	pH 值、色度、浊度、悬浮物、余氯、COD、BOD_5、致病菌、细菌总数、大肠菌群等
灌溉排水	pH 值、COD、BOD_5、总磷、总氮、氨氮、硝氮、悬浮物、氟、砷、硫化物等
畜物养殖冲洗水	COD、BOD_5、总磷、总氮、悬浮物等

就某一企业而言，其产品、原材料、生产工艺一旦确定，通过对原料、产品、中间产品的特性及生产工艺的分析，则该厂矿所排废水中主要有哪些污染物基本上是可以确定的，所以废水有时也可根据产生废水的行业部门或生产工艺来命名，例如焦化厂废水，其主要污染物有 COD、硫化物、挥发性酚、氰化物、石油类等；而电镀废水中其中主要污染物有重金属、氰化物、酸度（pH）等。

（2）废气及排放量监测

其监测项目的确定依其生产行业及技术水平而定。表 2-2 给出了废气中主要污染物的工业来源。

表 2-2　废气中的主要有害物质及其工业来源

名　称	化学符号	工　业　来　源
一氧化碳	CO	石化燃料燃烧、冶金、火力发电、焦化、汽车排气等
粉　尘	粒径 1～200 μm	飞灰、煤尘是燃料燃烧的产物，冶金粉尘、硅尘等是工业生产过程的产物
二氧化硫	SO_2	燃料燃烧，有色金属冶炼，硫酸等化工生产
氮氧化物	NO_x	燃料燃烧，硝酸尾气，使用硝酸的工业
光化学烟雾		汽车排气、炼油厂及石油化工废气，在阳光照射下发生光化学反应
硫化氢	H_2S	炼油、化工脱硫、农药、染料、二硫化碳生产
氟 氟化氢	F_2 HF	磷肥厂，钢铁厂，冶铝厂，含氟产品的生产
氯	Cl_2	食盐电解及有关的工业生产产物
氯化氢	HCl	氯化氢合成、氯乙烯生产以及农药等化工生产

名　　称	化学符号	工　业　来　源
氨	NH_3	焦化厂、合成氨、硝酸生产及其他使用氨的工业生产
乙烯	C_2H_4	石油裂解分离、聚乙烯、聚苯乙烯等以乙烯为原料的工业生产
苯并［a］芘		炼焦及以煤为燃料的锅炉排烟，汽车尾气，沥青烟等
石棉		石棉矿开采、选矿、加工和石棉制品生产
甲硫醇	CH_3SH	牛皮纸浆、染料、合成橡胶及有机合成等
甲醛	$HCHO$	甲醛、酚醛塑料、造纸、制革、医药等工业
恶臭物质		造纸厂，炼油厂，染料厂，塑料厂等

毒性较大物质的非正常排放量必测项目：

① 排放工况，诸如连续排放或间断排放，如果间断排放应注明具体排放时间、时数和可能出现的频率；

② 排气筒底部中心坐标(一般按国家坐标系及分布平面图)；

③ 排气筒高度(m)及出口内径(m)；

④ 排气筒出口速度(m/s)；

⑤ 各主要污染物正常排放量(t/a，t/h 或 kg/h)；

⑥ 毒性较大物质的非正常排放量(kg/h)；

⑦ 燃料燃烧排放物的计算。

废气排放量是指以煤、油、气等为燃料的工业锅炉、采暖锅炉等燃料燃烧装置在燃烧过程中通过排气筒或无组织排入大气的数量；如有净化装置，则是通过净化处理装置后排入大气的数量。经验公式如下：

① 固体燃料燃烧的烟气量

$$V_y = 3.72 \times \frac{Q_{net}}{1\,000} + 1.65 + (\alpha - 1) \; V_a \quad (m^3/kg) \qquad (2-11)$$

式中　Q_{net}——燃料低位发热量，kJ/kg；

　　　α——空气过剩系数，按表 2-3 选值。

　　　V_a——固体燃料的理论空气需要量

$$V_a = 4.22 \times \frac{Q_{net}}{1\,000} + 0.5 \quad (m^3/kg) \qquad (2-12)$$

表 2-3　空气过剩系数

炉型	手烧炉	链条炉、振动炉、排往复炉	煤粉炉	沸腾炉	油炉	气炉	其他炉
α	1.4	1.3	1.2～1.25	1.05～1.1	1.15～1.2	1.05～1.2	1.3～1.7

② 二氧化硫的单位时间排放量

$$V_{SO_2} = 0.7 + \frac{S \cdot B}{100} \times \frac{273 + t_r}{273} \quad (m^3/h) \tag{2-13}$$

或

$$G_{SO_2} = 2 \times \frac{S \cdot B}{100} \quad (kg/h) \tag{2-14}$$

式中 V_{SO_2}——二氧化硫单位时间排放量，m^3/h；

G_{SO_2}——二氧化硫单位时间排放量，kg/h；

S——煤气含硫量，%；

B——用煤量，kg/h；

t_r——排烟温度，℃。

③ NO_x 的单位时间排放量

$$G_{NO_x} = \left(\frac{Q/1.05506}{3.8 \times 10^6}\right)^{1.18} \times 0.4535 \quad (kg/h) \tag{2-15}$$

式中 Q——热量，kJ。

④ 燃煤烟尘的单位时间排放量

$$Y = W \times A \times B(1 - \eta) \quad (t/h) \tag{2-16}$$

式中 W——用煤量，t；

A——煤的灰分，%；

B——烟气中烟尘占煤总灰量，%，其值与燃烧方式有关（见表2-4）；

η——除尘器效率，%，各种除尘器效率可查表2-5，若安装两级除尘装置，其效率分别为 η_1、η_2，则除尘装置总效率 $\eta_总$ 可按下式计算

$$\eta_总 = \eta_1 + (1 - \eta_1)\eta_2$$

表2-4　各种燃烧方式的锅炉烟尘占煤炭总灰分的百分比（B）

炉 型	B/%
手烧炉	15～20
链条炉	15～20
机械风动抛煤炉	20～40
沸腾炉	40～60
煤粉炉	70～80
往复炉	15～20
化铁炉	23～35

表2-5　各类除尘器的除尘效率（η）

除尘器类型	除尘效率 η/%
重力沉降	40～50
离心旋风	80
湿式洗涤	85
布袋过滤	90
静电	95

⑤ 废水与废气中污染物排放量

$$m_i = C_i \times Q_i \times 10^{-6} \quad (废水：t/a 或 t/d)$$
$$m_i = C_i \times Q_i \times 10^{-9} \quad (废气：t/a 或 t/d) \tag{2-17}$$

式中 m_i——污染物排放量；

C_i——实测质量浓度，mg/L（废水），mg/m^3（废气）；

Q_i——废水或废气排放量，t/a 或 t/d。

三、污染源评价的技术方法

1. 污染源评价目的

污染源评价的目的是要把标准各异、量纲不同的污染源和污染物的排放量，通过一定的数学方法变成一个统一的可比较值，从而确定出主要的污染物和污染源。

2. 污染源评价方法

污染源评价方法很多，目前多采用等标污染负荷法和排毒系数法，分别对水、气污染物进行评价。

（1）等标污染负荷法

① 污染物的等标污染负荷

污染物的等标污染负荷（P_i）定义为

$$P_i = \frac{C_i}{S_i} \times Q_i \times 10^{-9}$$

式中　P_i——某污染物等标污染负荷，t/d；

C_i——某污染物的实测浓度，mg/L（针对水）或 mg/m^3（针对气）；

S_i——某污染物的排放浓度标准与 C_i 同单位的数值，为无因次量；

Q_i——某污染物的排放量，L/d（针对水）或 m^3/d（针对气）。

污染源（工厂）的等标污染负荷 P_n 是其所排各种污染物的等标负荷之和，即

$$P_n = \sum P_i$$

区域的等标污染负荷 P_m 为该区域（或流域）内所有污染源的等标污染负荷之和，即

$$P_m = \sum P_n$$

② 污染物等标负荷比

污染物占工厂的等标污染负荷比

$$K_i = \frac{P_i}{\sum P_i} = \frac{P_i}{P_n} \qquad (2-18a)$$

污染源占区域的等标污染负荷比

$$K_n = \frac{P_n}{\sum P_n} \qquad (2-18b)$$

③ 主要污染物的确定　将污染物等标污染负荷按大小排列，从小到大计算累计百分比，将累计百分比大于 80% 的污染物列为主要污染物。

④ 主要污染源的确定　将污染源按等标污染物负荷大小排列，计算累计百分比，将累计百分比大于 80% 的污染物列为主要污染源。

采用等标污染负荷法处理容易造成一些毒性大、在环境中易于积累且排放量较小的污染物被漏掉。然而，对这些污染物的排放控制又是必要的，通过计算后，还应做全面考虑和分析，最后确定出主要污染源和主要污染物。

（2）排毒系数法

污染物的排毒系数 F_i 定义为

$$F_i = \frac{m_i}{d_i}$$

式中 m_i——污染物排放量，mg/d；

　　d_i——能导致一个人出现毒作用反应的污染物最小摄入量，mg/人，根据毒理学实验所得的毒作用阈剂量值计算求得：

废水中污染物 d_i = 污染物毒作用阈剂量(mg/kg) × 成年人平均体重(kg/人)

(2-19a)

式中，成年人平均体重以55kg/人计算。

废气中污染物 d_i = 污染物毒作用剂量(mg/kg) × 人体每日吸入空气量(m³/人)

(2-19b)

式中，人体每日吸入空气量以10m³/人计算。

习　题

1. 环境评价信息有哪些？获取环境评价信息的途径有哪些？
2. 如何进行污染源调查？污染源调查在环境评价中有什么作用？
3. 如何估算污染物的排放量？如何进行污染源评价？
4. 污染源监测有什么作用？如何确定污染源监测方案？
5. 工业污染源调查的主要内容是什么？
6. 说明污染源监测的常用的三种技术方法。

7. 已知某市1995年GDP是60亿元，SO_2排放总量为2250吨；2000年GDP达到90亿元，SO_2排放总量是2490吨；若到2010年GDP实现210亿元，用弹性系数法求那时SO_2的年排放总量是多少吨？

8. 某地四个工厂的废气中含有SO_2、NO_x、TSP、CO，监测其浓度（mg/m³）数据如下表，假设采用表中提供数据作为标准值，

污染源	SO_2	NO_x	TSP	CO	烟气量（m³/h）	污染源	SO_2	NO_x	TSP	CO	烟气量（m³/h）
1	35	5	230	100	4200	3	180	2	980	120	480
2	80	4	185	85	5600	4	50	8	170	100	7200
标准	2.5	2.0	10.0	50							

（1）确定各工厂的主要污染物；
（2）确定该地区的主要污染物和主要污染源。

参考文献

[1] 唐森本. 污染源监测 [M]. 北京：中国环境科学出版社，1993.
[2] 丁桑岚. 环境评价概论 [M]. 北京：化学工业出版社，2001.
[3] 程胜高，张聪辰. 环境影响评价与环境规划 [M]. 北京：中国环境科学出版社，1999.
[4] 梁耀开. 环境评价与管理 [M]. 北京：中国轻工业出版社，2001.
[5] 陆书玉，栾胜基，朱坦. 环境影响评价 [M]. 北京：高等教育出版社，2001.
[6] 叶文虎，栾胜基. 环境质量评价学 [M]. 北京：高等教育出版社，1994.

第三章　环境质量现状评价

第一节　环境质量现状评价的基本程序

环境质量现状评价一般按以下程序进行：

① 确定评价目的　进行环境质量现状评价首先要确定评价目的，主要是指本次评价的性质、要求以及评价结果的作用。评价目的决定了评价区域的范围、评价参数、采用的评价标准。如锦州发电厂的环境质量现状评价的目的是掌握该电厂在不同气象条件下对锦州市的大气污染程度及污染物的分布，为大气污染控制提供依据。因此，评价区域重点为锦州市区（在一定气象条件时的下风向），评价参数为 SO_2、NO_x 和飘尘，评价标准为大气环境质量标准。同时，要制定评价工作大纲及实施计划。

② 收集与评价有关的背景资料　由于评价的目的和内容不同，所收集的背景资料也要有所侧重。如以环境污染为主，要特别注意污染源与污染现状的调查；以生态环境破坏为主，要特别进行人群健康的回顾性调查；以美学评价为主，要注重自然景观资料的收集。

③ 环境质量现状监测　在背景资料收集、整理、分析的基础上，确定主要监测因子。监测项目的选择因区域环境污染特征而异，但主要应依据评价的目的。

④ 背景值的预测　在评价区域比较大或监测能力有限的条件下，就需要根据监测到的污染物浓度值，建立背景值预测模式。

⑤ 环境质量现状的分析　分析区域主要污染源及污染物种类数量。

⑥ 评价结论与对策　对环境质量状况给出总的结论并提出污染防治对策。

第二节　环境质量现状评价方法的分类

国内外已提出并应用的环境质量评价方法是多种多样的，至今我国尚未形成统一的方法系列，较成熟的方法有环境质量指数法、概率统计法、模糊数学法、生物指标法。其分类细目、逻辑概念及评价参数特点见表 3 – 1。

表 3-1 环境质量现状评价方法分类

评价方法分类	细 目	逻辑概念	评价因子(参数)特点	备 注
环境(质量)指数法	(1) 一般指数类 (2) 分级指数类	在一定时空条件下环境质量是确定性的、可推理的	(1) 理化指标 (2) 通过民意测验或专家咨询取得的评分值	这三类方法可以互相渗透,综合运用
概率统计法		在一定时空条件下环境质量是随机变化的	(1) 理化指标 (2) 通过民意测验或专家咨询取得的评分值	
模糊数学法	(1) 模糊定权法 (2) 模糊定级法 (3) 区域环境单元模糊聚类法	环境质量等级的界限是模糊的;环境质量变化的界限也是模糊的	(1) 理化指标 (2) 通过民意测验或专家咨询取得的评分值	
生物指标法	(1) 指示生物法 (2) 生物指数法 (3) 其他	生物与它生存的环境是统一整体;生物对其生活环境质量变化非常敏感	(1) 生物的生理反应指标 (2) 环境中生物的种、群变化	(1) 生物指标也可用概率统计和模糊数学进行分级和聚类 (2) 生物指数也是一种环境指数

这四类方法有区别,但无明显界限,可互相渗透,灵活运用。以下对这四类方法分节介绍。

第三节 环境质量现状评价技术方法

一、环境指法数

1. 环境指数的作用

按环境指数法得出的环境指数有如下作用:

① 对评价区域环境质量进行分级,以便对不同区域、不同时期的环境质量进行比较;

② 检查环境标准的执行情况,主要检查环境质量标准与污染物排放标准的执行情况;

③ 用于确定区域环境质量现状和分析其变化的趋势;

④ 信息交流,向公众报告环境质量状况,必要时根据指数值发出警报;

⑤ 环境指数将大量监测数据归纳为少数有规律的指标,便于进一步探索环境现象的本质。

2. 环境指数评价的依据及分类

(1) 要评价的环境要素及其评价参数的依据

① 根据环境质量现状评价的目的和要求,所选择的评价要素和评价参数应能满足预

定的目的和要求。一般来说，做区域环境质量综合评价时，要求选择较多的环境要素参加评价，以利作出较全面而确切的评价结论。在进行环境影响评价的现状评价时，所选择的环境要素和参数应该是受拟议行动影响的那些内容。

② 区域污梁源评价和评价所确定的主要污染源和主要污染物。

③ 评价费用的限额与评价单位可能提供的监测和测试条件。

（2）环境指数的分类

环境指数从因子数目角度可分为单因子指数与多因子指数两类；从其评价方法可分为叠加型、均值型（含加权平均兼顾极值）、均方根型与综合型；从分级的角度又可分为一般指数类与分级指数类。

3. 单因子指数

（1）标准型

最基本的环境质量指数标准式为

$$I_i = \frac{C_i}{S_i} \tag{3-1}$$

式中　C_i——第 i 种评价因子在环境中的观测值；

　　　S_i——第 i 种评价因子的评价标准。

其算术平均值

$$\bar{I} = \sum_{i=1}^{k} \frac{I_i}{k} \tag{3-2}$$

式中　k——监测次数。

单因子环境质量指数是无量纲数，它表示某种评价因子在环境中的观测值相对于环境质量评价标准的程度。

I_i 的值是相对于某一个评价标准而言的，对同样一个观测值，当评价标准变化时，I_i 的值也会变化。因此，环境质量指数在进行横向比较时，要注意它们是否具有相同的评价标准。

国家在制定环境质量评价标准时，会考虑政治、经济、历史、文化、社会和自然资源等多方面约束性条件，以保证整个国家社会进步、经济持续发展、环境质量不断改善。

合理的环境质量评价标准应在考虑当地的土地利用状况、区域环境规划和社会经济发展规划的基础上，由当地环境保护的行政管理部门根据国家所制定的环境质量标准加以制定，对地域性很强的环境问题还可制定有各种地方环境质量标准。

根据所选用的评价标准、计算方法和评价因子的观测值获取方式的不同，将单因子指数分为以下几类：

① 采用环境质量标准绝对值为评价标准的评价指数。这类指数主要针对环境中的污染物进行评价。例如，国家对大气污染物、各种地表水和地下水中污染物、环境噪声都制定和颁布了分类分级的评价标准，用上式计算的单因子评价指数 I_i 表示对应污染物的超标倍数，I_i 值越大，表示第 i 个因子的单项环境质量越差；$I_i = 1$ 时的环境质量处于临界状态。目前，环境质量评价中污染因子的单因子指数基本上都采用这种形式，是应用最广的单因子评价指数。

② 采用环境质量标准相对值为评价标准的评价指数。这类指数主要针对环境中的非污染生态因子进行评价，因为生态因子的地域性很强，很难在大范围内制定统一的国家标

准。这类因子的评价标准通常采用评价范围内远离人群并未受人为影响的地点的环境质量作为评价标准，也可以环境专家指定区域的环境质量作为评价标准。例如，土壤环境质量常选用区域土壤背景值或本底值来计算土壤污染指数。而在生态评价中常用指定环境质量较好地点的标定值作为评价标准来计算标定相对量（系数）作为评价指数，其表达式为

$$P_i = \frac{B_i}{B_{oi}} \tag{3-3}$$

式中　B_i——植被生长量、生物量、物种量、土壤有机质储存量；

　　　B_{oi}——植被标定生长量、标定生物量、标定物种量、标定土壤有机质储存量；

　　　P_i——标定生长系数、标定相对生物量、标定相对物种量、标定相对储存量。

由于 B_i 通常小于 B_{oi}，故通常 P_i 值≤1。与污染指数不同的是，P_i 值越大，环境质量就越好；而 P_i 值越小，环境质量则越差。所谓的标定值，相当于对照点的环境质量。此外，还有一些环境质量综合评价中社会经济发展指标的评价可以参照国家或所在地的发展目标。例如：人口增长评价标准选用国家规定的人口增长率1.25‰；水土流失应达到区域规划的水土流失基本控制目标要求；某种流行病的发病率应与国家公布的平均发病率相当。

（2）幂函数型（$I_i = KC^n$ 型）

$F(P)$ 与 q 量对数线性关系的表达式为

$$\ln P = n\ln q + K' \tag{3-4}$$

式中，P 为污染度，q 为污染物质的量。

对某一生命机体，设当出现某一污染度 P_1 时的污染物质的量为 q_1，当出现另一污染度 P_2 时的污染物质的量为 q_2，则按式（3-4）列出方程组

$$\begin{cases} \ln P_1 = n\ln q_1 + K' \\ \ln P_2 = n\ln q_2 + K' \end{cases} \tag{3-5}$$

解方程组（3-5）得

$$n = \frac{\ln \dfrac{P_1}{P_2}}{\ln \dfrac{q_1}{q_2}}$$

$$K' = \frac{\ln P_2 \ln q_1 - \ln P_1 \ln q_2}{\ln q_1 - \ln q_2}$$

当以污染度 P 表示单一指数 I，以污染物质量浓度 C 表示污染物质的量 q，且 $K' = \ln K$ 时，则式（3-4）写为

$$\ln I_i = n\ln C + \ln K$$

或

$$I_i = KC^n \tag{3-6}$$

M. H. 格林建议的大气污染综合指数中的单项指数，可按上述原理推导。M. H. 格林参考纽约市1953—1964年五次大气污染事件中 SO_2 浓度和烟雾系统的实测数据及其对死亡率的影响，提出了相关评价尺度（表3-2）。按式（3-4）、式（3-5）计算出有关的系数后，得出单一指数表述式如下

$$I_{so_2} = 84.0 C_{so_2}^{0.431}$$

$$I_{烟雾} = 26.6 C_{烟雾}^{0.576}$$

表 3-2　格林建议的评价尺度

项　目	希望水平	警戒水平	极限水平
SO₂ 质量浓度/(mg/L)	0.05	0.3	1.5
烟雾系数(COH 单位/305m)	0.9	3.0	10.5
相应单一指数值	25	50	100

此外，美国底特律市大气污染控制机构设计的可呼吸到的厌恶污染物含量指数（M. U. R. C 指数）；加拿大安大略省政府 1970 年制定的安大略大气污染指数中的单指数等，均属这种幂函数型指数。

在水质污染评价方面，从 L. Prati 等(1971 年)提出的水质评价指标中，许多单项指标的"污染单位"转换方程均以不同形式的幂函数表示。

单因子指数评价方法还有等级法（见第四章）等。

4. 多因子指数

多因子综合污染指数主要有以下几种型式：

① 叠加型指数

$$I = \sum_{i=1}^{n} \frac{C_i}{S_i} \tag{3-7}$$

式中　I——叠加型指数；

　　　C_i——污染物 i 的实测浓度；

　　　S_i——污染物 i 的评价标准值。

② 均值型指数

$$I = \frac{1}{n} \sum_{i=1}^{n} \frac{C_i}{S_i} \tag{3-8}$$

③ 加权均值型指数

$$I = \frac{1}{n} \sum_{i=1}^{n} W_i P_i \tag{3-9}$$

式中　P_i——$\dfrac{C_i}{S_i}$；

　　　W_i——权重。

④ 均方根型指数

$$I = \sqrt{\frac{1}{n} \sum_{i=1}^{n} P_i^2} \tag{3-10}$$

式中　I——综合污染指数；

　　　n——评价因子数；

　　　P_i——$\dfrac{C_i}{S_i}$。

⑤ 内梅罗指数(见本书第五章第一节)。

5. 综合型

总环境质量指数

$$EQI = \left(\sum_{j=1}^{n} W_j I_j m \right)^{1/m} \tag{3-11}$$

式中　W_j——相应分类指数 I_j 的加权系数;

　　　n——分类参数的个数;

　　　m——系数。

当 $m = 2$ 时,式(3-11)写为

$$EQI = \left(\sum_{j=1}^{n} W_j I_j^2 \right)^{1/2} \tag{3-12}$$

加拿大 H. 英哈伯提出的总环境质量指数系统即如式(3-12)。

上述指数形式仅是基本形式,根据评价工作的需要可自行设计。

6. 权值的确定

在指数单元综合为分指数,再将分指数综合为总指数时,各指数单元或分指数的重要性可以是不同的,这就要赋予不同的权值。依以下两种情况采用不同方法定权:

① 评价参数为抽象的、宏观的,如美学评价参数、综合评价的评价参数如大气、水体等,可采用专家打分法或调查统计法两类定权方法。

② 评价参数若为具体的、微观的,如评价参数为 SO_2、NO_x 等,尽量选用客观定量数据作定权因子,用序列综合法或公式法来定权。

③ 极值问题。导致环境质量较大变化而出现严重危害的,往往是由于个别污染物或污染物在特定时间的较高浓度,因而,在设计单一指数时,对某种污染物单一指数的极值问题及某污染物在特定时间极限浓度出现的问题有着根本的区别。

7. 指数法的局限性

从目前看来,上述几种指数法仍具有一定的局限性,还不能全面反映出某一种环境的污染情况。因为,某一种环境污染状况应从三个方面来评定:第一是污染强度,即污染物的浓度和它们的影响效应;第二是污染范围,即在环境中各种污染强度所影响的范围;第三是污染历时,即环境中各种污染强度所持续的时间。因此,对一个区域环境总体上污染的评价,应包括这三个方面的内容才能完善。但是,上述的一些评价指数,一般只能在一定程度上反映环境的污染强度。

二、模糊数学法

以某市环境质量的模糊二级综合评价为实例来说明其计算过程。

1. 方法与模型

(1) 一级评判

令每个环境因素有 n 个因子,由 n 个因子构成评价集 b,则

$$b = \{b_1,\ b_2,\ \cdots,\ b_n\}$$

令由评语的 m 个判断等级构成评判集 y,则有

$$y = \{y_1,\ y_2,\ \cdots,\ y_m\}$$

由 b 到 y 的一个模糊映射 r,其模糊关系如表3-3所示。

表 3-3　映射 r 表示的模糊关系

b	y			
	y_1	y_2	$\cdots$	y_m
b_1	r_{11}	r_{12}	$\cdots$	r_{1m}
b_2	r_{21}	r_{22}	$\cdots$	r_{2m}
$\vdots$	$\vdots$	$\vdots$	$\vdots$	$\vdots$
b_n	r_{n1}	r_{n2}	$\cdots$	r_{nm}

行向量 $(r_{i1}, r_{i2}, \cdots, r_{im})$ 是考虑环境因子 b_i 在 y 上的隶属度。

令 b 上的模糊集 $a = (a_1, a_2, \cdots, a_n)$ 表示对于因子 b_i 在本问题中的加权数，且 $\sum\limits_{i=1}^{n} a_i = 1$，则

$$m = a \odot R \qquad (3-13)$$

为对于某环境因素各因子的综合评判。

原始模型式 (3-13) 的 m 由下式求得

$$m_{\mathrm{I}} = \bigvee_{i=1}^{n} (a_i \wedge r_{ij}) \qquad (3-14)$$

式中，"$\vee$、$\wedge$"分别表示取大值、取小值。而广义的模糊数学模型的两个例子如下

$$m_{\mathrm{II}} = \bigvee_{i=1}^{n} (a_i \odot r_{ij}) \qquad (3-15)$$

$$m_{\mathrm{III}} = \sum_{i=1}^{n} (a_i \odot r_{ij}) \qquad (3-16)$$

以上两式中，"$\odot$"表示有界积运算。

由于 $\sum\limits_{i=1}^{n} a_i = 1$，故 $m_{\mathrm{III}} = \sum\limits_{i=1}^{n} (a_i \odot r_{ij})$ 实际上是在有界积运算之后的有界和运算。

（2）二级评判

令有 k 个环境因素构成总体环境质量综合评价因素集 B，则有

$$B = \{B_1, B_2, \cdots, B_k\}$$

令由 m 个判断等级构成判断集 Y，则有

$$Y = \{Y_1, Y_2, \cdots, Y_m\}$$

由 B 到 Y 有一模糊映射 R，即

$$R = [R_{ij}]_{k \times m}$$

令 B 上的模糊集 $A = \{A_1, A_2, \cdots, A_k\}$ 表示对因素 B_k 在总问题中的加权数，且 $\sum\limits_{i=1}^{k} A_i = 1$，则

$$M = A * R \qquad (3-17)$$

为对总问题各因素的综合评判。

式 (3-17) 中"$*$"是范数算子符号，表示式 (3-14)、式 (3-15)、式 (3-16) 的三种运算，即 $(\wedge, \vee)$、$(\odot, \vee)$、$(\odot, \oplus)$。

2．过程与结果

（1）评价因素与因子的确定

根据某市的主要环境问题，选择大气、地表水、昼间噪声作为该市总体环境质量评价因素集 B，即

$$B = \{大气，地表水，昼间噪声\}$$

总体环境质量划分五个等级，即

$$Y = \{清洁，尚清洁，轻污染，中污染，重污染\}$$

大气的环境因子集 $b = \{总悬浮微粒，二氧化硫、氮氧化物、降尘\}$

地表水的环境因子集 $b = \{溶解氧，BOD_5，COD，挥发酚，石油类，总铅，总锌\}$

昼间噪声因子集 $b = \{$特殊住宅区，居民、文教区，一类混合区，二类混合区，工业集中区，交通干线两侧$\}$

分别将大气、地表水、昼间噪声环境质量划分为五个等级，构成各自的评价集 y。

其单因素评价环境质量分级见表 3－4。

表 3－4 标准值

因素	因　　子	分　　级				
		清洁（Ⅰ）	尚清洁（Ⅱ）	轻污染（Ⅲ）	中污染（Ⅳ）	重污染（Ⅴ）
大气（mg/m³）	总悬浮微粒（TSP）	0.12	0.22	0.30	0.40	0.50
	SO_2	0.05	0.10	0.15	0.20	0.25
	NO_x	0.10	0.15	0.20	0.25	0.30
	可吸入颗粒物（PM_{10}）	0.05	0.10	0.15	0.20	0.20
地表水（mg/L）	DO	饱和率90%	6	5	3	2
	BOD_5	3 以下	3	4	6	10
	COD	15 以下	15	20	30	40
	挥发酚	0.002	0.002	0.005	0.01	0.1
	石油类	0.05	0.05	0.05	0.50	1.00
	总铅	0.01	0.05	0.05	0.05	0.10
	总锌	0.05	1.00	1.00	2.00	2.00
昼间噪声（dB）	特殊住宅区	25	35	45	55	65
	居民、文教区	30	40	50	60	70
	一类混合区	35	45	55	65	75
	二类混合区	40	50	60	70	80
	工业集中区	45	55	65	75	85
	交通干线两侧	50	60	70	80	90

（2）隶属函数的确定

$$
r_{i1} = \begin{cases} 1 & C_i < S_{i1} \\ \dfrac{C_i - S_{i1}}{S_{i1} - S_{i2}} & S_{i1} \leqslant C_i \leqslant S_{ij+1} \\ 0 & C_i \geqslant S_{i2} \end{cases}
$$

当 $j \neq 1$，$j \neq 5$ 时，有

$$
r_{ij} = \begin{cases} 1 & C_i \leqslant S_{ij-1}，C_i \geqslant S_{ij+1} \\ \dfrac{C_i - S_{ij-1}}{S_{ij} - S_{ij-1}} & S_{ij-1} < C_i < S_{ij} \\ \dfrac{C_i - S_{ij+1}}{S_{ij} - S_{ij+1}} & S_{ij} < C_i < S_{ij+1} \end{cases}
$$

当 $j = 5$ 时，有

$$
r_{i5} = \begin{cases} 0 & C_i \leqslant S_{i4} \\ \dfrac{C_i - S_{i4}}{S_{i5} - S_{i4}} & S_{i1} < C_i \leqslant S_{i5} \\ 1 & C_i > S_{i5} \end{cases}
$$

以上各式中，C_i 为第 i 种因子实测浓度统计均值；S_{ij} 为第 i 种因子第 j 级（类）标准值。

（3）因子权值的计算

因素大气与水中各因子权值 a'_i 的计算式为

$$
a'_i = \frac{\dfrac{C_i}{S_{i3}}}{\sum\limits_{i=1}^{n} \dfrac{C_i}{S_{i3}}}
$$

对于水环境中的因子溶解氧（DO）而言，其权值计算公式为 S_{DON}/C_{DO}。

对于上式的 a'_i，须经归一化处理后得归一化权重 a_i。

此处一级赋权重方法与一般模糊评价中取 $\overline{S}_i = \dfrac{1}{5}(S_{i1} + S_{i2} + S_{i3} + S_{i4} + S_{i5})$ 为基准不同，对于某些因子，诸如 COD_{Cr} 而言，$\overline{S}_i$ 介于 S_{i3} 与 S_{i4} 之间。这样，当 $C_i = \overline{S}_i$ 时，两种因子权重计算上失真。基于上述原因，一级权重分配基准取 S_{i3}。

因素昼间噪声的六个因子的赋权采用"栅栏法"，该法概述是：请被调查者比较各个评价因子后，依次找出最重要的（作为程度"E"）、次重要的……评价因子，并用相应的下标标出模糊权重区间。

依据某市不同功能区环境噪声的具体状况，其六个因子按重要程度排列的顺序是：①特殊住宅区；②居民、文教区；③一类混合区；④二类混合区；⑤工业集中区；⑥交通干线两侧。模糊权重区间为 $0.32 \sim 0.20$。

（4）隶属度及权重计算结果

论域 B 中各因素各因子隶属度及权重计算结果如表 3 – 5、表 3 – 6、表 3 – 7 所示。

表3-5　某市大气环境中污染物的隶属度和归一化权重

因　子	隶属度					监测结果统计 均值 C_i	权重 $a'_i = \dfrac{C_i}{S_{i3}}$	归一化权重 a_i
	I	II	III	IV	V			
TSP	0	0	0	0	1	0.61	2.033	0.369
SO$_2$	0	0	0	0.60	0.40	0.22	1.467	0.267
NO$_x$	1	0	0	0	0	0.067	0.335	0.061
可吸入颗粒物	0	0	0	0	1	0.25	1.667	0.303

表3-6　某市地表水各污染项的隶属度和归一化权重

因　子	隶属度					监测结果统计 均值 C_i	权重 $a'_i = \dfrac{C_i}{S_{i3}}$	归一化权重 a_i
	I	II	III	IV	V			
DO	0.51	0.49	0	0	0	7.02	0.712	0.0337
BOD$_5$	0	0	0.19	0.81	0	5.63	1.408	0.0663
COD$_{Cr}$	1.00	0	0	0	0	12.10	0.605	0.0285
挥发酚	0	0	0.18	0.82	0	0.0091	1.820	0.0860
石油类	0	0	0	0.22	0.78	0.890	17.800	0.8378
铅	0.63	0.37	0	0	0	0.0249	0.498	0.0234
锌	1.00	0	0	0	0	0.0400	0.040	0.0019

注：对于DO，$a'_i = \dfrac{S_{i3}}{C_i}$

表3-7　某市环境噪声因子的隶属度及归一权重

因　子	隶属度					监测结果统计 均值 C_i	权重 $a'_i = \dfrac{C_i}{S_{i3}}$	归一化权重 a_i
	I	II	III	IV	V			
特殊住宅区	0	0	0.30	0.70	0	52	0.32	0.211
居民、文教区	0	0	1.00	0	0	50	0.29	0.191
一类混合区	0	0	0.60	0.40	0	59	0.27	0.171
二类混合区	0	0	1.00	0	0	60	0.24	0.158
工业集中区	0	0	0.50	0.50	0	70	0.20	0.132
交通干线两侧	0	0	1.00	0	0	70	0.20	0.132

（5）一级模糊原始模型综合评判结果

这里先用式(3－14)即原始模型 $m_{\mathrm{I}} = \overset{n}{\underset{i=1}{\vee}}(a_i \wedge r_{ij})$ 进行复合运算。

对于因素大气而言：

$$m_{\mathrm{I}大气} = \overset{4}{\underset{i=1}{\vee}}(a_i \wedge r_{ij})$$

$$= (0.369,\ 0.267,\ 0.061,\ 0.303)\begin{bmatrix} 0 & 0 & 0 & 0 & 1 \\ 0 & 0 & 0 & 0.60 & 0.40 \\ 1 & 0 & 0 & 0 & 0 \\ 0 & 0 & 0 & 0 & 1 \end{bmatrix}$$

$$= \begin{bmatrix} (0.369 \wedge 0) \vee (0.267 \wedge 0) \vee (0.061 \wedge 1) \vee (0.303 \wedge 0) \\ (0.369 \wedge 0) \vee (0.267 \wedge 0) \vee (0.061 \wedge 0) \vee (0.303 \wedge 0) \\ (0.369 \wedge 0) \vee (0.267 \wedge 0) \vee (0.061 \wedge 0) \vee (0.303 \wedge 0) \\ (0.369 \wedge 0) \vee (0.267 \wedge 0.60) \vee (0.061 \wedge 0) \vee (0.303 \wedge 0) \\ (0.369 \wedge 1) \vee (0.267 \wedge 0.40) \vee (0.061 \wedge 0) \vee (0.303 \wedge 1) \end{bmatrix}$$

$$= (0.061 \quad 0 \quad 0 \quad 0.267 \quad 0.369)$$

经归一化处理后，得

$$m_{\mathrm{I}大气} = (0.088 \quad 0 \quad 0 \quad 0.383 \quad 0.529)$$

同理，对于地表水与噪声环境的一级评判结果分别是：

$$m_{\mathrm{I}地表水} = (0.0235 \quad 0.0222 \quad 0.0707 \quad 0.1943 \quad 0.6892)$$

$$m_{\mathrm{I}昼间噪声} = (0 \quad 0 \quad 0.50 \quad 0.50 \quad 0)$$

由上述复合运算结果可见，昼间噪声对于Ⅲ类、Ⅳ类的隶属度都是 0.50，到底该划归哪类，初始模型不易分辨。产生这类不易分辨的原因如下：

① 初始模型中采用"$\wedge$、$\vee$"算子，势必丢掉一些信息，以致影响评价结果的精度；

② 采用"$\wedge$、$\vee$"算子，过分突出了极值的作用，当 a 中各分量小于 r 列中的各量时，势必出现以权数代替评价函数的现象。

为解决这一问题，这里采用广义模糊综合评价模型(式(3－15))，即

$$m_{\mathrm{II}} = \overset{n}{\underset{i=1}{\vee}}(a_i \odot r_{ij})$$

进行评价。

对于因素大气而言：

$$m_{\mathrm{II}大气} = \overset{4}{\underset{i=1}{\vee}}(a_i \odot r_{ij})$$

$$= (0.369,\ 0.267,\ 0.061,\ 0.303)\begin{bmatrix} 0 & 0 & 0 & 0 & 1 \\ 0 & 0 & 0 & 0.60 & 0.40 \\ 1 & 0 & 0 & 0 & 0 \\ 0 & 0 & 0 & 0 & 1 \end{bmatrix}$$

$$= \begin{bmatrix} (0.369 \times 0) \vee (0.267 \times 0) \vee (0.061 \times 1) \vee (0.303 \times 0) \\ (0.369 \times 0) \vee (0.267 \times 0) \vee (0.061 \times 0) \vee (0.303 \times 0) \\ (0.369 \times 0) \vee (0.267 \times 0) \vee (0.061 \times 0) \vee (0.303 \times 0) \\ (0.369 \times 0) \vee (0.267 \times 0.60) \vee (0.061 \times 0) \vee (0.303 \times 0) \\ (0.369 \times 1) \vee (0.267 \times 0.40) \vee (0.061 \times 0) \vee (0.303 \times 1) \end{bmatrix}$$

$= (0.061 \quad 0 \quad 0 \quad 0.160 \quad 0.369)$

经归一化处理后，得

$m_{II大气} = (0.103 \quad 0 \quad 0 \quad 0.271 \quad 0.625)$

同理，对于因素地表水 b 而言：

$$m_{II地表水} = \bigvee_{i=1}^{7} (a_i \odot r_{ij})$$

$m_{II地表水} = (0.0281 \quad 0.1299 \quad 0.0707 \quad 0.0152 \quad 0.6449)$

$m_{II昼间噪声} = (0 \quad 0 \quad 0.5639 \quad 0.4361 \quad 0)$

显然，在大气因子集中，V类的隶属度最大；在地表水因子集中，V类的隶属度最大；在昼间噪声的因子集中，Ⅲ类的隶属度最大。那么，由一级评判结果，某市大气环境受污染程度为重污染（属于V类），地面环境受污染程度为重污染（属于V类），昼间噪声环境受污染程度为轻污染（属于Ⅲ类）。

为验证这一结果的可靠程度，采用广义模糊综合评判的另一模型（式（3－16）），即

$$m_{III} = \sum_{i=1}^{n} a_i \odot r_{ij}$$

进行评价，则

$m_{III大气} = (0.0610 \quad 0 \quad 0 \quad 0.1600 \quad 0.7789)$

$m_{III地表水} = (0.0549 \quad 0.0204 \quad 0.0262 \quad 0.2879 \quad 0.6105)$

$m_{III昼间噪声} = (0 \quad 0 \quad 0.7165 \quad 0.2835 \quad 0)$

由计算得出结论：大气受污染程度为重污染（属于V类）；地表水环境受污染程度为重污染（属于V类）；昼间噪声环境受轻污染（属于Ⅲ类）。

与采用式（3－15）的评判结论一致。

这一种运算方法，即 $m_{III} = \sum_{i=1}^{n} (a_i \odot r_{ij})$，实质上已蜕变为普通的矩阵乘法。

通过上述三种模糊综合评价模型复合运算结果对比表明，采用广义的模糊综合评价模型的评价结果精度更高；而对于两种广义模糊综合评价模型评价结果对比而言，式（3－16）的运算结果的隶属度自Ⅰ类至V类的分布状态，比式（3－15）运算结果的隶属度同区间内分布状态更接近于评价对象的真实状态。

3．总体综合评价

（1）因素赋权重

这里采用公式计数法进行二级赋权，其公式为

$$A'_I = \sqrt{\frac{\max\left(\dfrac{C_i}{S_{i3}}\right) + \left(\dfrac{1}{n}\sum\limits_{i=1}^{n}\dfrac{C_i}{S_{i3}}\right)^2}{2}}$$

式中，$\max\left(\dfrac{C_i}{S_{i3}}\right)$ 为最大超标项的超标倍数。

计算结果得出：

$A'_I = (1.4009, 3.7652, 0.4383)$

A'_I 经归一化处理后得归一化权重 A_I。

所以，各因素的归一化权重值如下

$$A = (A_{\text{I}},\ A_{\text{II}},\ A_{\text{III}}) = (0.2500,\ 0.6718,\ 0.0782)$$

采用式（3-16），即

$$m_{\text{III}} = \sum_{i=1}^{n} a_i \odot r_{ij}$$

评价模式进行评价，即

$$m_{\text{III}} = \sum_{i=1}^{n} a_i \odot r_{ij}$$

$$= (0.2500,\ 0.6718,\ 0.0782) \begin{bmatrix} 0.111 & 0 & 0 & 0.291 & 0.598 \\ 0.0281 & 0.1299 & 0.0707 & 0.0152 & 0.6449 \\ 0 & 0 & 0.5639 & 0.4361 & 0 \end{bmatrix}$$

$$= \begin{bmatrix} (0.2500 \times 0.111) + (0.6718 \times 0.0281) + (0.0782 \times 0) \\ (0.2500 \times 0) + (0.6718 \times 0.1299) + (0.0782 \times 0) \\ (0.2500 \times 0) + (0.6718 \times 0.0707) + (0.0782 \times 0.5639) \\ (0.2500 \times 0.291) + (0.6718 \times 0.0152) + (0.0782 \times 0.4361) \\ (0.2500 \times 0.590) + (0.6718 \times 0.6449) + (0.0782 \times 0) \end{bmatrix}$$

$$= (0.0466 \quad 0.0873 \quad 0.0992 \quad 0.1171 \quad 0.5807)$$

经归一化处理后，得

$$M = (0.0505 \quad 0.0946 \quad 0.0992 \quad 0.1268 \quad 0.6289)$$

由评价结果可见，隶属度最大的是 0.6289，其对应的等级为重度污染级（属于 V 类）。

由此可知，在三个因素 17 个因子的综合作用下，某市总体环境受到重度污染，其中大气和地表水污染程度为重污染，其昼间噪声环境受轻度污染。

三、生物指标法

1. 生物种类多样性指数

沙农-威尔姆（Shannon-Wilhm）根据对底栖大型无脊椎动物调查的结果，提出用种类多样性指数评价水质。该指数的特点是能定量反映生物群落结构的种类、数量及群落中种类组成比例变化的信息。在清洁的环境中，通常生物种类极其多样，但由于竞争，各种生物又仅以有限的数量存在，且相互制约而维持着生态平衡。当水体受到污染后，不能适应的生物则死亡，或者逃离，能够适应的生物生存下来。这样，由于相互竞争生物种类的减少，使生存下来的少数生物种类的个体数大大增加。清洁水域中生物种类多，每一种的个体数少，而污染水域中生物种类少，每一种的个体数多。每一种的个体数大大增加的规律是建立种类多样性指数式的基础。沙农提出的种类多样性指数计算式如下

$$\bar{d} = -\sum_{i=1}^{s} \frac{n_i}{N} \log_2 \frac{n_i}{N}$$

式中　$\bar{d}$——种类多样性指数；

　　　　N——单位面积样品中收集到的各类生物的总个数；

　　　　n_i——单位面积样品中第 i 种生物的个数；

　　　　s——收集到的生物种类数。

上式表明生物种类越多，$\bar{d}$ 值越大，水质越好；反之，种类越少，$\bar{d}$ 值越小，水体污染越严重。威尔姆对美国十几条河流进行了调查，总结出 $\bar{d}$ 值与水样污染程度的关系如下

$\bar{d}$ 值	污染状况
＜1.0	严重污染
1.0～3.0	中等污染
＞3.0	清洁

我国曾对蓟运河中底栖大型无脊椎动物进行调查，结果表明基本上与沙农公式的计算相符合。

贝克（Beek）1955 年首先提出一个简易地计算生物指数的方法。他将调查发现的底栖生物分成 A 和 B 两大类，A 为敏感种类，在污染状况下从未发现；B 为耐污种类，是在污染状况下才出现的动物。在此基础上，按下式（贝克公式）计算生物指数（贝克指数）

$$生物指数（BI）=2nA+nB$$

式中，n 为底栖大型无脊椎动物的种类。

当 BI 值为 0 时，属严重污染区域；BI 值为 1～6 时为中等有机物污染区域；BI 值为 10～40 时为清洁水区。

1974 年，津田松苗在对贝克指数进行多次修改的基础上，提出不限于在采集点采集，而是在拟评价或监测的河段把各种底栖大型无脊椎动物尽量采集到，再用贝克公式计算，所得数值与水质的关系：当 BI＞30 为清洁水区；BI＝15～29 为较清洁水区；BI＝6～14 为不清洁水区；BI＝0～5 为极不清洁水区。

2. 利用藻类的评价方法

利用藻类的生物学特性进行水环境质量评价是目前较常用、较成熟的方法。这是因为藻类在整个水生生态系统中起着独特的作用，它能为系统提供物质和能量的基础。在水体中，藻类的作用要比高等的初级生产者——水生高等植物常常要大得多。藻类种类繁多，它的生态习性和生长方式多种多样，在水体中分布广泛，可以生长在不同地理区域、不同类型的水体，以及水体的不同生境中。这是藻类作为水环境监测和评价因素的一个重要条件。

藻类与水污染有着密切的关系。因为，水体的富营养化最明显的表现就是某些藻类的过量增殖，形成所谓"水华"，而藻类的过量增殖，又是水质变坏、危害水体资源利用的主要原因；水体受到一般有机物，如生活污水的污染时，藻类可通过其光合作用与细菌等相互配合在水体净化过程中起着重要作用。当水体受到各种有毒物质污染时，藻类对一些毒物的毒作用忍受力也不相同，会引起藻类在种类和数量方面的变化，也会引起藻类形态、生化、生理等方面的反应，还有转移、积累污染物质等作用。因而，藻类在水环境质量评价方面有着特别重要的作用。

（1）利用藻类进行水体评价的基本方法

①指示种类法　这里指的是狭义的指示生物法，即以某些种类的存在或消失来指示水体中有机物或某特定污染物的多寡与污染程度。

应注意的是，同一属内的不同种类，其耐污染程度（或其指示作用）不同。因此，应该注意有时只根据属类指示污染可能会导致不正确的结论，而在水环境的生物评价中正确鉴定种类是很有必要的。

除了一般的生活污水引起的有机污染外，有不少工业废水中也含有机物质，不过它们的性质很不相同。有些有机工业废水，如粮食和肉类加工的废水、饲养场和屠宰废水、某些生物制品废水等，其中所含主要有机物从性质上可能接近于生活污水，它们如无其他有毒物质，对藻类的影响可能与生活污水对藻类的影响相似。污染极严重时，藻类种类不多，常出现一些无色素鞭毛类。当有机物分解，营养物大量释放后，藻类的种类和数量都会大量增加。

②优势种群法　该方法是在指示种类方法基础上，提出了用整个藻类群落的种类组成和优势种群的变化来评价水环境污染的方法。

Fjerdingstad 用群落中的优势种群来划分污染带。在 Kollkwitz 和 Marrson 的污水生物系统的基础上，根据受生活污水污染的水体（主要是河流）中优势生物种类的不同，划分为 9 个污水带。其中的优势群落中包括了原生动物、细菌和藻类等，这里仅列出藻类中的优势种类。

粪生带：无藻类优势群落。

甲型多污带：裸藻群落，优势种为绿裸藻，亚优势种为华丽裸藻。

乙型多污带：裸藻群落，优势种为绿裸藻和静裸藻。

丙型多污带：绿色颤藻群落。

甲型中污带：环丝藻群落或底生颤藻群落或小毛枝藻群落。

乙型中污带：脆弱刚毛藻或席藻群落（包括峰巢席藻、韧氏席藻）。

丙型中污带：红藻群落，优势种群为串珠藻或河生鱼子群；或者绿藻群落，优势种为团刚毛藻或环丝藻。

寡污带：绿藻群落，优势种为簇生竹枝藻或环状扇形藻群落；或红藻群落，包括环绕鱼子菜、漫游串珠藻、胭脂藻；或无柄无隔藻群落；或洪水席藻群落。

清水带：绿藻群落，优势种为羽状竹枝藻或红藻群落，包括胭脂藻等；或蓝藻群落，包括蓝管孢藻眉藻属种类。

Hutchinson 和 Wetzel 总结了不同营养类型湖泊的藻类群落中的优势种群，见表 3-8。

表 3-8　不同营养类型湖泊中常见主要浮游藻类群落特征

营养类型	湖水特征	优势藻类	其他常见藻类
贫营养型	略酸性，盐度极低	鼓藻 蚤链藻 蚤星藻	球囊藻 胶囊藻 根管藻 平板藻
	中性至微碱性，营养贫乏湖泊	硅藻，特别是小环藻和平板藻	若干星杆藻 直链藻 锥囊藻
	中性至微碱性，营养贫乏湖泊或营养降低季节的较高产湖泊	金藻，特别是锥囊藻和一些鱼鳞藻	其他金藻，如黄群藻、幅尾藻和硅藻中平板藻
	中性至微碱性，营养贫乏湖泊	绿球藻类中的卵囊藻或金藻中的丛粒藻	贫营养类硅藻

营养类型	湖水特征	优势藻类	其他常见藻类
贫营养型	中性至微碱性，通常营养贫乏，常见于浅水、北极湖泊	甲藻，特别是一些多甲藻和角藻	小型金藻，隐藻和硅藻
中营养型或富营养型	中性至微碱性；全年优势或某些季节优势	甲藻，一些多甲藻和角藻	薄甲藻和其他许多藻
富营养型	通常是营养物丰富的碱性湖泊	全年多见硅藻，特别是星杆藻、针杆藻、冠盘藻、克劳脆杆藻和颗粒直链藻	其他许多藻类，特别是温暖季节常见绿藻和蓝藻，如溶解性有机物高时有鼓藻
	通常碱性，营养物丰富，温暖季节的温带湖泊或热带湖泊	蓝藻，特别是微囊藻、束丝藻和鱼腥藻	其他蓝藻，如有机物丰富时有裸藻

（2）各种藻类的污染指数

与大气、水质的污染指数不同之处，在于从藻类的生态学特性来指示水环境的污染程度，因此需根据不同藻类的种数、频率、数量等计算污染指数。

① 藻类种类商　以藻类种类数作为指标，根据不同藻类类群与有机污染和营养物的大致关系，求出商值，划分水质类型。藻类种类商的计算式如下

$$蓝藻商 = \frac{蓝藻种数}{鼓藻种数}$$

$$绿藻商 = \frac{绿藻种数}{鼓藻种数}$$

$$硅藻商 = \frac{中心壳目硅藻种数}{羽状壳目硅藻种数}$$

$$裸藻商 = \frac{裸藻种数}{蓝藻 + 绿藻种数}$$

$$复合藻商 = \frac{蓝藻 + 绿藻 + 中心壳目硅藻 + 裸藻种数}{鼓藻种数}$$

绿藻商值0～1为贫营养型，1～5为富营养型，5～15为重富营养型。

复合藻商小于1为贫营养型，1～2.5为弱富营养型，3～5为中度富营养型，5～20为次重度富营养型，20～43为重富营养型。

② 硅藻指数　有的学者在河流中根据硅藻种类系数计算出硅藻指数 I，计算公式为

$$I = \frac{2A + B - 2C}{A + B - C} \times 100$$

式中　A——不耐有机污染种类数；

    B——对有机污染无特殊反应种类数；

    C——有机污染地区独有生存的种类数。

  ③ 藻类污染指数　Palmer 对能耐受污染的 20 属藻类分别给予不同的污染指数值，如表 3-9 所示。

表 3-9　藻类的污染指数值

属　名	污染指数值	属　名	污染指数值
组囊藻	1	微芒藻	1
纤维藻	2	舟形藻	3
衣　藻	4	菱形藻	3
小球藻	3	颤　藻	5
新月藻	1	实球藻	1
小环藻	1	席　藻	1
裸　藻	5	扁裸藻	2
异极藻	1	栅　藻	4
鳞孔藻	1	毛枝藻	2
直链藻	1	针杆藻	2

    根据水样中出现的藻类计算总污染指数，如总污染指数大于 20 为重污染，15～19 为中污染，低于 15 为轻污染。

  3. 污生指数法

    根据不同藻类种类和出现频率，分别给予分值，计算污生指数 SI 值后评价有机污染。计算式为

$$SI = \frac{\sum S \cdot h}{\sum h}$$

式中　S——不同种类的分值，从寡污染种到多污种，分值为 1～4；

    h——出现频率，从少到多分为三或五级，分值为 1～5。

    SI 值为 1.0～1.5 为轻污染，1.5～2.5 为中污染，2.5～3.5 为重污染，3.5～4.0 为严重污染。

  4. 污染评价值法

    Zelinka 和 Morvan 首先提出这种方法，与前几种方法相比，该方法考虑的因素更多一些，计算时更复杂一些。他们给予不同生物（包括动物和植物）以不同的污染价和污染指示值。前者是根据某一种生物在不同污染地带生理的相对重要性，其总和为 10。一种生物其污染价(10)集中在某一污染带，则表示这种生物在指示这种污染程度时相对重要，也表示它的污染指示作用大；某一种生物的污染价越是均匀分散在各个污染带，则它的指示作用也就越低。根据这一点，所以又给每一种生物一个污染指示值，它的变动范围是 1～5，值越大则指示污染的程度越大。

计算污染评价值 A 的公式为

$$A = \frac{\sum\limits_{i=1}^{n} a_i \cdot h_i \cdot g_i}{\sum\limits_{i=1}^{n} h_i \cdot g_i}$$

式中　a_i——i 种的污染价；

　　　h_i——i 种的个体数；

　　　g_i——i 种的污染指示值。

　　由公式计算某一采样点对应于不同污染带的 A 值。A 值在某一污染带的值最高，该采样点就属于该污染带。

习　题

1. 说明环境质量现状评价的基本程序。
2. 环境质量现状评价的技术方法有哪些？
3. 传统的模糊数学二级评价方法与改进的模糊数学二级评价方法有哪些区别？
4. 说明内梅罗指数的特点。

参考文献

[1] 丁桑岚. 环境评价概论 [M]. 北京：化学工业出版社，2001.
[2] 程胜高，张聪辰. 环境影响评价与环境规划 [M]. 北京：中国环境科学出版社，1999.
[3] 梁耀开. 环境评价与管理 [M]. 北京：中国轻工业出版社，2001.
[4] 史宝忠. 建设项目环境影响评价 [M]. 修订版. 北京：中国环境科学出版社，1999.
[5] 叶文虎，栾基胜. 环境质量评价学 [M]. 北京：高等教育出版社，1994.

第四章　环境影响评价

第一节　开发决策与环境影响评价

人们的开发行动可能引起物理、化学、生物、文化、社会经济环境系统的改变或新的环境条件的形成，这叫做环境影响。这种影响的后果有时会十分严重。那么，在人们采取对环境有影响的行动之前，在充分调查研究的基础上，识别、预测和评价这种行动可能带来的影响，按照社会经济发展与环境保护相协调的原则事先制定出消除或减轻环境污染和破坏的对策，就能较适当地解决社会经济发展与环境保护之间的矛盾，这种做法叫做环境影响评价。

传统的开发决策追求的目标是经济的高速增长，甚至只追求较短时期内的经济高速增长，所以决策时所考虑的约束条件只是直接与经济增长有关的那些技术和经济条件，如交通、市场、原料、劳动力、工艺、装备等，很少甚至完全不考虑对环境的影响，即只对开发活动进行技术经济评价，并在此基础上做出决策。在传统开发决策影响下，20 世纪 60 年代以来，随着经济的不断增长，人类开发行动对环境的影响越来越大，给世界上大部分国家都造成了严重的环境污染，甚至还是全球性的，如海洋污染、酸雨和沙漠化等等，与此同时，还面临资源枯竭的威胁。因此，不改变这种传统的开发决策，生态环境问题无法解决，并且将更为严重，直接危及人类生存。

合理的开发决策所追求的目标，应该是经济的增长和人类生活条件不断改善，也包括人类生活环境的不断改善，这是一个把人类眼前利益和长远利益结合起来的目标。对开发活动进行可行性研究时，不仅要进行技术经济评价，同时还必须进行环境影响评价，以确定开发活动对环境的影响和消除影响的对策，并在这两个评价的基础上做出开发决策。

开发决策中考虑的开发行动受环境保护和资源保护的约束程度，是一个应该认真考虑的课题。开发行动会改变环境、消耗资源，但并不一定必然引起环境问题。在亿万年的进化演变过程中，环境系统形成了自身的稳定性和惯性，只要外加的影响不超过一定限度，它就可以保持原状，或在一定时期内恢复原状。因此，能否使环境恶化，关键在于开发行动的类型、规模、地点、方式以及消除或减轻环境影响所采取的措施。那种所谓必须停止经济发展以保护环境的观点是愚蠢的。因为，人类只要存在和发展，就要不断改变环境。正确的做法只能是在开发决策时，考虑环境与资源的约束，选择最适当的开发行动，以合理的代价协调发展与环境的关系，以达到社会经济高速发展的同时，避免或最大限度地减少对环境的逆影响。作为开发决策的基础之一，环境影响评价工作应该包括两部分内容，一是对开发行动的环境影响进行预测，即对所评价的开发活动可能造成的环境影响的类型、程度、范围和过程进行预测和评价；二是提出环境对策建议，即在环境预测和评价的基础上，对可能采取的环保措施的费用和效益进行分析，并权衡开发活动的效益和环境影响的得失。

第二节 环境影响的类型

建设项目的环境影响，按其排放污染物种类、性质、数量、污染途径及开发建设活动方式的不同，可以分成许多类型。

1. 按环境影响的层次分类

（1）直接环境影响

直接环境影响是指建设项目污染源排放的污染物（或能量）直接作用于接受者产生的危害。如工业生产中排入大气中的 SO_2、NO_x、烟尘等污染物，它们直接作用于人体、动植物、建筑物、器物等而产生危害。

（2）间接环境影响

间接环境影响是指建设项目污染源排放的污染物（或能量），在其传输、扩散的过程中产生了变化，形成了二次污染物，二次污染物直接作用于人体、动植物、建筑物、器物等而产生危害。如排入大气的碳氢化合物（H_mC_n）和氮氧化物（NO_x）等一次污染物达到某一数量时，在阳光（紫外线）作用下会发生光化学反应，生成二次污染物。这些参与光化学反应的一次污染物和二次污染物的混合物所形成的烟雾污染现象，称为光化学烟雾。光化学烟雾对人体、动植物、建筑物、器物的影响，就称为间接环境影响。光化学烟雾的危害比一次污染物的危害大很多倍。间接影响往往比直接影响危害性大，绝不能忽视。

2. 可逆与不可逆影响

（1）可逆影响

可逆影响是指施加影响的活动一旦停止，环境状况可恢复到原来状态，或产生的影响经过人类活动可得到恢复。如噪声的环境影响，当噪声发生源停止工作时，噪声即刻消失，环境恢复了原来的平静；又如砍伐森林对自然生态的破坏，当人们采取边砍伐边植树的措施时，自然生态破坏又可以恢复。

（2）不可逆影响

不可逆影响是指建设项目一旦对环境产生某种影响，就不可能再恢复到原来的环境状态。如采矿业，采矿对地质环境的影响是不能恢复的，属不可逆影响；又如珍稀植物、动物的物种一旦灭绝，它在世界上将永远消逝。

3. 按环境影响的性质分类

（1）污染影响

污染影响是指建设项目在开发建设和投产使用过程中或项目服务期满后排放和残留的环境污染物，对环境产生化学性污染和物理性污染危害。工业建设的绝大部分项目都产生污染影响。机场、港口、通讯工程等也产生污染影响。

（2）非污染影响

非污染影响是指建设项目对环境的主要影响不是污染因素，而是以改变土地的利用方式、生态结构、土壤性状等为主的环境影响。如水电和水利工程的主要影响是改变了土地利用方式，大量的农田、草坡变为水库的淹没区，淹没区的居民搬迁，水库截流后对下游农业、生态的影响，还可能诱发地震等。

4. 按污染程度分类

（1）重污染影响

重污染影响是指建设项目排放的污染物种类多、数量大、污染物的毒性大而且难降解，易于在生物体内蓄积的环境影响。如冶金、有色金属冶炼、化工、石油化工、石油炼制、火电、核电、制浆造纸、制革、印染、水泥、电镀等工业项目均产生重污染影响。

（2）轻污染影响

轻污染影响是指建设项目排放的污染物种类少、量小、污染物毒性低所产生的环境影响。例如，机械、电子、纺织工业，食品工业中的味精、酿造、食糖、罐头生产，还有卷烟、日用搪瓷、纸品加工、林产加工、农产加工等。

5. 按建设项目的阶段分类

（1）建设阶段的环境影响

建设阶段环境影响是指建设项目在开发、建设、施工期间产生的环境影响。它包括建筑材料和设备的运输、装卸、储存等过程产生的影响，施工场地产生的扬尘、污水、噪声的影响，土地利用以及地形、地貌的改变影响，移民等对社会文化经济产生的影响。

（2）建设项目服役期（正常运行、生产）的环境影响

建设项目服役期的环境影响是指建设项目建设竣工后，投入正常运行、正常生产对环境产生的影响。服役期的环境影响持续时间长，是环境影响评价的重点，它也是建设项目环境管理的重点。

（3）建设项目服役期满后的环境影响

建设项目服役期满后的环境影响是指建设项目使用寿命期结束，对环境产生的影响或残留污染源对环境产生的污染影响。如采矿、油田开发服役期满后，对地质环境、地形、地貌、植被、景观和生态资源产生的影响。

6. 按影响的环境要素分类

按影响环境的要素分类可分为：对大气环境的影响，对水环境（江河、湖泊、水库、地下水、海洋）的影响，对土壤环境的影响，对生态环境的影响。

在实际工作中，一个建设项目的环境影响是多方面的，是上述各种影响错综复杂的组合。因此，在分析一个建设项目的环境影响时，必须找出主要的环境影响，使环境影响评价有较强的针对性。

第三节　环境影响识别

环境影响识别方法主要有两种：一种是利用环境影响识别表进行，另一种是根据建设项目排放的污染物（能量或影响因子）对环境要素的影响逐一进行分析。

一、环境影响识别表

不同的建设项目应有不同的环境影响识别表。工业建设项目的环境影响识别表应包括如下内容。

1. 环境污染影响

（1）大气污染影响

① 是否向大气中排放污染物，排放何种污染物，数量如何。

② 是否会降低大气质量，降低程度如何。

③ 是否会改变大气的物理、化学性质。

（2）水环境污染影响

① 向水体中排放什么污染物，其性质、数量、浓度如何。

② 是否影响纳污水体的水质，影响程度如何。

③ 是否对地下水水量、水质产生影响。

④ 是否对海洋产生污染。

⑤ 是否严重消耗地下水、地表水，致使水位下降。

⑥ 是否对水体中的鱼类、水生生物产生影响，影响程度如何。

⑦ 是否改变河水的流量，是否影响河道和航运。

⑧ 是否引起水体温度的变化。

（3）固体废弃物

① 建设项目排放什么固体废弃物，数量是多少。

② 固体废弃物的管理、处置方法有哪些。

③ 固体废弃物会对水环境、土壤产生何种影响。程度如何。

④ 其他污染影响。

⑤ 建设项目是否产生热、放射性、电磁波、振动等污染影响。

⑥ 影响的对象是什么。影响程度如何。

（4）危险品

建设项目是否排放有剧毒的污染物和易燃、易爆物质。

（5）对能源、自然资源开发的影响

① 是否影响电力的开发、生产、输送及使用。

② 是否影响石油、天然气的开发、生产、输送和使用。

③ 是否影响煤矿和其他矿物资源的开发、利用、输送、冶炼和使用。

④ 是否影响能源和自然资源的保护。

（6）对土地利用和管理的影响

① 是否改变这一地区土地利用的性质。

② 对评价区内国家文物古迹、革命遗址有无影响。

③ 是否影响风景游览区和地方特有的景观。

④ 是否改变该地的交通运输状况，是否影响人口密度。

⑤ 是否需要居民搬迁和调整农业布局。

⑥ 是否可以提供就业机会，是否增设了公共服务，提高了人民生活水平。

⑦ 是否增加地方的税收、财政收入，促进当地经济发展。

环境影响识别表应从工程特征、环境特征进行编制，并考虑到各种环境影响类型。

二、对环境要素影响的分析

建设项目向环境中排放污染物（能量或影响因子）是产生环境影响的根源。污染物排放的去向直接关系到受它影响的环境要素和影响的程度。因此，根据建设项目排放的污染物（能量或影响因子）分析建设项目对环境产生的影响是可行的。

建设项目的行业类别很多，同一行业的建设项目差异也很大，不但排放的污染物有差别，而且污染物的排放量也有很大差异。

三、环境影响识别的结果

环境影响识别的结果可能会出现下述两种情况（不利影响、有利影响）之一。

（1）不利影响

不利影响常用负号表示。按环境敏感度划分。环境敏感度是指在不损失或不降低环境质量的情况下，环境因子对外界压力（项目影响）的相对计量，可划分为5级。

① 极端不利　外界压力引起某个环境因子无法替代、恢复与重建的损失，此种损失是永远的、不可逆的。如使某濒危的生物种群或有限的不可再生资源遭受灭绝威胁、对人群健康有致命的危害，以及对独一无二的历史古迹造成不可弥补的损失等。

② 非常不利　外界压力引起某个环境因子严重而长期的损害或损失，其代替、恢复和重建非常困难，并需很长的时间。如造成稀少的生物种群或有限的、不易得到的可再生资源严重损失，严重危害大多数人的健康，或者造成相当多的人群经济贫困。

③ 中度不利　外界压力引起某个环境因子的损害或破坏，其替代或恢复是可能的，但比较困难且可能要付出较高的代价，并需比较长的时间。如对正在减少或有限供应的资源造成相当损失，对当地优势生物种群的生存条件产生重大变化。

④ 轻度不利　外界压力引起某个环境因子的轻微损失或暂时性破坏，其再生、恢复与重建可以实现，但需要一定的时间。

⑤ 微弱不利　外界压力引起某个环境因子暂时性破坏或干扰，环境的破坏或干扰能较快地自动恢复或再生，或者其替代与重建比较容易实现。

（2）有利影响

有利影响一般用正号表示。按对环境与生态产生的良性循环和提高的环境质量所产生的社会经济效益程度而定等级，亦可分为5级，即微弱有利、轻度有利、中等有利、大有利和特有利。

在划定环境因子受影响的程度时，对于受影响程序的预测要尽可能客观，必须认真做好环境的本底调查，制成包括地质、地形、土壤、水文、气候、植物及野生生物的本底的地图和文件，同时要对建设项目要求达到的目标及其相应的主要技术指标有清楚的了解。然后预测环境因子由于环境变化而产生的生态影响、人群健康影响和社会经济影响，以确定影响程度的等级。

第四节　环境影响评价工作步骤及评价等级

一、环境影响评价工作程序

环境影响评价的过程包括一系列的步骤，这些步骤要按顺序进行。但需指出的是，环境影响评价应该是一个循环的和补充的过程，这是因为在各个步骤之间存在着相互作用和反馈机制。在实际工作中，环境影响评价的工作过程可以不同，而且各步骤的顺序也可变化。图4-1表明环境影响评价工作的一般程序。

二、环境影响评价工作等级的划分

1. 划分环境影响评价工作等级的依据

（1）建设项目的工程特点

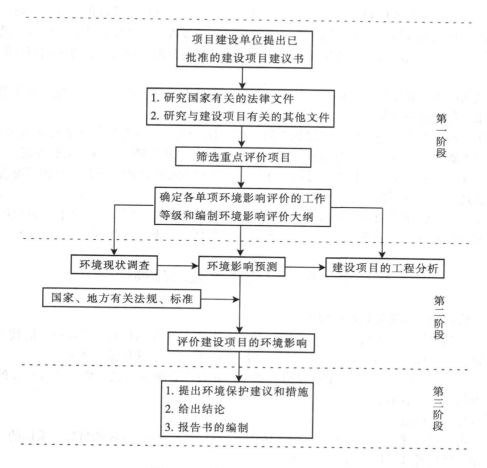

图 4-1 环境影响评价工作程序流程图

这些特点主要有：工程性质、工程规模、能源及资源（包括水）的使用量及类型、污染物排放特点（排放量、排放方式、排放去向，主要污染物种类、性质、排放浓度）等。

（2）建设项目所在地区的环境特征

这些特征主要有：自然环境特点、环境敏感程度、环境质量现状及社会经济环境状况等。

（3）国家或地方政府所颁布的有关法规

这些法规包括环境质量标准和污染物排放标准。

2. 环境影响评价工作等级的划分

（1）环境影响的评价项目

根据环境的组成特征，建设项目的环境影响评价通常可进一步分解成对下列不同环境要素（或称评价项目）的评价，即大气、地表水、地下水、噪声、土壤与生态、人群健康状况、文物与"珍贵"景观以及日照、热、放射性、电磁波、振动等。

建设项目对上述各环境要素的影响评价统称为单项环境影响评价（简称单项影响评价）。

（2）环境影响评价工作等级

可将各单项影响评价划分为三个工作等级。例如，大气环境影响评价划分为一级、二级、三级，地表水环境影响评价划分为一级、二级、三级等等，依此类推。一级评价最详细，二级次之，三级较简略。各单项影响评价工作等级划分的详细规定，可参阅相应的导则。

一般情况下，建设项目的环境影响评价包括一个以上的单项影响评价，每个单项影响评价的工作等级不一定相同。

对于单项影响评价的工作等级均低于第三级的建设项目，不需编制环境影响报告书，只需按国家颁发的《建设项目环境保护管理办法》填写"建设项目环境影响报告表"。

对于建设项目中个别评价工作等级低于第三级的单项影响评价，可根据具体情况进行简单的叙述、分析或不做叙述、分析。

对于某一具体建设项目，在划分各评价项目的工作等级时，根据建设项目对环境的影响、所在地区的环境特征或当地对环境的特殊要求等情况可做适当调整。

第五节 环境影响评价大纲的编制

一、建设项目环境影响评价大纲

评价大纲应在开展评价工作之前编制，它是具体指导建设项目环境影响评价的技术性文件，也是检查报告书内容和质量的主要依据，其内容应该尽量具体、详细。

评价大纲一般应按图4－1中所标明的顺序，并在充分研读有关文件、进行初步的工程和环境现状调查后编制。

评价大纲一般应包括以下内容：

①总则。包括评价任务的由来、编制依据、控制污染与保护环境的目标、采用的评价标准、评价项目及其工作等级和重点等。

②建设项目概况。如果为扩建项目应同时介绍现有的工程概况。

③拟建地区的环境简况附位置图。

④建设项目工程分析的内容与方法应根据当地环境特点、评价项目的环境影响评价工作等级与重点等因素，说明工程分析的内容、方法和重点。

⑤建设项目周围地区的环境现状调查。包括：

ⓐ 一般自然环境与社会环境现状调查；

ⓑ 环境中与评价项目关系较密切部分的现状调查。

根据已确定的各评价项目工作等级、环境特点和影响预测的需要，尽量详细地说明调查参数、调查范围及调查的方法、时间、地点、次数等。

⑥环境预测。

⑦评价工作成果清单、拟提出的结论和建议的内容。

⑧评价工作的组织、计划安排。

⑨评价工作经费概算。

下列任意一种情况应编写环境影响评价工作的实施方案，以作为大纲的必要补充：

第一，由于必需的资料暂时缺乏，所编大纲不够具体，对评价工作的指导作用不足；

第二，建设项目特别重要或环境问题特别严重，如规模较大、工艺复杂、污染严重等；

第三，环境状况十分敏感。

二、区域开发环境评价大纲

1. 区域开发环境评价大纲的主要内容

区域开发环境评价大纲是区域开发环评工作的技术性文件，也是检查报告书内容质量的重要依据。制定评价大纲的主要目的是：①确定评价工作内容和范围；②确定评价工作的技术路线和方法；③制定评价工作的实施计划。

评价大纲主要包括以下 7 个方面内容：

① 总则。包括评价工作任务来源、编制依据、评价范围、评价重点及评价标准等。

② 区域开发规划概述。简单介绍区域开发规模、性质、内容，区域开发的基础条件与基础设施等。

③ 区域环境现状简介。根据已掌握的资料，对区域开发活动所在地区的自然条件、社会经济背景、环境质量做简单的介绍。

④ 影响因素识别及评价因子选择。根据区域开发的主要活动和周围环境状况，识别可能对环境产生影响的因素，以此确定评价的重点和选择评价因子。

⑤ 环境影响评价工作实施计划。包括评价内容的分解与组织、工作实施技术方案的进度安排等。

⑥ 提交成果。区域开发环评工作最终成果是环境影响报告书。复杂的区域开发环评工作还应写出重点因子的分项环境影响报告书；大型影响报告书要附上报告书简本。

⑦ 经费概算。根据工作量做出评价工作的经费预算，经环境主管部门和委托方认定后，按专款专用原则列支。

2. 区域开发环境评价大纲编制程序

区域开发环境评价大纲编制程序分为准备工作和大纲编制两个阶段。

（1）准备工作阶段

准备工作阶段是在评价单位接受开发者委托编制区域开发活动环境影响报告书之后，大纲编制之前必须做的工作。一般包括：

① 对区域开发规划方案进行初步分析，掌握区域拟开发活动的一般情况，进一步向委托方收集更丰富的资料；

② 对区域开发活动所在地区的自然、社会、环境质量等现状资料进行初步整理，必要时进行现场踏勘。

③ 收集有关开发活动所在地区的环境保护政策、法律、标准、地区经济发展规划、土地利用功能规划以及其他有关政策。

（2）大纲编制阶段

这一阶段的工作一般包括：

① 影响因素识别与评价因子选择。识别区域开发活动的影响因素和确定评价因子，是大纲编制的第一步，也是最关键的一步，是确定评价重点的重要依据之一。

② 环境标准选择。环境标准的选择是环境影响评价工作中法制性和政策性最强的一步。环境标准不仅是环境影响评价的重要依据，而且影响评价的结论。在实际工作中，标准的选择、影响因素的识别和评价因子的选择往往交叉进行。

③ 评价工作范围、重点的确定。评价范围主要取决于开发活动的性质、规模以及可能影响的范围。评价范围过小，不能充分反映开发活动对环境的影响；评价范围过大，则增加不必要的工作量。评价重点的确定是保证环境影响报告书质量的关键。评价重点的确定主要依据影响因素的识别。

④ 评价工作技术路线的确定。评价工作的技术路线包括环境影响评价工作的原则、现状调查监测与评价方法、影响源分析方法、环境影响预测等。

⑤ 制定实施计划。根据已确定的区域开发环评内容、技术路线与方法来制订区域开发环评的实施计划。

⑥ 大纲编制。在上述工作完成后，编制环境影响评价大纲。

第六节 建设项目所在地区环境现状的调查

一、环境现状调查的原则和方法

1. 环境现状调查的一般原则

①根据建设项目所在地区的环境特点，结合各单项影响评价的工作等级，确定各环境要素的现状调查范围，并筛选出应调查的有关参数。

②环境现状调查时，首先应搜集现有的资料，当这些资料不能满足要求时，再进行现场调查和测试。

③环境现状调查中，对与评价项目有密切关系的部分(如大气、地表水、地下水等)应全面、详细，对这部分的环境质量现状应有定量的数据并做出分析或评价；对一般自然环境与社会环境的调查，应根据评价地区的实际情况，适当增删。

2. 环境现状调查的方法

环境现状调查的方法主要有三种，即：收集资料法、现场调查法和遥感的方法。

收集资料法应用范围广、收效大，节省人力、物力和时间。环境现状调查时，应首先通过此方法获得现有的各种有关资料。但此方法只能获得第二手资料，而且往往不全面，不能完全符合要求，需要其他方法补充。

现场调查法可以针对使用者的需要，直接获得第一手的数据和资料，以弥补收集资料法的不足。这种方法工作量大，需占用较多的人力、物力和时间，有时还可能受季节、仪器设备条件的限制。

遥感的方法可从整体上了解一个区域的环境特点，可以弄清人类无法到达地区的地表环境情况，如一些大面积的森林、草原、荒漠、海洋等。此方法不十分准确，不宜用于微观环境状况的调查，一般只用于辅助性调查。在环境现状调查中，使用此方法时，绝大多数情况不使用直接飞行拍摄的办法，只判读和分析已有的航空或卫星相片。

与各单项影响评价有关的环境现状调查方法的细节，请参照相应的各单项影响评价的技术导则。

二、环境现状调查的内容

1. 地理位置

建设项目所处的经、纬度，行政区位置和交通位置(位于或接近的主要交通线)，并附平面图。

2．地质

一般情况下，只需根据现有资料，选择下述部分或全部内容，概要说明当地的地质状况。即：当地地层概况，地壳构造的基本形式（岩层、断层及断裂等等）以及与其相应的地貌表现，物理与化学风化情况，当地已探明或已开采的矿产资源情况。

若建设项目规模较小且与地质条件无关时，地质现状可不叙述。

评价矿山以及其他与地质条件密切相关的建设项目的环境影响时，对与建设项目有直接关系的地质构造，如断层、断裂、坍塌、地面沉陷等，要进行较为详细的叙述，一些特别有危害的地质现象，如地震，也应加以说明，必要时应附图辅助说明。若没有现成的地质资料，则应做一定的现场调查。

3．地形地貌

一般情况下，只需根据现有的资料，简要叙述部分或全部内容：建设项目所在地区海拔高度，地形特征（高低起伏状况），周围的地貌类型（山地、平原、沟谷、丘陵、海岸等等），以及岩溶地貌、冰川地貌、风成地貌等地貌的情况。崩塌、滑坡、泥石流、冻土等有危害的地貌现象，若不直接或间接威胁到建设项目时，可概要说明其发展情况。

若无资料可查，则需做一些简单的现场调查。

当地形地貌与建设项目密切相关时，除应比较详细地叙述上述全部或部分内容外，还应附建设项目周围地区的地形图，特别应详细说明可能直接对建设项目有危害或将被建设项目诱发的地貌现象的现状及发展趋势，必要时还应进行一定的现场调查。

4．气候与气象

建设项目所在地的主要气候特征，包括：年平均风速和主导风向，年平均气温，极端气温与月平均气温，年平均相对湿度，年平均降水量，降水天数，降水量极值，日照等主要的天气特征（梅雨、寒潮、冰雹、台风、飓风）等。

5．地表水环境

如果建设项目不进行地表水环境的单项影响评价时，应根据现有资料选择下述部分或全部内容，概要说明地表水状况：地表水资料的分布及利用情况，地表水各部分（河、湖（水库））之间及其与海湾、地下水的联系，地表水的水文特征及水质现状，以及地表水的污染来源。

如果建设项目建在海边又无需进行海湾的单项影响评价时，应根据现有资料选择下述部分或全部内容概要说明海湾环境状况：海洋资料及利用情况，海湾的地理概况，海湾与当地地表水及地下水之间的联系，海湾的水文特征及水质现状、污染来源等。

6．地下水环境

当建设项目不进行与地下水直接有关的环境影响评价时，只需根据现有资料，全部或部分地简述下列内容：地下水的开采利用情况，地下水埋深，地下水与地表水的联系以及水质状况与污染来源。

若需进行地下水环境影响评价，除要比较详细地叙述上述内容外，还应根据需要，选择以下内容进一步调查：水质的物理、化学特性，污染源情况，水的储量与运动状态，水质的演变与趋势，水源地及其保护区的划分，水文地质方面的蓄水层特性，承压水状况等。当资料不全时，应进行现场采样分析。

7．大气环境质量

如果建设项目不进行大气环境的单项影响评价,应根据现有资料,简单说明下述部分或全部内容:建设项目周围地区大气环境中主要的污染物质及其来源,大气环境质量现状。

8. 土壤与水土流失

当建设项目不进行与土壤直接有关的环境影响评价时,只需根据现有资料,全部或部分地简述下列内容:建设项目周围地区的主要土壤类型及其分布,土壤的肥力与使用情况,土壤污染的主要来源及其质量现状,建设项目周围地区的水土流失现状及原因等。

当需要进行土壤环境影响评价时,除要比较详细地叙述上述全部或部分内容外,还应选择以下内容进一步调查:土壤的物理、化学性质,土壤结构,土壤一次、二次污染状况,水土流失的原因、特点、面积、元素及流失量等,同时要附土壤图。

9. 动、植物与生态

若建设项目不进行生态影响评价,当项目规模较大时,应根据现有资料简述下列部分或全部内容:建设项目周围地区的植被情况(覆盖度、生长情况),有无国家重点保护的或稀有的野生动、植物,当地的主要生态系统类型(森林、草原、沼泽、荒漠等)及现状。若建设项目规模较小,又不进行生态影响评价时,这一部分内容可不叙述。

若需要进行生态影响评价,除应详细地叙述上面全部或部分内容外,还应根据需要选择以下内容进一步调查:本地区主要的动、植物清单,生产力,物质循环状况,生态系统与周围环境的关系,以及影响生态系统的主要污染源。

10. 噪声

建设项目不进行噪声环境的单项影响评价,一般可不叙述环境噪声现状;如果需要进行此类评价时,应根据噪声影响预测的需要决定调查的内容。

11. 社会经济

主要根据现有资料,结合必要的现场调查,简要叙述下列部分或全部内容:

(1) 人口

包括居民区的分布情况及分布特点,人口数量和人口密度等。

(2) 工业与能源

包括建设项目周围地区现有厂矿企业的分布状况,工业结构,工业总产值及能源的供给与消耗方式等。

(3) 农业与土地利用

包括可耕地面积,粮食作物与经济作物的构成及产量,农业总产值以及土地利用现状。若建设项目需进行土壤与生态环境影响评价,则应附土地利用图。

(4) 交通运输

包括建设项目所在地区公路、铁路或水路方面的交通概况,以及与建设项目之间的关系。

12. 文物与"珍贵"景观

文物指遗存在社会上或埋藏在地下的历史文化遗物,一般包括具有纪念意义和历史价值的建筑物、遗址、纪念物或具有历史、艺术、科学价值的古文化遗址、古墓葬、古建筑、石窟寺、石刻等。

"珍贵"景观一般指具有珍贵价值而必须保护的特定的地理区域,如自然保护区、风景游览区、疗养区、温泉以及重要的政治文化设施等。

如不进行这方面的影响评价，则只需根据现有资料，概要说明下述部分或全部内容：建设项目周围具有哪些重要文物与"珍贵"景观；文物或"珍贵"景观与建设项目的相对位置和距离，其基本情况以及国家或当地政府的保护政策和规定。

如建设项目需进行文物或"珍贵"景观的影响评价，则除应较详细地叙述其内容外，还应根据现有资料结合必要的现场调查，进一步叙述文物或"珍贵"景观对人类活动敏感部分的主要内容。这些内容有：它们易于受哪些物理的、化学的或生物学的影响，目前有无已损害的迹象及其原因，主要的污染或其他影响的来源，景观外貌的特点，自然保护区或风景游览区中珍贵的动、植物种类，以及文物或"珍贵"景观的价值（包括经济的、政治的、美学的、历史的、艺术的和科学的价值等）。

13．人群健康状况

当建设项目规模较大，且拟排污染物毒性较大时，应进行一定的人群健康调查。调查时，应根据环境中现有污染物及建设项目将排放的污染物的特性选定指标。

14．建设项目的环境影响预测

对于已确定的评价项目，都应预测建设项目对其产生的影响。预测的范围、时段、内容及方法均应根据其评价工作等级、工程与环境的特性按当地的环保要求而定；同时应尽量考虑该地区已规划的建设项目可能产生的环境影响。

15．其他

根据当地环境情况及建设项目特点，决定电磁波、振动、地面下沉等项目是否进行调查。

第七节 建设项目的工程分析

一、工程分析的原则

建设项目的工程分析原则是：

①当建设项目的规划、可行性研究和设计等技术文件中记载的资料、数据等能够满足工程分析的需要和精度要求时，应通过复核校对后引用。

②对于污染物的排放量等可定量表述的内容，应通过分析尽量给出定量的结果。

二、工程分析的对象

主要从下列几方面分析建设项目与环境影响有关的情况：

①工艺过程。通过对工艺过程各环节的分析，了解各类影响的来源，各种污染物的排放情况，各种废物的治理、回收、利用措施及其运行与污染物排放间的关系等。

②资源、能源的储运。通过对建设项目资源、能源、废物等的装卸、搬运、储藏、预处理等环节的分析，掌握与这些环节有关的环境影响来源的各种情况。

③交通运输。分析由于建设项目的建设和运行，使当地及附近地区交通运输量增加所带来的环境影响。

④厂地的开发利用。通过了解拟建项目对土地的开发利用，了解土地利用现状和环境间的关系，以分析厂地开发利用带来的环境影响。

⑤对建设项目生产运行阶段的开车、停车、检修、一般性事故和漏泄等情况时的污染

物不正常排放进行分析，找出这类排放的来源、发生的可能性及发生的频率等。

⑥其他情况。

三、工程分析的方法

1. 工程分析的重点

工程分析应以工艺过程为重点，并不可忽略污染物的不正常排放（简称不正常排放）。资源、能源的储运、交通运输及厂地开发利用是否进行分析及分析的深度，应根据工程、环境的特点及评价工作等级决定。

2. 建设项目实施过程各阶段的工程分析

根据实施过程的不同阶段可将建设项目分为建设过程、生产运行、服务期满后三个阶段进行工程分析。

①所有建设项目均应分析生产运行阶段所带来的环境影响。生产运行阶段中，污染物的排放有正常排放和不正常排放两种情况。建设项目的评价工作等级、环境保护要求均较高时，可将生产运行阶段分为运行初期和运行中后期，并分别按正常排放和不正常排放进行分析。运行初期和运行中后期的划分应视具体工程特点而定。

②个别建设项目在建设阶段和服务期满后的影响不容忽视，应就这类项目的这些阶段进行工程分析。

③在建设项目实施过程中，由于自然或人为原因所酿成的爆炸、火灾、中毒等造成后果十分严重的人身伤害或财产损失事故，属风险事故。是否进行环境风险评价，应视工程性质、规模、建设项目所在地环境特征以及事故后果等因素确定。目前环境风险评价的方法尚不成熟，资料的收集及参数的确定尚存在诸多困难。在有必要和具备条件时，应进行建设项目的环境风险评价或环境风险分析。

3. 工程分析的分析方法

当建设项目的规划、可行性研究和设计等技术文件不能满足评价要求时，应根据具体情况选用适当的方法进行工程分析。目前采用较多的工程分析法有：类比分析法、物料平衡计算法、查阅参考资料分析法等。

（1）类比分析法

类比分析法要求时间长，工作量大，但所得结果较准确。在评价时间允许，评价工作等级较高，又有可资参考的相同或相似的现有工程时，应采用此方法。如果同类工程已有某种污染物的排放系数时，可以直接利用此系数计算建设项目该种污染物的排放量，不必再进行实测。

（2）物料平衡计算法

物料平衡计算法以理论计算为基础，比较简单。但计算中设备运行均按理想状态考虑，所以计算结果有时偏低。此方法不是所有建设项目均能采用，具有一定局限性。

（3）查阅参考资料分析法

查阅参考资料分析法最为简便，但所得数据准确性差。当评价时间短，且评价工作等级较低时，或在无法采用以上两种方法的情况下，可采用此方法，此方法还可以作为以上两种方法的补充。

第八节　环境影响预测

一、环境影响预测的内容

对评价项目环境影响的预测，是指对代表评价项目的各种环境质量参数变化的预测。环境质量参数包括两类：一类是常规参数，一类是特征参数。前者反映该评价项目的一般质量状况，后者反映该评价项目与建设项目有联系的环境质量状况。各评价项目应预测的环境质量参数的类别和数目，与评价工作等级、工程和环境的特征及当地的环保要求有关，请参见各单项影响评价的技术导则。

二、环境影响预测的方法

预测方法应尽量选用通用、成熟、简便并具有相当精度的方法。当前评价中常用的预测方法有模型计算法、类比调查法及专业判断法。

（1）模型计算法

此法比较简便，只要输入一定的计算条件和参数，即能得出定量的预测结果。虽然求取参数需要运用测试手段，但与其他诸法相比，科学性和实用性都较强，所以在评价中应首先考虑采用。在使用模型计算法进行预测时还应注意模型应用条件。如果宏观条件不能满足实际要求时，则必须对模型进行修正或验证。

（2）类比调查法

由于此法属于半定量的性质，仅有一定的相关性，所以只能是在无法取得有关参数和数据的情况下，评价时间又较短时，在一般建设项目的环境影响预测中使用。

（3）专业判断法

此法用于建设项目对某些特定保护目标（如文物、古迹、景观等）进行定性分析。由于此法的局限性很大，不能普遍采用。

三、环境影响的阶段和时期

如前所述，建设项目的环境影响共分三个阶段（建设阶段的环境影响、生产阶段的环境影响和服务期满后的环境影响）和两个时期（冬、夏两季或丰、枯水期）。所以，预测工作在原则上也应与此相对应。但是，对于污染物种类多、数量大的大中型建设项目，除了预测正常排放和不正常排放情况下的影响外，还应预测各种不利条件下的影响（包括事故状况下的影响）。具体内容可参见有关专题的论述。

大型建设项目在建设阶段产生的噪声、振动较为严重，所排污染物对环境要素足能构成影响时，应增加建设阶段的影响预测。

资源开发类型的建设项目应预测服务期满后的影响。

环境影响预测应考虑各时期的环境自净能力，如果评价工作等级要求较低时，可只考虑自净能力最差的一个时期，或者忽略不计其自净能力。

四、环境影响预测的地域范围和点位布设

1. 预测的地域范围

预测地域范围取决于评价工作等级，在一般情况下，大多数建设项目的预测地域范围是等于或略小于现状调查的范围。对于具有特定评价点的评价，应视为特殊范围而进行预测。

2．预测点位布设

为了全面反映评价区内的环境影响，便于污染贡献值和现状值叠加，预测点和现状监测点均应布设在同一点位上。布点数量和位置应根据工程与环境特征以及环境功能要求而定。

五、评价建设项目的环境影响

1．单项评价方法及其应用原则

①单项评价方法是以国家、地方的有关法规、标准为依据，评定与估价各评价项目的单个质量参数的环境影响。预测值未包括环境质量现状值（背景值）时，评价时注意应叠加环境质量现状值。在评价某个环境质量参数时，应对各预测点在不同情况下该参数的预测值均进行评价。

②单项评价应有重点，对影响较重的环境质量参数，应尽量全面评定与估价对环境影响的特性、范围和大小；影响较轻的环境质量参数则可较为简要评定与估价对环境的影响。

2．多项评价方法及其应用原则

①多项评价方法适用于各评价项目中多个质量参数的综合评价，所采用的方法分别见有关各单项目影响评价的技术导则。

②采用多项评价方法时，不一定包括该项目已预测环境影响的所有质量参数，可以有重点地选择适当的质量参数进行评价。

第九节　厂址选择原则

厂址选择是决定建设项目发展前途与生存命运的首要问题，所以选址工作应结合多种因素进行综合考虑。

从环境保护方面考虑，厂址选择要做到合理，必须满足下列要求：

①符合城市和经济发展总体规划。对于原有企业改扩建工程，既要照顾历史原因，又不能超出当地规定的环境质量指标。对于在环境敏感区附近选址的建设项目，应从环境的承受能力出发，针对其排污量和生产规模提出必要的总量控制指标。对于接近风景旅游与文物古迹地区的建设项目选址，更应持慎重态度，不仅要考虑项目的性质和污染水平，而且要考虑不影响景观、风景资源价值和文物保护。

②厂址应选择在合理方位。首先要避开城市水源地和城市生活居住区的上风位。鉴于我国大部分地区处于季风气候区，冬、夏两季的盛行风向有明显区别，因此只避开主导风向是不够的，应考虑最小污染系数方位和季风转换方位，选择一年中受污染影响最小方位的上风向为宜。厂内总图布置，如厂区和生活区以及厂区内的重污染区和轻污染区，均应考虑风向的要求。

③在山区选址要与山体保持一定的距离。一般要求距山脚的距离不应小于山高的 15 倍，以防止陷于过山背风涡流区。在山谷中选址，要尽量设在谷宽的地段，并置于中部为宜。在河谷、河湾及小盆地等处选址，应力求安排污染物排放量小的项目。

④厂区应与生活区以及重点保护区之间保持足够的污染防护距离，并按《建设项目环境保护设计规定》等有关规定提出妥善处置的建议。

建设项目如需进行多个厂址优选时，要应用各评价项目（如大气环境、地表水环境、地下水环境等）的综合评价进行分析、比较，其所用方法可参照各评价项目的多项评价方法。

第十节　环境影响报告的编制

一、环境影响报告表的编制

建设项目环境影响报告表由具有从事环境影响评价工作资质的单位编制。其主要内容有：

①建设项目基本情况；

②建设项目所在地自然环境、社会环境简况；

③环境质量状况（主要环境问题及主要环保目标）；

④评价适用标准；

⑤建设项目工程分析；

⑥建设项目主要污染物产生及预计排放情况；

⑦环境影响分析；

⑧建设项目拟采取的防治措施及预期治理效果；

⑨结论与建议：给出建设项目清洁生产、达标排放和总量控制的分析结论，确定污染防治措施的有效性，说明建设项目对环境造成的影响，给出建设项目环境可行性的明确结论。

环境影响报告表应附：①立项批准文件；②其他与环评有关的行政管理文件；③项目地理位置图（应反映行政区划、水系、标明纳污口位置和地形地貌等）；④项目平面布置图。

如果环境影响报告表不能说明项目产生的污染及对环境造成的影响，应进行专项评价。根据建设项目的特点和当地环境特征，应选择1～2项进行专项评价：①大气环境影响专项评价；②水环境影响专项评价（包括地表水和地下水）；③生态影响专项评价；④声影响专项评价；⑤土壤影响专项评价；⑥固体废物影响专项评价。以上专项评价未包括的可另列专项，其评价按照《环境影响评价技术导则》中的要求进行。

二、环境影响报告书的编制

环境影响报告书是环境影响评价程序和内容的书面表现形式之一，在编写时应遵循下述原则：

①环境影响报告书应该全面、客观、公正、概括地反映环境影响评价的全部工作。

②评价内容较多的报告书，其重点评价项目另编分项报告书。

③主要的技术问题另编专题报告书。

④文字应简洁、准确，图表要清晰，论点要明确。大或复杂的项目，应有主报告和分报告或附件。主报告应简明扼要，分报告应把专题报告、计算依据列入。

环境影响报告书应根据环境和工程特点及评价工作等级，选择下列全部或部分内容进行编制。

1. 总则

①结合评价项目的特点阐述编制环境影响报告书的目的。

②编制依据：项目建议书；评价大纲及其审查意见；评价委托书（合同）或任务书等。

③采用标准：包括国家标准、地方标准或拟参照的国外有关标准。

④控制污染与保护环境的目标。

2. 建设项目概况及工程分析

①建设项目的名称、地点及建设性质。

②建设规模（扩建项目应说明原有规模）、占地面积及厂区平面布置（应附平面图）。

③职工人数和生活区布局。

④主要原料、燃料及其来源，储运和物料平衡，水的用量与平衡，水的回用情况。

⑤主要产品方案及工艺过程（附工艺流程图）。

⑥排放的废水、废气、废渣、颗粒物（粉尘）、放射性废物等的种类、排放量和排放方式，以及其中所含污染物种类、性质、排放浓度，产生的噪声、振动的特性及数值等。

⑦废弃物的回收利用、综合利用和处理、处置方案。

⑧交通运输情况及场地的开发利用。

3. 建设项目周围地区的环境现状

①地理位置（应附平面图）。

②地质、地形、地貌和土壤情况，河流、湖泊（水库）、海湾的水文情况，气候与气象情况。

③大气、地表水、地下水和土壤的环境质量状况。

④矿藏、森林、草原、水产和野生动物、野生植物、农作物等情况。

⑤自然保护区、风景游览区、名胜古迹、温泉、疗养区以及重要的政治文化设施情况。

⑥社会经济情况，包括：现有工矿企业和生活居住区的分布情况，人口密度，农业概况，土地利用情况，交通运输情况及其他社会经济活动情况。

⑦人群健康状况和地方病情况。

4. 环境影响预测与评价

①预测的时段、范围、内容、方法、结果及其分析和说明。

②建设项目环境影响的特征、范围、程度和性质。如要进行多个厂址的优选时，应综合评价每个厂址的环境影响并进行比较和分析。

③环境保护措施的评述及其经济、技术论证，并提出各项措施的投资估算（列表）。

④环境影响经济损益分析。

⑤环境监测制度及环境管理、环境规划的建议。

⑥有些项目要做风险评价，要求有公众参与；有的项目生态评价是重点。

5. 结论

①简要说明建设项目的影响源及污染源状况。根据评价中工程分析结果，简单明了地说明建设项目的影响源和污染源的位置、数量，污染物的种类、数量、排放浓度、排放量、排放方式等。

②概括总结环境影响的预测和评价结果。结论中要明确说明建设项目实施过程各阶段在不同时期对环境的影响及其评价。特别要说明叠加背景值后的影响。

③对环保措施的改进建议。报告书中如有专门章节评述环保措施（包括污染防治措施、环境管理措施、环境监测措施等）时，结论中应有该章节的总结。如报告中没有专门章节时，在结论中应简单评价拟采用的环保措施。同时，还应结合环保措施的改进与执行，说明建设项目在实施过程的各不同阶段，能否满足环境质量要求的具体情况。

第十一节　区域环境影响评价

近年来，我国建设项目的环境影响评价工作发展很快，为控制建设项目的新污染源，防止环境污染起到了积极的作用。但实践证明，若单个建设项目的污染源都达到了排放标准，但在一个区域内建设项目过多，布局又不合理时，区域环境质量仍达不到环境质量标准。只有在区域内工业、交通等各经济部门的数量适当且布局合理时，区域环境质量才能满足环境质量标准要求。这表明，在一定的区域，环境对污染物的容纳量在环境质量标准的约束下是有一定限度的，于是提出了环境容量的概念。相应地也会存在区域工业容量、交通容量、人口容量……如何分析和计算区域环境容量，并集中研究和实施区域污染物总量控制对策，使经济、社会、环境建设协调发展，这就产生了区域环境影响评价的问题。

区域开发有各种类型，其划分如图 4 - 2 所示。

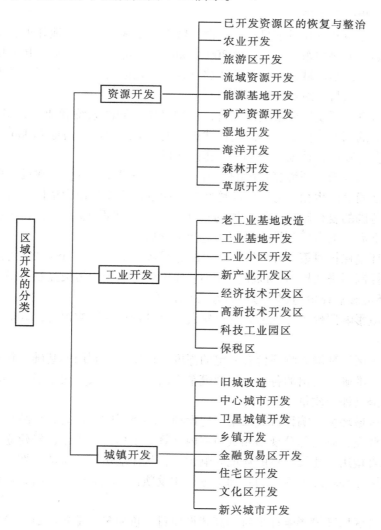

图 4-2　区域开发类型的划分

一、区域环境影响评价与建设项目环境影响评价的关系

建设项目环境影响评价是为建设项目的优化选址和制订环保措施服务的。这一评价的基本任务是，根据某一建设项目的性质、规模和所在地区的自然环境、社会环境状况，通过调查分析和环境影响预测，找出对环境的影响程度，在此基础上得出项目是否可行的结论，提出环保对策建议。

区域环境影响评价的对象是该区域内所有开发建设行为，不仅要找出这些行为对环境的影响程度，而且要找出其影响规模。评价的重点是论证区域内未来建设项目的布局、结构、时序，提出对区域环境影响最小的整体优化方案和综合防治对策，协调人口、环境与开发建设行为之间的关系，为制订环境规划提供依据。

1. 区域开发建设的特点

与单项建设项目相比，区域开发建设具有以下特点：

①规模大。一个区域开发往往有几十、几百亿元的工程投资；几万到几十万人口的定居；消耗大量的物资和能源。

②占地广。区域开发建设项目，少则占地数平方千米，多则占地几十、几百甚至几千平方千米。例如，上海浦东开发区占地 300 多 km^2，计划重新定居人口 100 万。

③门类复杂。许多区域开发属多功能综合开发，在区内要建设不同门类不同规模的建设工程。这些建设项目，对环境有不同的影响。

④多部门负责。开发区内各建设项目，往往隶属不同的系统和业主，多业主多门类，造成环境管理上的困难。例如，上海正在建设中的吴淞工业区，占地 21 km^2，由 7 个工业局和 1 个公司参与建设，计划新增 116 个建设项目。

⑤长距离、大范围的环境复合影响。由于开发区内建设项目多、建设规模大，开发区内各建设项目之间会产生相互之间的环境影响，而且这些项目作为整体会对开发区外部产生长距离、大范围的复合影响。如我国的长江三峡水电建设工程，有可能对 1 800 km 以外的长江口和上海市的自然和社会经济环境产生影响。

⑥集中的环境保护对策。开发区内众多的建设项目有可能在企业之间实行废物回用，并且采用集中控制污染的措施，以花费最小的代价取得最佳的污染控制效果。

2. 区域环境影响评价与建设项目环境影响评价的联系

在区域环境影响评价的宏观指导下对建设项目进行环境影响评价，其优点主要表现在以下三个方面：

首先，由于区域环境影响评价有一定的深度、广度，所利用的基础资料和有关数据相对完整、连续、准确，得出的各种预测规模精度高，可信度大，用于指导建设项目环境影响评价有助于提高评价质量。

其次，将区域环境影响评价成果用于建设项目环境影响评价时，可减少一些自然环境和社会环境的调查，以及部分现场测试与室内计算等工作，特别是已经建立和验证的各种预测模式可以直接用于建设项目的环境影响预测，从而缩短了评价的周期。

最后，在区域环境影响评价的基础上进行建设项目环境影响评价时，可以适当地节省评价费用。

总之，开展区域环境影响评价对提高建设项目评价质量、缩短项目评价周期、节省项目评价费用等方面的作用是相当明显的。

3．区域环境影响评价和建设项目环境影响评价的区别

（1）评价对象不同

区域环境影响评价的对象包括区域内所有或主要的开发行为和开发项目；项目评价则是对单一的建设项目或几个项目的联合。两者在评价对象方面的区别是前者具有广泛性，后者具有单一性。

（2）评价范围不同

一般来讲，区域环境影响评价所包括的地域广、空间大、尺度长；而项目评价的地域小、空间小、尺度小。就评价范围而言，前者属于区域性，后者属于局部性。

（3）评价方法不同

区域环境影响评价的内容较多，预测的项目也较多，而同一预测项目又常采用几种预测方法；项目评价工作内容则相对较少，预测项目也少，而同一预测项目往往采用通用的预测方法。即前者采用的评价方法呈多样性，后者采用的评价方法呈简单性。

（4）评价水平不同

区域环境影响评价注重选择有理论基础和实际经验的评价单位，集中各方面的技术优势，发挥各专业的技术特长，所以体现了较强的学术性；而项目评价则突出了较强的实用性。

（5）评价精度不同

区域环境影响评价强调采用系统分析方法对整体进行宏观综合研究，精度可适当放宽，反映了全局的合理性；而项目评价对精度的要求更高，往往强调计算结果的准确性。

（6）评价时间不同

区域环境影响评价应该在编制区域规划之前或在编制的过程中进行，而项目评价则规定在可行性研究阶段完成。相对于开发建设行为的起始时间来讲，区域环境影响评价的时间具有超前性，项目评价则具有同步性。

（7）污染控制的方式不同

区域环境影响评价强调以防为主的总量控制，即工作的可行性；而项目评价则强调以防治为主的环保对策，即治理措施的针对性。

二、区域环境影响评价工作程序

图4-3表明我国目前进行区域环境影响评价的工作程序。

三、区域开发活动的公众参与

公众主要有两类：一类是有可能受到拟开发活动影响的群体和个人，如附近机关、居委会和个人等；另一类则是可为环境评价提供知识和信息的群体和个人，如非政府的环境组织、咨询专家等。他们常常可根据其知识背景和专业特长等提供拟建开发活动对环境可能产生的影响等有关方面的信息。

1．公众参与的方式

创造一个较好的公众参与方式或沟通渠道是公众参与环境保护的重要前提。一般来说，环境影响评价工作组和开发者第一次与公众接触和环境影响评价中的一些重要讨论会可由当地环保部门出面组织。在实际环境影响评价中，公众参与的方式有以下几种。

（1）设立公众参与热线电话和公众参与办公室

设立热线电话和专访办公室可以随时回答公众的问题和听取公众的有关建议。

（2）通过媒介发布信息

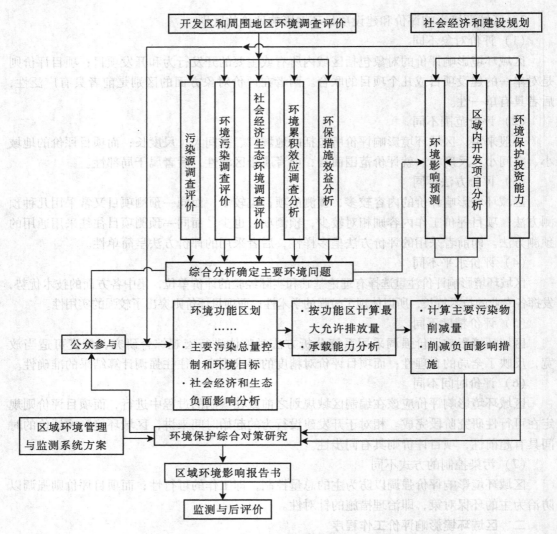

图 4-3　区域环境影响评价程序

通过电视、广播、报纸等宣传媒介，广泛告知公众有关项目的信息，使公众从不同方面了解该项目。对于区域开发活动影响面较大，如涉及市级以上风景旅游区或文物保护时，关注的公众较多，分布较广，可采用此种方式；对于涉及范围较小，如主要为开发区附近居民时，可采用其他方式使公众了解项目性质，如在社会调查时向公众解释项目的概况或向公众提供有关的文字资料。

（3）社会调查

社会调查是指通过访谈、通信、问卷或电话等方式收集各类信息。一般常用的方式为定量式调查和半定量式调查。定量式调查可以获得精确度很高的统计数据，通常采用问卷式，可用于评价社区中非货币形式表达的环境资源价值。调查问卷的合理设计、实施和统计分析是非常重要的。半定量式调查不拘泥于形式，一个问题的答案可引出另一个问题。这种调查方式可以全面深入地了解区域开发对当地各种资源的影响。

（4）听证会

　　召开一定规模的听证会可为公众提供较深入的参与机会。此种会议可为区域开发者、环境影响评价工作组与公众之间提供较深程度的交流，因此，在区域开发环评过程中，在恰当时机组织这样的听证会是十分必要的。会议规模的大小，一般视讨论问题的性质及关心该项目的群体和个人数量而定。一般而言，对于复杂或分歧较大的议题，应适当扩大一些，但要控制人数，以便于双向交流。另外，小型听证会对于交换意见和制定计划也是可取的。

　　2．公众参与的程序

　　图 4-4 表明公众参与的程序，主要分为 6 个阶段。

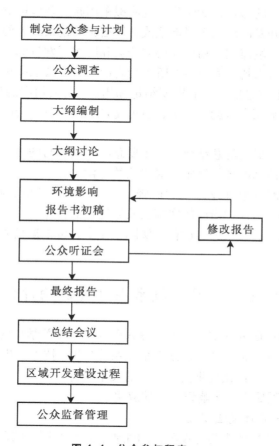

图 4-4　公众参与程序

　　第一阶段：制定公众参与计划。制定公众参与计划是区域开发环境影响评价公众参与的第一步，或称为准备阶段。该阶段的主要内容是制定公众参与的目的、对象、内容、方式、时间、人员及公众参与的组织与实施计划；该阶段的工作可直接影响后面各阶段的工作，因而是十分重要的一步。

　　第二阶段：环境影响评价大纲（以下简称大纲）编制前的社会调查，即在大纲编制前调查居民对周围地区的环境资源、环境质量和环境污染状况的认识，以及对拟建开发活动可能造成影响的担忧，从而有助于大纲编写时识别居民关心的重点环境影响。该阶段的公众参与方式主要采用社会调查方式；另外，在社会调查开展中或之前，应使公众有机会对项目有一个全面的了解，并确保公众有一定的途径进一步了解开发活动的性质、规模。

第三阶段：大纲讨论会。一般可由当地环保局出面主持，通过与公众代表接触和讨论，以避免大纲对公众关心的环境问题的疏漏。在该讨论会召开前，应向公众代表提供若干份大纲，相关的国家和当地环保局制定的环保政策、法规、标准，以及开发区开发活动的基本资料(如规划设想或规划草案、开发活动涉及的环境因素或环境问题等)，以便公众对该开发活动有一定了解。另外，在大纲讨论的同时，还应听取居民对该开发规划的总体观点和意见。

第四阶段：完成环境影响报告书初稿后的听证会。该听证会的目的有：①向公众代表说明该项目对周围环境的影响；②向公众说明拟采用减少环境影响的措施；③听取公众对区域开发规划、区域开发活动的环保措施或补偿措施的建议或不同意见；④向公众说明区域开发活动过程中的环境监控计划；⑤协调公众和区域开发者的不同观点，使其达成一致意见，在环境影响报告书初稿完成后的听证会之前，应向公众提供报告书的草稿或报告书简要本(简要本的内容应包括所有的重要结论和措施)以及相应的环保法规、政策等有关文件。初稿完成后的听证会可能是一次，也可能是多次。听证会的次数多少取决于是否达成了一致意见。

第五阶段：报告完成后的总结会议，主要总结公众参与的最后结果和有关区域规划的修改意见、区域开发活动的环保措施、对居民的补偿方式。

第六阶段：公众对区域开发活动的监督，即居民根据环境影响报告书确定的监督计划，对区域开发活动环境保护措施的实施及效果进行监督。

以上是一般情况下的公众参与过程，实际工作中，可根据具体区域开发活动的特点适当调整，或繁或简。

第十二节　地理信息系统技术在环境影响评价方法中的应用

随着环境科学理论研究和实践的不断深入以及其他相关学科的发展，环境影响评价的内容和方法也在不断地深化和拓宽。地理信息系统(GIS)技术的出现和逐步完善将为环境影响评价迈向信息化、现代化提供更为广泛的技术支持。

一、GIS 在建设项目环境影响评价中的应用

1. 建立环境标准和环境法规数据库

各种环境标准、环境法规与建设项目的性质、规模及所在的环境条件应相匹配，从而在进行具体项目环境影响评价时可以根据该项目及其所处环境的实际情况，调用该项目环境影响评价所必须遵守的环境标准和环境法规。

2. 建立区域的自然与社会经济信息数据库

自然环境信息包括地形、地质、水文、土地利用、土壤、动物区系和植物区系等；社会经济信息包括行政区范围、人口数量、卫生、教育、经济水平、产业结构、行业结构、基础设施、居住条件等。

3. 建立区域环境质量信息与污染源信息数据库

环境质量信息包括大气质量、水资源、土壤、生物资源、噪声、放射性及其他有关信息；污染源信息包括工业、农业、生活、交通等污染源(数量、属性和空间信息)及污染发生所涉及的地区范围。GIS 能够方便地管理各种环境信息，并能够有效地组织这类信息

进行环境统计，为环境影响评价提供基础资料。

4．建立建设项目信息数据库

建设项目信息包括建设项目的性质和规模、工艺流程、污染物种类、排放源、排放方式与排放量、环保治理技术等。

5．环境监测

利用 GIS 技术对环境监测网络进行设计，环境监测收集的信息又能通过 GIS 适时储存和显示，并对所选评价区域进行详细的场地监测和分析。

6．环境质量现状与影响评价

GIS 能够集成与场地和建设项目有关的各种数据及用于环境评价的各种模型，具有很强的综合分析、模拟和预测能力，适合作为环境质量现状分析和辅助决策工具。GIS 还能根据用户的要求，方便地输出各种分析和评价结果、报表和图形。

7．环境风险评价

GIS 能够提供快速反应决策能力，它可用于地震和洪水的地图表示、飓风和恶劣气候建模、石油事故规划、有毒气体扩散建模等，对减灾、防灾工作具有重要的意义。

8．环境影响后评估

GIS 具有很强的数据管理、更新和跟踪能力，能协助检查和监督环境影响评价单位和工程建设单位履行各自职责，并对环境影响报告书进行事后验证。

二、GIS 在区域环境影响评价中的应用

GIS 能够有效地管理一个大的地理区域复杂的污染源信息、环境质量信息及其他有关方面的信息，并能统计、分析区域环境影响诸因素（如水质、大气、河流等）的变化情况及主要污染源和主要污染物的地理属性和特征等。GIS 具有叠置地理对象的功能，对同一区域不同时段的多个不同的环境影响因素及其特征（如环境质量、人口、经济水平、产业结构、自然景观、地貌、山川、河流等）进行特征叠加，分析区域环境质量演变与其他诸因素之间的相关关系，从而对区域的环境质量进行预测。此外，可利用 GIS 将区域的污染源数据库和环境特征数据库（如地形、气象等）与各种环境预测模型相关联，采用模型预测法对区域的环境质量进行预测。利用 GIS 不仅可显示原有数据的地图，还可以建立分析结果的地图，例如在一张地图上显示重点污染源的位置及其对环境的影响。

三、GIS 在选址中的应用

利用 GIS 强大的空间分析能力和图形处理能力，GIS 可以作为各种选址的辅助工具。下面以污水土地处理适宜性的评价和有害废物填埋场选址作为例子。

1．污水土地处理适宜性的评价

污水土地处理，是利用土壤及水中的微生物和植物根系系统对污水进行处理，同时利用污水的水、肥资源促进农作物和树木生长的一种工程措施。目前，实施污水土地处理技术主要包括两个过程，一是进行土地适宜性评价，对处理场所进行合理选取，并对不同的土地环境采用相应的处理技术；二是进行具体的工程设计和实施。由于污水土地处理系统受到土壤属性、地形、土地利用等区域性因素的影响，有着明显的地域差异性，因此有必要引入 GIS 技术，以此为辅助手段，进行土地适宜性评价。

利用 GIS 技术对污水处理区域进行合理评价，主要包括以下几个步骤：

① 从城镇居住环境和水系资源的保护出发，利用 GIS 的 Buffer 功能建立这些区域的

缓冲带，同时根据当地的实际情况，从技术的角度出发，提取一些非评价区，例如，海拔高于100 m的区域。

② 根据当地实际，利用特尔斐法确定影响土地处理能力的各个因素和权重，划分评价等级，建立评价体系。如表4-1是浙江省龙游县进行评价时使用的因子和相应的权重。表中分值从1~5表示适宜度增大，U表示不适宜。

表4-1 评价因素权重与分值

因素	土层厚度（m）			土壤渗透率			坡度（度）			地下水位（m）			高程（m）		
分级	<60	61~120	>120	弱	中	强	<5	5~15	>15	<1.2	1.2~3	>3	<10	10~50	50~100
分值	U	2	4	1	3	5	4	2	U	1	3	4	4	2	1
权重	0.32			0.27			0.18			0.16			0.07		

③ 从GIS分层数据库中提取影响要素图（coverage），经格式转换成统一的格栅图，然后进行图幅叠置，计算每个格栅内的分值。分值计算可采用指数权重加和法，$U = \sum_{i=1}^{k} W_i V_i$（$U$为总分数，$W_i$为第$i$个因素权重，$V_i$为第$i$个因素的得分）。然后根据分值大小将评价区域划分为适宜、较适宜、可适宜、不适宜四级。

④ 将适宜性评价等级图与非评价区域图进行裁剪，然后将其转换为矢量图，得到最后结果图。

图4-5是适宜性评价技术流程图。

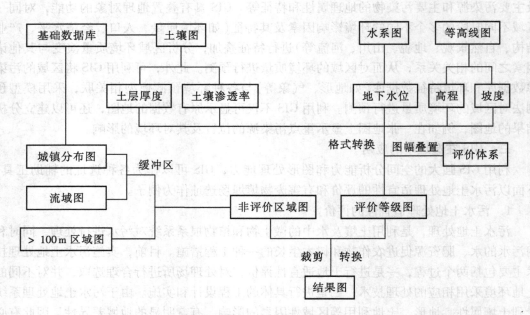

图4-5 适宜性评价技术流程

2. 有害废物填埋场选址

利用GIS进行有害废物填埋场选址，一般需要做以下一些工作：

（1）场址环境背景资料的收集与管理

固体有害废物安全填埋场的选址技术涉及自然地理、地质、水文地质与工程地质、社会经济和法律等方面的诸多因素，它们构成了填埋场选址的环境背景条件。

GIS 所特有的基本功能，决定了它能充分利用遥感资料这一重要的信息源，为填埋场选址提供大量及时、准确、综合和大范围的各种环境信息，包括地形坡度、河网分布、分水岭位置、土地利用状况、土壤类型、植被覆盖率、地层岩性及地质构造等大量的自然地理和地质的环境背景资料。而利用不同时相的遥感资料则能实现对场址环境背景的动态跟踪，获取动态的空间参数序列，这对水位动态变化、水质污染监测及工程环境勘察等极为实用。

（2）场址基本条件的量化分析与空间分析

固体有害废物安全填埋场场址的基本条件是由多种因素决定的，充分利用 GIS 丰富的数据资源和各种表格计算能力，可以对表征场址的自然地理、地质、水文地质及工程地质基本条件的某些参数设定变量，相互之间进行各种函数的统计分析，确定关联方式和相关系数，其表格计算和分析过程可直接与 GIS 数据管理系统相连，成果可以表格形式输出或进一步参与图件的分析分类。

（3）填埋场选址的地理信息综合评判

地理信息综合评判是由专门为固体有害废物安全填埋场选址而设计的系统实现的。该系统通过 GIS 获取各种来源的空间数据，并通过系统运行向选址人员输出各种待选场址的综合评判结果。由于固体有害废物安全填埋场选址是一个涉及多因素、多层次的复杂系统，因此，在该系统的设计中，需要尽量做到复杂系统简单化、定性因素与定量因素相结合、确定性与不确定性相结合，围绕系统目标，多层次多变量协同进行综合评判，以及将专家知识与决策者决策风格相结合。此外，通过常规 GIS 实现对因素的时间、空间监测与分析，从而体现时空分析相结合的思想。具体的方法简述如下：

① 选择评价目标、建立系统的层次结构模型。从系统的观点出发对填埋场选址进行多因子、多层次的分析，从而建立评价系统的层次分析模型，如图 4-6 所示。其中，最上面层为目标层，即选择条件最优的填埋场场址；第二层为准则层，选择自然地理因素、工程地质因素、社会经济和法律因素等因素作为准则；第三层为指标层，表示对目标层有影响的、与准则层一个或几个因素相联系的具体指标；最下面一层为方案层，表示待对比的场址预选方案。

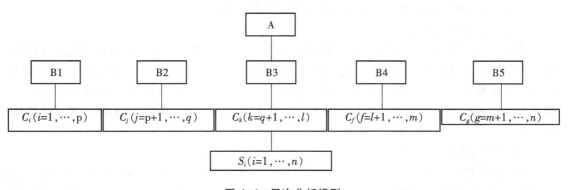

图 4-6 层次分析模型

② 建立评价因子数据库。地理信息综合评判系统的数据库包括全部评价因子的空间数据库和一般属性数据库。前者用于存储、管理具有空间分布属性的评价因子数据，它们通过 GIS 所特有的图形存储、处理功能和空间查询分析功能自动派生，后者则用于储存选址的一般属性数据。

③ 定量和定性指标权重的确定。根据层次分析法的方法，建立判断矩阵，进行一致性检验，确定权重。

④ 综合评判。由 GIS 和野外调查、勘察及试验所形成的全部场地评价因子组成了一个场地评价的属性集合。根据不同因素对场地质量的影响特征，对每一个评价因子按照从"优"到"劣"的排序，据此进行场地质量的多因素多层次模糊综合评判，最终得到填埋场场地质量级别的综合评价结果，为选址方案的决策提供依据。

四、GIS 在环境影响预测模型中的应用

1. GIS 和环境模型研究结合的必要性

GIS 和环境影响预测模型分属于两个领域，但两者的结合无疑有助于许多环境影响评价问题的解决和 GIS 的丰富和完善。

环境影响预测模型大多具有明显的空间特性，如二维、三维的水质模型，大气扩散模型，污染物在地下水中的模型等等。但这些环境模型空间数据的操作尤其是结果显示方面仍显困难，而空间分析和数据管理正是 GIS 的优势。GIS 可以为环境模型提供一整套基于 GIS 逻辑原理的空间操作规范，用以反映具有空间分布特性的环境模型研究对象的移动、扩散、动态变化及相互作用。

GIS 技术在直接解决复杂的环境问题、模拟复杂的环境过程时，又遇到一些难以解决的问题，如随时间或空间变化过程的静态模拟、用简单的布尔代数逻辑运算去代表复杂的相互关系、三维实体的二维表示和透视处理等。而模型可以简洁明确地处理这些问题，从而使 GIS 免受复杂算法的困扰，使其充分发挥空间数据的管理、分析、显示能力。

GIS 和环境模型的有机结合将使两者相得益彰。一方面，由于 GIS 用于环境模型研究，三维显示、空间分析能力、空间模拟能力得到加强；另一方面，GIS 的介入，会使环境模型的检验、校正更加容易，而且 GIS 的空间表现能力会使环境模型的视觉效果有质的飞跃，特别是在环境评价与环境决策支持时有可能得到以前得不到的结果。友好的用户界面、完全的数据共享、方便的空间分析操作、直观的结果显示会让使用者更专注于应用问题，提高环境模型的应用效率。

2. GIS 在环境影响预测模型研究中的主要应用范围

（1）数据的前期处理

绝大部分 GIS 系统具有强大的数据采集功能，并支持多种格式的输入和输出，而且这些输入输出都采用严格的官方标准。另外，GIS 还能实现空间数据的多种投影转换以及数据的重点采样。在环境模型研究中，GIS 可以作为复杂的环境模型的输入数据集成器，并能将这些数据按模型的需要以不同比例尺、不同精度、不同投影方式、不同格式反馈给环境模型。

（2）模型开发

GIS 具有很强的空间分析功能，如区域分析、叠加分析等，这使得环境模型中的一些空间分析简单易行。大多数 GIS 系统都具有高级应用系统开发语言，例如 Arc/Info PC 版的 SML 等，模型开发者可以利用系统开发语言建立环境应用模型，使环境模型运行于 GIS 内部，实现 GIS 和环境模型的整体集成。

（3）数据的后期处理和结果的输出

GIS 能对环境模型运算输出数据进行综合处理，如合理性检验、模型校正以及各类统计分析。GIS 包括空间实体的拓扑关系并允许空间实体拥有多重属性，所以可以结合模型运算结果进行有关的空间查询和属性查询。另外，GIS 支持图形、图像、数据、报表等多种显示输出，这也能在很大程度上丰富环境应用模型。

习　题

1. 什么是环境影响？环境影响可分为哪几类？
2. 什么是环境影响评价？环境影响评价分为哪些主要类型？
3. 什么是环境影响识别？环境影响识别的常用方法有哪些？
4. 什么是区域环境影响评价？区域环境影响评价的重点是什么？
5. 画出环境影响评价一般程序的框图。
6. 简述环境影响评价大纲应包括的主要内容。
7. 简述环境影响报告书的编写要点。
8. 在环境影响评价报告书编制中，对建设项目周边环境应作哪些描述？
9. 简述环境影响评价报告书编制中，工程分析所要包括的内容。
10. 工程分析的一般原则是什么？
11. 简述建设项目工程分析的方法及其特点。
12. 简述建设项目环境影响预测的内容。
13. 简述环境影响评价报告书结论编写的原则和要求。
14. 在评价项目对环境空气的影响时，如何筛选污染因子？

参考文献

［1］国家环境保护总局监督管理司. 中国环境影响评价 ［M］. 北京：化学工业出版社，2000.

［2］史宝忠. 建设项目环境影响评价 ［M］. 北京：中国环境科学出版社，1999.

［3］蒋展鹏，祝万鹏. 环境工程监测 ［M］. 北京：清华大学出版社，1990.

［4］苏文才，等. 环境质量学概论 ［M］. 开封：河南大学出版社，1989.

［5］叶文虎、栾胜基. 环境质量评价学 ［M］. 北京：高等教育出版社，1994.

［6］《火电厂工程环境影响研究》编写组. 火电厂工程环境影响研究 ［M］. 南京：南京大学出版社，1989.

第五章　环境质量评价图的绘制

环境质量评价图是环境质量评价报告书中不可缺少的部分。环境质量评价制图的基本任务是：使用各种制图方法，形象地反映一切与环境质量有关的自然和社会条件（环境背景情况）、污染源和污染物、污染与环境质量，以及各种环境指标的时空分布等。通过制图，有助于查明环境质量在空间的分布差异，找出规律，研究原因，发现趋势，对研究环境质量的形成和发展，进行环境区划、环境规划和制定环境保护措施，都具有实际意义。环境质量评价图具有直观、清晰、对比性强等特点，能起到文字描述难以起到的作用。因此，它在环境质量评价中愈来愈受到重视。

第一节　环境质量评价图的分类

环境质量评价图是环境质量评价的基本表达方式和手段。环境质量评价图有各种类型，具体分类如下。

按环境要素可分为：大气环境质量评价图、水环境（地表水、地下水、湖泊、水库）质量评价图，土壤环境质量评价图……

按区域类型可分为：城市环境质量评价图，流域环境质量评价图，海域环境质量评价图，农业区环境质量评价图，风景游览区环境质量评价图，区域环境质量评价图。

按环境质量评价图的性质分为：普通图和环境质量评价地图。

第二节　环境质量评价图的绘制方法

1. 环境质量评价图分类

凡是以地理地图为底图的环境质量评价图统称为环境质量评价地图。它是环境质量评价所独有的图，专为表示环境质量评价各参数的时空分布而设计的。环境质量评价地图包括以下几方面的图形。

① 环境条件图：包括自然条件和社会条件两个方面。

② 环境污染现状图：包括污染源分布图、污染物分布（或浓度分布）图、主要污染源和污染物评价图等。

③ 环境质量评价图：包括污染物污染指数图、单项环境质量评价图、环境质量综合评价图。

④ 环境质量影响图：包括对人和生物的影响。

⑤ 环境规划图。

2. 制图方法

（1）符号法

　　环境质量评价图中一般用一定形状或颜色的符号表示环境现象的不同性质、特征等。各种专业符号如果不用符号的大小表示某种特征的数量关系，则应保持符号大小一致；有量值大小区别时，其符号大小或等级差别应做到既明显又不过分悬殊，使整幅图美观、大方、匀称。凡中、小比例尺图，符号的定位应做到相对准确。凡大比例尺图，应按下列规定，做到准确定位。

　　① 凡用各种几何图形（圆形、正方形、长方形、正三角形、菱形、正五边形、正六边形、星形等）符号表示环境现象，定位时，以图形的中心作为实地中心位置。如有困难不能到位时，应加注明。

　　② 凡用宽底符号（烟囱、古塔、墓葬、石刻等）定位时，以底线中心位置表明实际位置。

　　③ 凡用线状符号（铁路、公路、管道、渠道等）定位时，以符号中心线表示实际位置。
　　④ 用其他不规则符号定位时，以中心点为实地位置。
　　如有标注，应标注在符号的右下角。
　　用同心圆或其他同心符号（即定位扩展符号）表示环境现象的动态变化。
　　此法适于编制各种环境要素的采样位置图、各种污染源分布图等。
　　我国《环境质量报告书技术规定（试行）》中对编图图式做了规定（图 5 – 1）。

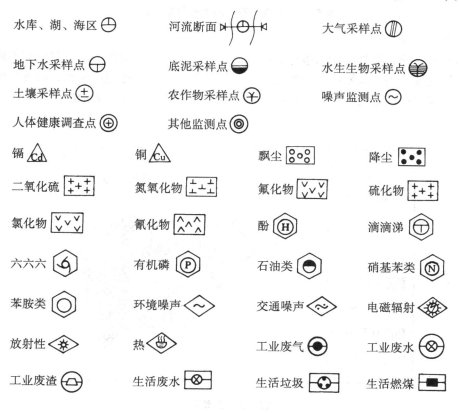

图 5 – 1　编图图式

（2）定位图表法

定位图表法是在确定的地点或各地区中心用图表表示该地点或该地区某些环境特征。此法适于编制采样点上各种污染物浓度值或污染指数值图、风向频率图、各区工业构成图。图 5 - 2 为环境监测点的大气污染表示图。

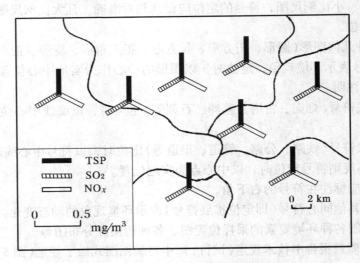

图 5 - 2　环境监测点的大气污染表示

（3）类型图法

根据某些指标，对具有相同指标的区域，用同一种晕线或颜色表示；对具有不同指标的各个环境区域，用不同晕线或颜色表示。此法适用于编制土地利用现状，各种环境要素如地形、土壤、植被等类型图，河流水质图，交通噪声图，环境区域图等。图 5 - 3 是其中的一种。

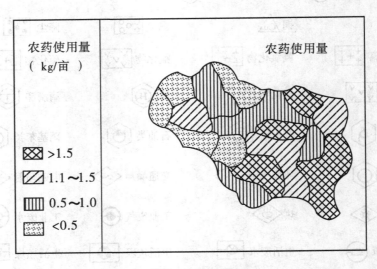

图 5 - 3　类型图

（4）等值线法

利用一定的观测资料或调查资料，内插出等值线，用来表示某种属性在空间内的连续分布和渐变的环境现象。它是在环境质量评价制图中常用的方法，适于编制温度等值线图、各种污染物的等浓度线图或等指数线图等。图5-4是某地大气污染物等浓度线图。

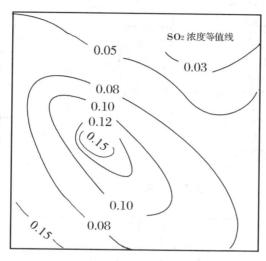

图5-4　等值线图

（5）网格法（又称微分面积叠加法）

此法是依据数学上有限单元的概念，当这些微分面积足够小时，可以认为其内部状况是均一的。

以此概念为基础，将整个评价区域划分成许多等面积的小方格，称其为环境单元。环境单元的大小以专题内容的各种不同现象或数值在其上能注明为限，当然更取决于评价的精度、评价范围和底图比例尺。我国部分城市环境质量评价实施的环境单元大小为：南京市评价面积为64 km²，环境单元为250 m×250 m；天津市评价面积为160 km²，环境单元为500 m×500 m；沈阳市评价面积为173 km²，环境单元为1000 m×1000 m。具有相同性质的环境单元用同一晕线或颜色表示出来。具有不同性质的环境单元用不同晕线或颜色表示。图5-5是某地综合评价网络图，图5-6是城市环境质量网格表示图。

网格图具有分区明显、计数方便、制图方便，能提高制图精度，并可自动化制图等特点，所以它在城市环境质量评价中被广泛采用。

（6）类型分区法

此法又称底质法，在一个区域范围内，按环境特征分区，并用不同的晕线或颜色将各分区的环境质量特征显示出来。这种方法常用于绘制环境功能分区图、环境规划图等（图5-7）。

（7）区域的环境质量表示法

将规定范围内（如一个区段、一个水域、一个行政区域或功能区域）的某种环境要素质量、综合质量，以及可以反映环境质量的综合等级，用各种不同的符号、线条或颜色表示出来，可以清楚地看到环境质量的空间变化（图5-8）。

3. 其他图示法

（1）分配图

分配图用于表示分量和总量的比例，有圆形的、方形的等，即百分数的图形表示法。例如

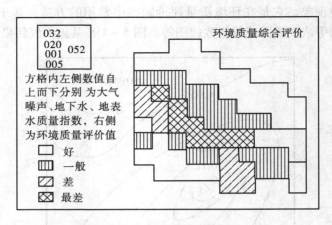

图 5-5　综合评价网格图

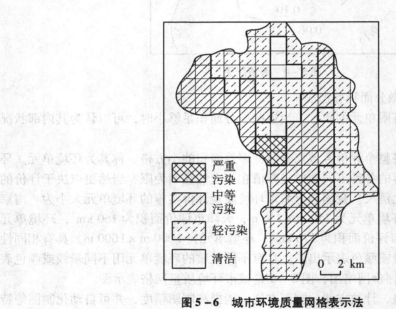

图 5-6　城市环境质量网格表示法

用于表示环境噪声中各类噪声的比例、污灌面积占耕地面积的比例等。如图 5-9、5-10 所示。

图 5-9　圆形分配图　　　　　　　图 5-10　方形分配图

（2）时间变化图

这是一种曲线图，常用以表示各种污染物浓度、环境要素在时间上的变化。如日变

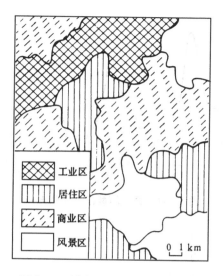

图 5 – 7　城市环境功能分区表示法

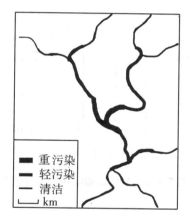

图 5 – 8　河流水质污染表示法

化、季变化、年变化等。图 5 – 11 表明某水域酚浓度随时间变化的曲线。

（3）相对频率图

当污染物浓度变化较大，常以相对频率图表示某一种浓度出现机会的多少（图 5 – 12）。

（4）累积图

累积图表示污染物在不同生物体内的累积量。在同一生物体内各部位累积量可以毒物累积图表示（图 5 – 13）。

（5）过程线图

在环境调查中，常需研究污染物的自净过程。如污染物从排出口随着水域距离增加的浓度变化规律。图 5 – 14 表明某水域中某污染物浓度变化过程。

（6）相关图

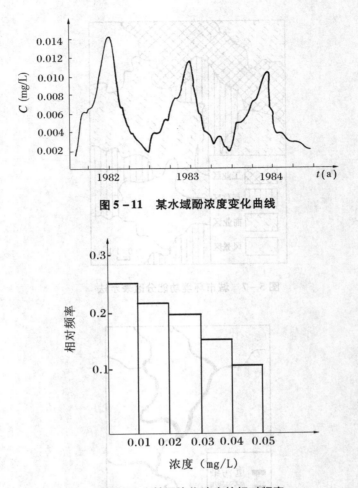

图 5-11　某水域酚浓度变化曲线

图 5-12　某污染物浓度的相对频率

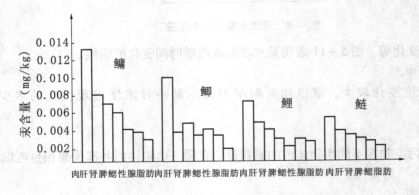

图 5-13　汞在各种鱼类中的含量

相关图有很多种，如污染物含量与人体健康相关图；污染物浓度变化与环境要素间的相关图（图 5-15）；某水域中六价铬与总铬之间含量关系图（图 5-16）；臭氧与二氧化氮

86

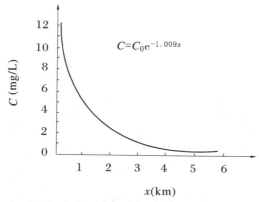

图 5−14　水域中某污染物浓度变化图

C_0—排污口污染物浓度；C—离排污口距离为 x
时的浓度；e—自然对数的底

消长图（图 5−17）；某河流氨−氮浓度和一年中河水黑臭天数的关系图（图 5−18）。

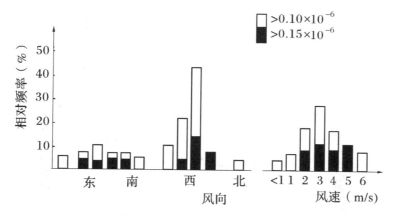

图 5−15　氧化剂高浓度出现频率与风向、风速之间的关系

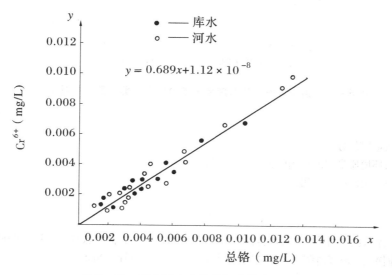

图 5−16　某水域中六价铬与总铬含量之间的关系

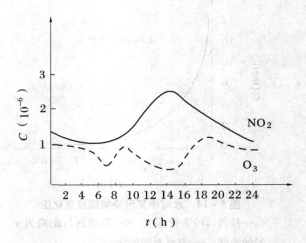

图 5 – 17　臭氧与二氧化氮消长图

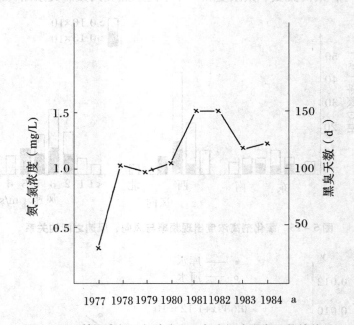

图 5 – 18　某河流氨 – 氮浓度和一年中河水黑臭天数的关系

习　题

1. 简述环境质量图的分类。
2. 以实例说明环境质量图的绘制的技术方法有哪些。
3. 以实例说明等值线图的应用。

参考文献

［1］奚旦立，孙欲生，刘秀英. 环境监测［M］. 第三版. 北京：高等教育出版社，2004.

［2］刘绮，潘伟斌. 环境监测［M］. 广州：华南理工大学出版社，2005.

中编 环境影响评价的方法与技术

第六章　水环境影响评价

第一节　水环境质量现状评价

一、水污染指数评价

水污染是由于水体中的污染物质没有得到充分稀释和净化，造成了污染物在水体中的积累和富集而形成的。其结果影响了水体功能，构成了对水生生物和人群健康的威胁。

水污染指数大致可以分为以下三种类型：一是以相对污染浓度值构造的叠加指数型；二是以绝对污染浓度构造的分级型或评分型；三是以绝对污染强度出现的概率构造的统计型。

水质评价是一种非常复杂的综合工作，因为影响水质污染的物质很多。

1. 内梅罗(N. L. Nemerow)河水污染指标方法

N. L. 内梅罗建议的水质指标的计算公式如下

$$PI_j = \sqrt{\frac{\max \dfrac{C_i}{S_{ij}} + (\dfrac{1}{n} \sum\limits_{i=1}^{n} \dfrac{C_i}{S_{ij}})^2}{2}}$$

式中　PI_j——水质指标；

　　　C_i——i 污染物的实测浓度；

　　　S_{ij}——i 污染物的水质标准（j 代表水的用途）。

该水质指标考虑了各污染物的平均污染水平、个别污染物的最大污染状况、水的用途，设计是比较合理的。因为，在污染物平均浓度比较低的情况下，有时个别污染物的浓度可以很高。此时，为了保证该项水质的用途，对个别污染物常需要特殊处理。

内梅罗将水的用途划分为三类：

① 人类接触使用（PI_1）：包括饮用、游泳、制造饮料等。

② 间接接触使用（PI_2）：包括养鱼、工业食品制备、农业用等。

③ 不接触使用（PI_3）：包括工业冷却用、公共娱乐及航运等。

内梅罗根据水的不同用途，拟定了相应的水质标准（表 6 – 1 ～表 6 – 3）作为计算水质指标的依据，进而计算出各种用途水的水质指标值。

表 6-1　人类直接接触用水的水质允许标准（N. L. 内梅罗）

用途	温度(℉)	颜色(单位)	透明度	pH值	每100mL大肠杆菌数	总固体mg/L	悬浮固体mg/L	总氮mg/L	碱度mg/L	硬度mg/L	氯mg/L	铁和锰mg/L	硫酸盐mg/L	溶解氧mg/L
饮水	-	5	5	-	5	500	-	45	-	-	250	0.35	250	
游泳	85	-	-	6.5～8.3	-200	-	-	-	+	+	+	+ -	-	-
制造饮料	-	10	-	-	-	-	-	-	85	-	250	0.35	-	-1
平均	85	13	5	6.5～8.3	-163	500	-	45	/	/	/	/	250	10

表 6-2　人类间接接触用水的水质允许标准（N. L. 内梅罗）

用途	温度(℉)	颜色(单位)	透明度	pH值	每100mL大肠杆菌数	总固体mg/L	悬浮固体mg/L	总氮mg/L	碱度mg/L	硬度mg/L	氯mg/L	铁和锰mg/L	硫酸盐mg/L	溶解氧mg/L
渔业	55	-	30	6.0～9.0	-200	-	-	-	-	+	-	-	-	-
农业	-	+	-	6.0～8.5	-	500	-	45	-	+	+	10	-	-
果树蔬菜	+	5	5	6.5～6.8	-	500	10	10	250	250	250	0.4	250	-
工业	/	/	18	6.2～8.6	-200	500	100	28	1	1	1	0.7	250	30

表 6-3　不接触用水的水质允许标准（N. L. 内梅罗）

用途	温度(℉)	颜色(单位)	透明度	pH值	每100mL大肠杆菌数	总固体mg/L	悬浮固体mg/L	总氮mg/L	碱度mg/L	硬度mg/L	氯mg/L	铁和锰mg/L	硫酸盐mg/L	溶解氧mg/L
钢铁冷却水	100	+	+	5～9	+	-	10	+	-	-	-	-	-	-
水泥	-	-	+	6.9	+	600	500	+	400	-	250	25.5	250	-
石油				6.0～9.5	-	1000	10	-	-	350	300	1.0	+	-
纸浆	95	10	-	6.10	+	-	10	+	-	100	200	11	+	-
纺织	-	5	-	1.4～103	+	100	5	+	-	25	-	0.2	-	-
化学	-	5	-	6.5～81	-	338	5	-	145	210	28	0.2	85	-
航运	-	-	-	-	-	-	-	-	-	-	-	-	-	-
美观	-	-	-	-	-	-	-	-	-	-	-	-	-	-
平均	/	/	/	6.1～9.1	/	510	9.0	/	274	17.1	195	5.6	/	20#

注：表 6-1～表 6-2 中，（-）尚有争论，（+）没有特殊限制，（/）没有确定，（#）假定能航运和美观的，用水尚无有效的标准；℉为华氏度，$\dfrac{t_F}{℉} = \dfrac{9}{5}\dfrac{T}{K} - 459.67$。

为了表明各种用途用水的总水质指标,内梅罗建议根据 PI_1、PI_2、PI_3 求和计算 PI 值。这里,首先需要确定该水体在利用中不同用途所占的份额,分别以 W_1、W_2、W_3 代表,这样,总水质指标用下式计算

$$PI = W_1 \cdot PI_1 + W_2 \cdot PI_2 + W_3 \cdot PI_3$$

下面是用内梅罗指标方法计算 Oneida 湖水水质的实例,给出 Oneida 湖的 $\dfrac{C_i}{S_{ij}}$ 值见表 6-4。

表 6-4 Oneida 湖的 $\dfrac{C_i}{S_{ij}}$ 值

项　目	$\dfrac{C_i}{S_{i1}}$	$\dfrac{C_i}{S_{i2}}$	$\dfrac{C_i}{S_{i3}}$	C_i
水　温	0.75	1.15		43.3
水　色	0.96	—		12.0
混浊度	2.90	0.4		12.0
pH 值	0.89	0.89	0.89	8
大肠菌	0.70	0.036		72
总固体	0.42	—	0.41	209
总　氮	—	—		—
碱　度	—	—	0.31	86
氯化物	—	—	0.87	260
硬　度	—	—	0.36	128
铁　锰				0
硫酸盐	0.34	—		84.4
溶解氧	0.10	—	0.2	4
平均值	0.882	0.619	0.51	

由内梅罗水质指标计算公式得

$$PI_1 = 2.14; \quad PI_2 = 0.92; \quad PI_3 = 0.73$$

如估计 Oneida 湖 40% 用于游泳,40% 用于渔业,20% 用于航行,这样,加权值可定为 $W_1 = 0.4$,$W_2 = 0.4$,$W_3 = 0.2$,则

$$PI = 0.4 \times 2.14 + 0.4 \times 0.92 + 0.2 \times 0.73 = 1.37$$

2. 有机污染综合评价

依据氨氮与溶解氧饱和百分率之间的相互关系,我国上海环保工作者提出了有机污染综合评价值 A,其定义为

$$A = \frac{BOD_i}{BOD_0} + \frac{COD_i}{COD_0} + \frac{NH_3 - N_i}{NH_3 - N_0} - \frac{DO_i}{DO_0}$$

式中　A——综合污染评价指数；

　　　BOD_i，BOD_0——BOD 的实测值和评价标准值；

　　　COD_i，COD_0——COD 的实测值和评价标准值；

　　　$NH_3 - N_i$，$NH_3 - N_0$——$NH_3 - N$ 的实测值和评价标准值；

　　　DO_i，DO_0——溶解氧的实测值和评价标准值。

可见，根据有机物污染为主的情况，评价因子只选了代表有机物污染状况的四项，其中溶解氧项前面的负号表示它对水质的影响与上三项污染物相反（溶解氧不能理解为污染物质）。

3．分级型指数

这里介绍一种与我国国家地表水环境质量标准相配套的方法（由中国环境监测总站蒋小玉提出），该评价方法将地表水水质标准分为六级，前三级分别与现行地表水水质标准的第一、二、三级相同，对超过地表水三级标准的污染水质按其不同浓度所产生的污染程度分为轻、中、重污染三级。在以往的评价工作中，往往以各评价因子的实测值超过某一评价标准的相同倍数划定分级标准，这种做法与实际情况往往不符合。因为，超过同一标准相同倍数的不同污染物，它所产生的实际影响往往是不相同的，这是由于各种污染物的毒理性质不同所决定的。毒物浓度的增长与所产生的毒理效应并不都呈线性关系，而是"S"型。因而，不宜将相同倍数的浓度间隔作为水质分级的标准。本评价方法中超过地表水三级标准的后三级标准是根据上述指导思想确定的，污染等级上升一级，各污染浓度并不都是增长相同的倍数。

本评价方法在地表水水质标准所列的 20 个监测项目中选取了 15 个作为评价因子。

评价方法采用评分制，分制越高，表示水质越好。水质等级及其分值如表 6 - 5 所示。

表 6 - 5　水质等级分值

级　别	单因素分值	总评价分值
第一级（Ⅰ）	10	145 ～ 150
第二级（Ⅱ）	9	135 ～ 144
第三级（Ⅲ）	8	120 ～ 134
第四级（Ⅳ）	6	110 ～ 119
第五级（Ⅴ）	3	90 ～ 109
第六级（Ⅵ）	1	15 ～ 89

将评价因子实测值对照表 6 - 5 得出各因子的相应分值，逐项相加，即得总分值，缺少实测值的因子可用近期测定值代替，并加括号以示区别。

评价结果除说明水质等级之外，还要把主要污染因子及污染特征表示出来，故评价结果按下面两种情况分别表示：

（1）所有评价因子浓度都在Ⅰ～Ⅲ级范围内时，按总分值确定水质等级，表示式为

$$\frac{\sum a_i}{P}$$

式中 a_i——各评价因子相应的分值；

P——总分值（$\sum a_i$）所处水质等级。

（2）评价因子中有属于污染水质级别（Ⅳ～Ⅵ）时，以水质最差的污染因子所在的级别作为定级依据，并注明该因子的化学符号或中文名称，即

$$\frac{\sum a_i}{P_{max}(N_i)}$$

式中 P_{max}——水质最差的评价因子所属的水质级别；

N_i——最差级的污染因子的化学符号或名称。

下面举两例河水水质的评价（见表6-6）加以说明。

例1中各评价因子分值多在Ⅰ～Ⅲ级范围内，总分值143分，属Ⅱ级水质，结果表示为$\frac{143}{Ⅱ}$。

例2的评价因子中有四项属轻污染，一项属中污染，总分值117分，应属中污染，但其污染最重因子为COD，属Ⅴ级污染，因而据此评价结果表示为$\frac{(117)}{Ⅴ(COD)}$，（117）的括号表示评价因子浓度中有代用数据，整个水质等级评定为Ⅴ级（中污染级），（COD）表示最严重的污染因子为COD。

表6-6 河水水质评价实例

参 数	实测值及相应分值			
	例1		例2	
	实测值	相应分值	实测值	相应分值
臭（级）	一级	10	二级	9
色度（色）	18	8	30	6
溶解氧（DO）	8.2	10	4.0	8
生化需氧量（BOD）	2.6	9	3.52	8
化学需氧量（COD）	4.4	9	27.30	3
挥发酚类（酚）	0.003	9	0.013	6
氯化物（CN）	未检出	10	0.041	9
铜（Cu）	0.03	8	0.67	6
砷（As）	痕迹	10	0.110	6

参　　数	实测值及相应分值			
	例1		例2	
	实测值	相应分值	实测值	相应分值
总汞(Hg)	未检出	10	未检出	6
镉(Cd)	未检出	10	0.001	10
六价铬(Cr^{6+})	0.006	10	0.007	10
铅(Pb)	0.01	10	(二级)	(9)
石油类(油)	0.01	10	0.4	8
大肠菌群(菌)	<500	10	<10000	9
总分值	$\sum$ 143		$\sum$ (117)	
结果表示	$\dfrac{143}{II}$		$\dfrac{(117)}{V(COD)}$	

注：每一参数括弧内的符号或文字供表示评价结果时用。

4. 水质指数(WQI)

R. M. Brown等提出评价水质污染的水质指数(WQI)，他们对35种水质参数征求142位水质管理专家的意见，选取了11种重要水质参数，即溶解氧、BOD$_5$、混浊度、总固体、硝酸盐、磷酸盐、pH值、温度、大肠菌群、杀虫剂、有毒元素等，然后由专家进行不记名投票，确定每个参数的相对重要性加权系数。水质指数WQI按下式计算

$$WQI = \sum_{i=1}^{n} W_i P_i$$

式中　WQI——水质指数，其数值在0～100之间；

P_i——第i个参数的质量，在0～100之间；

W_i——第i个参数权重值，在0～1之间，$\sum_{i=1}^{n} W_i = 1$；

n——参数个数。

P_i值大表示水质好，P_i值小表示水质差，是按拟定的分级标准来确定的。

求权重值W_i的步骤如下：

(1) 各参数重要性评价的尺度为"1"代表相对重要性最高，"0"代表相对重要性最低，以所有调查者给出的评价值计算每个参数重要性评价的平均数。

(2) 将所有参数的权重值归一化：先求中介权重值，即用溶解氧的平均数分别除以各参数的平均数，显然溶解氧的中介权重值为1；然后将各参数的中介权重值相加求总和。最后，各参数的中介权重除以中介权重值的总和，得到归一化的权重值W_i，见表6-7。

表 6 - 7　9 个参数的重要性评价及权重

水质参数	应答者寄回的所有重要性评价的平均数	中介权重值	最后的权重值 W_i
溶解氧（mg/L）	1.4	1.0	0.17
大肠菌密度（个/L）	1.5	0.9	0.15
pH 值	2.1	0.7	0.12
BOD_5（mg/L）	2.3	0.6	0.10
硝酸盐（mg/L）	2.4	0.6	0.10
磷酸盐（mg/L）	2.4	0.6	0.10
温度（℃）	2.4	0.6	0.10
混浊度（mg/L）	2.9	0.5	0.08
总固体（mg/L）	3.2	0.4	0.08
合　计		$\sum = 5.9$	$\sum = 1.00$

WQI 的应用实例如表 6 - 8 所示。得

$$WQI = \sum W_i P_i = 74.3$$

由以上分析得出：本例河水水质指数是较高的。

表 6 - 8　WQI 评价的参数和权重值

参　　数	测量值	单项评价 (P_i)	权重值 (W_i)	总的质量评价 $(P_i \cdot W_i)$
溶解氧饱和（%）	80.0	86	0.17	14.6
粪便大肠菌密度（个/100mL）	10.0	68	0.15	10.2
pH 值	7.5	92	0.12	11.0
BOD_5（mg/L）	2.0	75	0.10	7.5
硝酸盐	10.0	48	0.10	4.8
磷酸盐	1.0	40	0.10	4.0
温度（℃）（与平衡的差距）	0	95	0.10	9.5
浊度单位	10.0	76	0.08	6.1
总固体（mg/L）	100.0	82	0.08	6.6

从理论上讲，水质指数可以用任何参数的指标来计算，但指标数量过多会使水质指数的使用变得复杂。

S. L. Ross 选用了 4 个参数作为水质指标进行计算，其理由是，在他们研究的区域内不选用受区域地球化学影响的参数如碱度、氯等，也不选用对河流污染程度变化不敏感的参数如磷酸盐等。因此，选了 BOD、氨氮、悬浮固体和 DO，并对这 4 个参数分别给予不

同的权重值,如表6-9所示。

表6-9 不同参数的权重值

参数	BOD	氨氮	悬浮固体	DO	权重值合计
权重值	3	3	2	2	10

注:DO可用浓度也可用饱和百分数。

在计算水质指数时,Ross不直接用各种参数的测定值或者相对污染值来统计,而是事先把它们分成等级,然后再按等级进行计算,各参数的评分尺度见表6-10。

表6-10 水质指数各参数的评分尺度

悬浮固体		BOD		氨氮		DO	
浓度(mg/L)	分级	浓度(mg/L)	分级	浓度(mg/L)	分级	浓度(mg/L)	分级
0~10	20	0~2	30	0~0.2	30	>9	10
10~20	18	2~4	27	0.2~0.5	24	8~9	8
20~40	14	4~6	24	0.5~1.0	18	6~8	6
40~80	10	6~10	18	1.0~2.0	12	4~6	4
80~150	6	10~15	12	2.0~5.0	6	1~4	2
150~300	2	15~25	6	5.0~10.0	3	0~1	1
>300	0	25~30	3	>10.0	0	0	0
		>50	0				

Ross计算公式为

$$WQI = \frac{\sum 分级值}{\sum 权重值}$$

Ross计算法要求WQI值用整数表示,这样将水质指数共分成从0~10的11个等级,数值愈大则表示水质愈好。各级指数可以这样概括描述:

WQI = 10,8,6,3,0分别为无污染、轻污染、污染、严重污染、水质腐败。

计算举例:某河段水质测定结果如表6-11所示,从表6-10和表6-9中可查出污染物的分级评价值和权重值。

表6-11 某河段水质测定结果

参 数	测定结果	分级评价值	权重值
悬浮固体(mg/L)	27	14	2
BOD(mg/L)	6.8	18	3
DO(mg/L)	8.9	8	1
DO(饱和度%)	78	6	1
氨氮(mg/L)	1.3	12	3
Σ	/	58	10

根据公式，即

$$WQI = \frac{\sum 分级值}{\sum 权重值} = \frac{58}{10} = 5.8 \approx 6$$

计算结果表明，此河段是污染状态。

二、统计型水质评价

在实际工作中，由于受各种因素的制约，在对水质污染浓度随时间变化的认识尚不充分的情况下，可以不按时序来考虑其污染的历时情况，而把每一个测值都看成一个随机变量。当取一定数量的检测值时（例如在 30～40 个以上），便可用概率的方法处理，以推求某种出现概率的污染强度是多大。即用各种污染强度的出现机遇来表示时间因素，如某种强度出现机会多，则表示其污染历时较长，这样可将概率统计方法用到水质评价中去。

另外，对水体作若干次检测之后的污染物浓度一般采用均值表示，以避免偶然性缺欠，但也确有大值被小值降低的现象，即使用数学期望值和方差的方法，也未能从本质上改变上述缺欠。针对水中污染检测值的随机系列，如果不只用均值、最大值来代表或对比，而采用各种概率的强度值或各种强度的概率来表示或比较，则能更切合实际。这也是采用概率方法做水质评价的理由。

对于某一河段上的 DO、COD 和酚、氰、砷、汞、铬等污染物的检测系列，可用下面经验频率公式计算

$$P = \frac{m}{n+1} \times 100 \quad （\%）$$

式中　P——累积频率；

　　　n——总检测次数；

　　　m——从大到小的累积频率。

三、水环境质量的生物学评价

水生生物与它们生存的水环境是相互依存、相互影响的统一体。水体受到污染后，必然对生存在其中的生物产生影响，生物也对此做出其不同的反应和变化。其反应和变化是水环境评价的良好指标——这是水环境质量生物学评价的基本依据和原理。

在进行评价时，一般要对水生生物进行调查，调查的项目主要有：种类、种类总数、多度、初级和次级生产力等。它们都从不同的侧面反映了水质的变化。例如，水质污染严重时，种类总数减少；而多度则反映了当污染不很严重时对水生生物产生的影响仅是数量的变化，而不是某个种的突然消失。调查的目的是要了解各类水生生物具有不同生物特性，由此反映出它们在水生生态系统中具有不同结构和功能，以及它们对水环境变化所产生的不同反应。不同的生物类群在用于评价时具有不同的特点和意义。

第二节　地表水环境影响评价

一、地表水环境影响评价工作内容及程序

为了完成地表水环境影响评价的基本任务，需要进行如下工作：

①地表水环境现状调查：通过水质调查、水文调查与水文测量、现有污染源调查，摸清水环境的现状，用作拟建项目环境影响预测的基础。

②建设项目的工程分析：其目的是了解拟建项目与地表水环境有关的各种情况，弄清楚该项目排入地表水体的污染源数目、排放的水量及其排放污染物的种类与浓度等。这些均是预测建设项目对地表水环境影响所必需的数据。

③预测环境影响：利用现状调查和工程分析的有关数据，确定拟预测的水质参数，并通过合适的方法预测建设项目对地表水环境的影响。

④评价建设项目的环境影响，提出地表水环境污染防治措施与建议。

地表水环境影响评价的工作程序分成三个阶段：

第一阶段是编写评价大纲的阶段；

第二阶段是评价工作的主体阶段，主要工作是预测与评价建设项目的环境影响；

第三阶段是评价工作的结束阶段，主要工作是根据第二阶段的工作成果，编写环境影响评价工作小结和提出环保措施建议。

图 6-1 表明地表水环境影响评价程序。

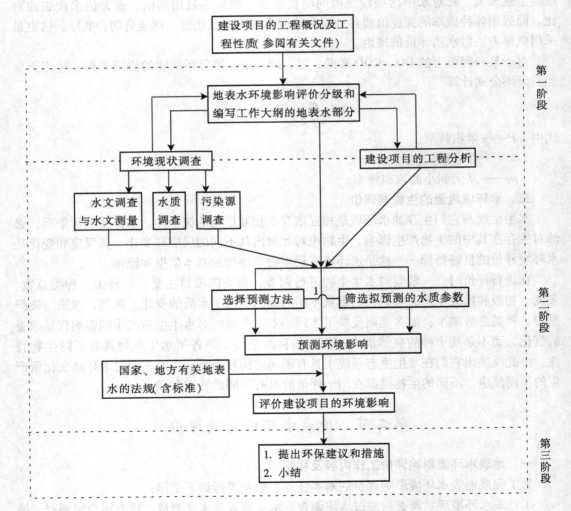

图 6-1　地表水环境影响评价的工作程序图

二、地表水环境影响评价工作分级

建设项目的污水排放量、污水水质的复杂程度、各种受纳污水的地表水域的规模以及对它的水质要求，其分级判据见表6–12，海湾环境影响评价分级判据见表6–13。

表6–12　地表水环境影响评价分级判据

建设项目污水排放量（m³/d）	建设项目污水水质的复杂程度	一级		二级		三级	
		地表水域规模（大小规模）	地表水域规模（水质类别）	地表水域规模（大小规模）	地表水水质要求（水质类别）	地表水域规模（大小规模）	地表水水质要求（水质类别）
≥20 000	复杂	大	I～III	大	IV、V		
		中、小	I～IV	中、小	V		
	中等	大	I～III	大	IV、V		
		中、小	I～IV	中、小	V		
	简单	大	I、II	大	III～V		
		中、小	I～III	中、小	IV、V		
<20 000 ≥10 000	复杂	大	I、III	大	IV、V		
		中、小	I～IV	中、小	V		
	中等	大	I、II	大	III、IV	大	V
		中、小	I、II	中、小	III、V		
	简单			大	I～III	大	IV、V
		中、小	I	中、小	II～IV	中、小	V
<10 000 ≥5 000	复杂	大、中	I、II	大、中	III、IV	大、中	V
		小	I、II	小	III、IV	小	V
	中等			大、中	I～III	大、中	IV、V
		小	I	小	II～IV	小	V
	简单			大、中	I、II	大、中	III～V
				小	I～III	小	IV、V
<5 000 ≥1 000	复杂			大、中	I～III	大、中	IV、V
		小	I	小	II～IV	小	V
	中等			大、中	I、II	大、中	III～V
				小	I～II	小	IV、V
	简单					大、中	I～IV
				小	I	小	II～V
<1 000 ≥200	复杂					大、中	I～IV
						小	I～V
	中等					大、中	I～IV
						小	I～V
	简单					中、小	I～IV

表6-13 海湾环境影响评价分级判断依据

污水排放量(m³/d)	污水水质的复杂程度	一级	二级	三级
≥20 000	复杂	各类海湾		
	中等	各类海湾		
	简单	小型封闭海湾	其他各类海湾	
<20 000 ≥5 000	复杂	小型封闭海湾	其他各类海湾	
	中等		小型封闭海湾	其他各类海湾
	简单		小型封闭海湾	其他各类海湾
<5 000 ≥1 000	复杂		小型封闭海湾	其他各类海湾
	中等或简单			各类海湾
<1 000 ≥500	复杂			各类海湾

三、水体水质和水体规模分类

（1）根据污染物在水环境中转移、衰减特点以及它们的预测模式，将污染物分为4类。

① 持久性污染物（其中还包括在水环境中难降解、毒性大、易长期积累的有毒物质）；

② 非持久性污染物；

③ 酸和碱（以 pH 值表征）；

④ 热污染（以温度为表征）。

（2）按污水中拟预测的污染物类型以及某类污染物中水质参数的多少划分为复杂、中等和简单3类。

① 复杂：污染物类型≥3，或者只含有两类污染物，但需预测其浓度的水质参数数目≥10。

② 中等：污染物类型数=2，且需预测其浓度的水质参数数目<10；或者只含有一类污染物，但需预测其浓度的水质参数数目≥7。

③ 简单：污染物类型=1，需预测浓度的水质参数数目<7。

（3）按各类地表水域的规模分类。

① 河流与河口按建设项目排污口附近河段的多年平均流量或平水期平均流量划分为：

大河：≥150 m³/s；

中河：15～150 m³/s；

小河：<15 m³/s。

② 湖泊和水库，按枯水期湖泊或水库的平均水深以及水面面积划分为：

当平均水深≥10 m 时：

　　大湖（库）：≥25 km²；

　　中湖（库）：2.5～25 km²；

　　小湖(库)：<2.5 km²。

　　当平均水深<10 m 时：

　　大湖(库)：≥50 km²；

　　中湖(库)：5～50 km²；

　　小湖(库)：<5 km²。

　　在具体应用上述划分原则时，可根据我国南、北方以及干旱、湿润地区的特点进行适当调整。

四、水环境现状调查

1. 水环境现状调查范围与调查时期

(1) 水环境现状调查范围

水环境现状调查的范围按以下原则确定：

① 水环境现状调查范围，应能包括建设项目对周围地表水环境影响较显著的区域。在此区域内进行的调查，能全面地说明与地表水环境相联系的环境基本状况，并能充分满足环境影响预测的要求。

② 在确定某项具体工程的地表水环境调查范围时，应尽量按照将来污染物排放后可能的达标范围，根据评价等级高低(评价等级高时可取调查范围略大、反之可略小)来决定。

表 6-14～6-16 分别列出了河流、湖泊(水库)、海湾的不同污水排放量时的现状调查范围供参考。

表 6-14　不同污水排放量时河流环境现状调查范围参考表

污水排放量(m³/d)	调查范围*(km)		
	大河	中河	小河
>50000	15～30	20～40	30～50
50000～20000	10～20	15～30	25～40
20000～10000	5～10	10～20	15～30
10000～5000	2～5	5～10	10～25
<5000	<3	<5	5～15

* 指排污口下游应调查的河段长度。

表 6-15　不同污水排放量时湖泊(水库)环境现状调查范围参考表

污水排放量(m³/d)	调查范围	
	调查半径(km)	调查面积*(按半圆计算)(km²)
>50000	4～7	25～80
50000～20000	2.5～1	10～25
20000～10000	1.5～2.5	3.5～10
10000～5000	1～1.5	2～3.5
<5000	≤1	≤2

* 以排污口为圆心，在调查半径内的半圆形面积。

表 6–16 不同污水排放量时海水湾环境现状调查范围参考表

污水排放量(m³/d)	调查范围	
	调查半径(km)	调查面积*(按半圆计算)(km²)
>50 000	5～8	40～100
50 000～20 000	3～5	15～40
20 000～10 000	1.5～2.5	3.5～10
10 000～5 000	1.5～3	3.5～15
<5 000	≤1.5	≤3.5

*以排污口为圆心，在调查半径内的半圆形面积。

（2）水环境现状调查时期

水环境现状调查的时期按以下原则确定：

①根据当地的水文资料初步确定河流、河口、湖泊、水库的丰水期、平水期、枯水期，同时确定最能代表这三个时期的季节或月份。对于海湾，应确定评价期间的大潮期和小潮期。

②评价等级不同，对各类水域调查的时期要求也不同。表 6–17 列出了不同评价等级的各类水域的水质调查时期。

表 6–17 各类水域在不同评价等级时的水质调查时期

水　域	一级	二级	三级
河　流	一般情况为一个水文年的丰水期、平水期和枯水期； 若评价时间不够，至少应调查平水期和枯水期	若条件许可，可调查一个水文年的丰水期、平水期和枯水期； 一般情况应调查枯水期和平水期； 若评价时间不够，可只调查枯水期	一般情况可只在枯水期调查
河　口	一般情况为一个潮汐年的丰水期、平水期和枯水期； 若评价时间不够，至少应调查平水期和枯水期	一般情况应调查平水期和枯水期； 若评价时间不够，可只调查枯水期	一般情况可只在枯水期调查
湖泊(水库)	一般情况为一个水文年的丰水期、平水期和枯水期； 若评价时间不够，至少应调查平水期和枯水期	一般情况应调查平水期和枯水期； 若评价时间不够，可只调查枯水期	一般情况可只在枯水期调查
海　湾	一般情况应调查评价工作期间的大潮期和小潮期	一般情况应调查评价工作期间的大潮期和小潮期	一般情况应调查评价工作期间的大潮期和小潮期

③ 当调查区域面源污染严重，丰水期水质劣于枯水期时，一、二级评价的各类水域应调查丰水期；若时间允许，三级评价也应调查丰水期。

④ 冰封期较长的水域，且作为生活饮用水、食品加工用水的水源或渔业用水时，应调查冰封期的水质、水文情况。

2. 水文调查与水文测量

（1）水文调查与水文测量的原则

① 应尽量向有关的水文测量和水质监测等部门收集现有资料，当这些资料不全时，应进行一定的水文调查与水文测量，并且水质调查与水文测量要同步进行。

② 一般情况下，水文调查与水文测量在枯水期进行，必要时，其他时期（丰水期、平水期、冰封期等）可进行补充调查。

③ 水文测量的内容与拟采用的环境影响预测方法密切相关。因此，在采用数学模式时应根据所选用的预测模式及应输入的参数的需要决定其内容；在采用物理模型时，应取得足够的制作模型及模型试验所需的水文要素。

④ 与水质调查同步进行的水文测量，原则上只在一个时期内进行（此时的水质资料应尽量采用水团追踪调查法取得）。它与水质调查的次数和天数（参见表6-17）不要求完全相同，在能准确求得所需水文要素及环境水力学参数（主要指水体混合输移参数及水质模式参数）的前提下，尽量减少水文测量的次数和天数。

（2）水文调查与水文测量的内容

① 河流水文调查与水文测量的内容应根据评价等级、河流的规模决定，其中主要有：丰水期、平水期、枯水期的划分，河流平直及弯曲情况（如平直段长度或弯曲段的弯曲半径等），横断面、纵断面（坡度），水位、水深、河宽，流量、流速及其分布，水温，糙率及泥沙含量等；丰水期有无分流漫滩，枯水期有无浅滩、沙洲和断流；北方河流还应了解结冰、封冻、解冻等现象。采用数学模式预测时，其具体调查内容应根据评价等级及河流规模按照前述的需要决定。河网地区应调查各河段流向、流速、流量的关系，了解流向、流速、流量的变化特点。

② 感潮河口的水文调查与水文测量的内容应根据评价等级、河流的规模决定，其中除与河流相同的内容外，还有：感潮河段的范围，涨潮、落潮及平潮时的水位、水深、流向、流速及其分布，横断面、水面坡度以及潮间隙、潮差和历时等。采用数学模式预测时，其具体调查内容应根据评价等级及河流规模按照需要决定。

③ 湖泊、水库水文调查与水文测量的内容应根据评价等级、湖泊和水库的规模决定，其中主要有：湖泊、水库的面积和形状（附平面图），流入、流出的水量，停留时间，水量的调度和贮量，湖泊、水库的水深，水温分层情况及水流状况（湖流的流向和流速，环流的流向、流速及稳定时间）等。采用数学模式预测时，其具体调查内容应根据评价的等级及湖泊、水库的规模按照具体情况决定。

④ 海湾水文调查与水文测量的内容应根据评价等级及海湾的特点选择下列全部或部分内容：海岸形状，海底地形，潮位水深变化，潮流状况（小潮和大潮循环期间的水流变化、平行于海岸线流动的落潮和涨潮），流入的河水流量、盐度和温度造成的分层情况，水温、波浪的情况以及内海水与外海水的交换周期等。

⑤ 需要预测建设项目的面源污染状况时，应调查历年的降雨资料，并根据预测的需

要对资料统计分析。

五、水环境影响预测

1. 水环境影响预测程序

水环境影响预测的工作程序如图 6－2 所示。

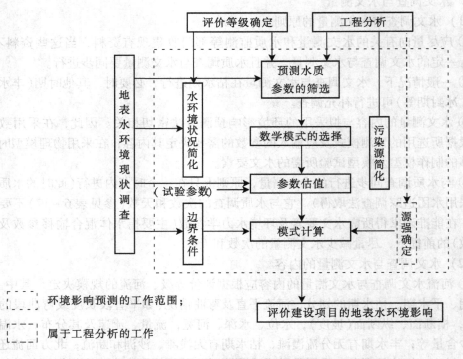

环境影响预测的工作范围；

属于工程分析的工作

图 6－2　采用数学模式法预测地表水环境影响的工作程序

2. 水质预测数学模型

（1）零维水质模型

将一顺直河流划分成许多相同的单元河段，每个单元河段看成是完全混合反应器。设流入单元河段的入流量和流出单元河段的出流量均为 Q，流速为 v，入流的污染物浓度为 C_0，流入单元河段的污染物完全均匀分布到整个单元河段，其浓度为 C。当反应器内的源、漏项仅为反应衰减项，并符合一级反应动力学的衰减规律，为 $-k_1 C$（k_1 为污染物衰减系数），根据质量守恒定律，可以写出完全反应器的平衡方程，即零维水质模型

$$\frac{\mathrm{d}C}{\mathrm{d}t}v = Q(C_0 - C) - k_1 Cv \tag{6-1}$$

当单元河段中污染物浓度不随时间变化，即 $\mathrm{d}C/\mathrm{d}t = 0$，为静态时，零维的静态水质模型为

$$0 = \frac{Q}{v}(C_0 - C) - k_1 C$$

经整理可得

$$C = \frac{C_0}{1 + \dfrac{k_1 v}{Q}} = \frac{C_0}{1 + \dfrac{k_1 \Delta x}{u}} \tag{6-2}$$

式中　k_1——污染物衰减系数，$1/\mathrm{s}$；

　　　$\dfrac{v}{Q}$——理论停留时间，s；

　　　Δx——单元河段长度；

　　　u——河水平均流速。

对于划分为许多单元河段的顺直河流，式（6-2）适用于第 1 个单元河段。对于第 i 个单元河段的零维静态水质模型，有

$$C_i = \frac{C_0}{\left(1 + \dfrac{k_1 v}{Q}\right)^i} \tag{6-3}$$

（2）一维水质模型

当河流的河段均匀，该河段的横断面面积为 A、平均流速为 u、污染物的输入量为 W、扩散系数 E 都不随时间而变化，源和漏项仅为反应衰减项目符合一级动力学反应，此时，距起始横断面 x 处，河流横断面中污染物浓度是不随时间变化的，即 $\mathrm{d}C/\mathrm{d}t = 0$，一维河流静态水质模型基本方程为

$$u\frac{\partial C}{\partial x} = E\frac{\partial^2 C}{\partial x^2} - k_1 C \tag{6-4}$$

这是一个二阶线性常微分方程，可用特征多项式解法求解。其特征多项式为

$$E\lambda^2 - u\lambda - k_1 = 0$$

由此可求出特征根为

$$\lambda_{1,2} = \frac{u}{2E}(1 \pm m)$$

式中，$m = \sqrt{1 + \dfrac{4k_1 E}{u^2}}$。

式（6-4）的通解为

$$C = A\mathrm{e}^{\lambda_1 x} + B\mathrm{e}^{\lambda_2 x}$$

由于 $1 - m$ 相应于排污口的下游区（$x > 0$），而 $1 + m$ 相应于排污口以上的上游区（$x < 0$），对于衰减的污染物，λ 不应取正值，后者在此无意义。

故应取 λ_2 而舍去 λ_1。若初始条件为 $x = 0$ 时，$C = C_0$，式（6-4）的解为

$$C = C_0 \exp\left[\frac{u}{2E}\left(1 - \sqrt{1 + \frac{4k_1 E}{u^2}}\right)x\right]$$

式中 C_0 可按下式计算

$$C_0 = \frac{QC_1 + qC_2}{Q + q}$$

式中　Q——河流的流量，m^3/s；

　　　C_1——河流中污染物的背景浓度，$\mathrm{mg/L}$；

　　　q——排入河流的污水流量，m^3/s；

　　　C_2——污水中的污染物浓度，$\mathrm{mg/L}$；

　　　E——扩散系数。

忽略扩散项的一维水质模型的偏微分方程为

$$\frac{\partial C}{\partial t} + u \frac{\partial C}{\partial x} = -k_1 C \qquad (6-5)$$

这个偏微分方程可以改为两个常微分方程

$$\begin{cases} \dfrac{\mathrm{d}C(x(t),\ t)}{\mathrm{d}t} = -k_1 C \\[3mm] \dfrac{\mathrm{d}x(t)}{\mathrm{d}t} = u \end{cases}$$

在初始条件 $x(t) = 0$，$C = C_0$ 时，其解为

$$x(t) = ut$$
$$C(x(t)) = C_0 \exp[-(k_1 x/u)] \qquad (6-6)$$

式（6-6）为忽略扩散项的一维水质模型。

（3）Streeter-Phelps 模型（S-P 模型）

该模型是由美国 Streeter 和 Phelps 提出的。他们假定河流的自净过程中存在着两个相反的过程，即有机污染物在水体中先发生氧化反应，消耗水体中的氧，其速率与其在水中的有机污染物浓度成正比，同时大气中的氧不断进入水体，其速率与水中的氧亏值成正比。根据质量守恒原理，提出一维稳态河流的 BOD-DO 耦合模型的基本方程式如下

$$\begin{cases} \dfrac{\mathrm{d}L}{\mathrm{d}t} = -k_1 L \\[3mm] \dfrac{\mathrm{d}D}{\mathrm{d}t} = k_1 L - k_2 D \end{cases} \qquad (6-7)$$

式中　L——河水中的 BOD 值，mg/L；

　　　D——河水中的氧亏值，mg/L；

　　　k_1——河水中 BOD 衰减（耗氧）速度常数，1/d；

　　　k_2——河水中复氧速度常数，1/d；

　　　t——河水的流行时间，d。

这两个方程式是耦合的。当初始条件 $L(0) = L_0$，$D(0) = D_0$ 时，式（6-7）的解为

$$\begin{cases} L = L_0 \exp\left(-\dfrac{k_1 x}{u}\right) \\[3mm] D = D_0 \exp\left(-\dfrac{k_2 x}{u}\right) + \dfrac{k_1 L_0}{k_2 - k_1}\left[\exp\left(\dfrac{-k_1 x}{u}\right) - \exp\left(\dfrac{-k_2 x}{u}\right)\right] \end{cases} \qquad (6-8)$$

式中　L_0——河流起始点的 BOD 值，mg/L；

　　　D_0——河流起始点的亏氧值，mg/L。

式（6-8）表示河流中 BOD 和亏氧值的变化规律。如果亏氧值 D 以溶解氧值（O_s、O_0）表示 $D_0 = O_s - O_0$，则河流中溶解氧的变化规律为

$$O = O_s - (O_s - O_0)\exp\left(-\frac{k_2 x}{u}\right) + \frac{k_1 k_0}{k_1 - k_2}\left[\exp\left(\frac{-k_1 x}{u}\right) - \exp\left(\frac{-k_2 x}{u}\right)\right] \qquad (6-9)$$

式中　O_0——河流起始横断面处的溶解氧值，mg/L；

　　　O——河流中的溶解氧值，mg/L；

　　　O_s——河流中的饱和溶解氧值，mg/L。

式(6-9)称为 S-P 氧垂公式。根据式(6-9)绘制的溶解氧沿程变化曲线称为氧垂曲线，如图 6-3 所示。

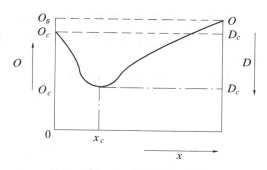

图 6-3　氧垂曲线

由图 6-3 可见，在河流的某一距离 x_c 处，亏氧值 D 具有最大值，或溶解氧值 O 具有最小值。此处水质最差，是人们较为关注的。此处的亏氧值(或溶解氧值)及发生的距离可通过求极值的方法求得，即可由 $dD/dx = 0$，求得临界氧亏值 D_c 和临界距离 x_c。具体表达式如下

$$\begin{cases} D_c = \left(D_0 + \dfrac{L_0}{1-f} \right) \left\{ f \left[1 - (f-1) \left(\dfrac{D_0}{L_0} \right) \right] \right\}^{\frac{f}{1-f}} - \dfrac{L_0}{1-f} \left\{ f \left[1 - (f-1) \left(\dfrac{D_0}{L_0} \right) \right] \right\}^{\frac{f}{1-f}} \\ x_c = \dfrac{u}{k_2 - k_1} \ln \left\{ \dfrac{k_2}{k_1} \left[1 - \left(\dfrac{k_2}{k_1} - 1 \right) \dfrac{D_0}{L_0} \right] \right\} \end{cases} \tag{6-10}$$

式中　f——自净系数，$f = \dfrac{k_2}{k_1}$。

S-P 模型广泛地应用于河流水质的模拟预测中，是预测河流中 BOD 和 DO 变化规律的较好模型。它也应用于计算河流的允许最大排污量。

(4) S-P 模型的修正模型

S-P 模型的两项假设是不完全符合实际的。为了计算河流水质的某种特殊的问题，人们在 S-P 模型的基础上附加了一些新的假设，推导出了一些新的模型。

① Thomas 模型

对一维静态河流，在 S-P 模型的基础上，为了考虑沉淀、絮凝、冲刷和再悬浮过程对 BOD 去除的影响，引入了 BOD 沉浮系数 k_3，BOD 变化速度为 k_3L。托马斯采用以下的基本方程组(忽略扩散项)

$$\begin{cases} u \dfrac{\partial L}{\partial x} = -(k_1 + k_3) L \\ u \dfrac{\partial D}{\partial x} = k_1 L - k_2 D \end{cases} \tag{6-11}$$

在 $L(0) = L_0$，$D(0) = D_0$ 的初始条件下，得到托马斯方程的解为

$$\begin{cases} L = L_0 \exp \left[\dfrac{-(k_1 + k_3)}{u} x \right] \\ D = D_0 \exp \left(\dfrac{-k_2 x}{u} \right) - \dfrac{k_1 L_0}{k_1 + k_3 - k_2} \cdot \\ \left[\exp \left(\dfrac{-(k_1 + k_3) x}{u} \right) - \exp \left(\dfrac{k_2 x}{u} \right) \right] \end{cases} \tag{6-12}$$

沉浮系数 k_3 既可以大于零，也可以小于零。对于冲刷、再悬浮过程，$k_3 < 0$；对于沉淀过程，$k_3 > 0$。

② Dobbins-Camp 模型

对一维静态河流，在托马斯模型的基础上，多宾斯·坎普提出了两条新的假设：

考虑地面径流和底泥释放 BOD 所引起的 BOD 变化速率，该速率以 R 表示；

考虑藻类光合作用和呼吸作用以及地面径流所引起的溶解氧变化速率，该速率以 P 表示。

因而，采用以下基本方程组

$$\begin{cases} u\dfrac{\mathrm{d}L}{\mathrm{d}x} = -(k_1 + k_3)L + R \\[2mm] u\dfrac{\mathrm{d}D}{\mathrm{d}x} = -k_2 D + k_1 L + P \end{cases} \qquad (6-13)$$

在 $L(0) = L_0$，$D(0) = D_0$ 的初始条件下，得到该方程的解为

$$\begin{cases} L = L_0 F_1 + \dfrac{R}{k_1 + k_3}(1 - F_1) \\[2mm] D = D_0 F_2 - \dfrac{k_1}{k_1 + k_3 - k_2}\left(L_0 - \dfrac{R}{k_1 + k_3}\right)(F_1 - F_2) + \\[2mm] \left[\dfrac{P}{k_2} + \dfrac{k_1 R}{k_2(k_1 + k_3)}\right)\right](1 - F_2) \end{cases} \qquad (6-14)$$

$$F_1 = \exp\left[\dfrac{-(k_1 + k_3)x}{u}\right] \qquad (6-15)$$

$$F_2 = \exp\left[\dfrac{-k_2 x}{u}\right] \qquad (6-16)$$

如果 $P = 0$，$R = 0$，上式就成为托马斯修正式。如果 $P = 0$，$R = 0$，$k_3 = 0$，上式就成为 S-P 模型。

③ O'Connon 模型

对一维静态河流，在托马斯模型的基础上，O'Connon 提出新的假设条件为：总 BOD 是碳化和硝化 BOD 两部分之和，即 $L = L_C + L_N$，则托马斯修正式可改写为

$$\begin{cases} u\dfrac{\partial L_C}{\partial x} = -(k_1 + k_3)L_C \\[2mm] u\dfrac{\partial L_N}{\partial x} = -k_N L_N \\[2mm] u\dfrac{\partial D}{\partial x} = k_1 L_C + k_N L_N - k_2 D \end{cases} \qquad (6-17)$$

当初始条件为 $L_C(0) = L_{C0}$，$L_N(0) = L_{N0}$，$D(0) = D_0$ 时，上式的解为

$$L_C = L_{C0}\exp\left[\dfrac{-(k_1 + k_3)x}{u}\right] \qquad (6-18)$$

$$L_N = L_{N0}\exp\left[\dfrac{-k_N x}{u}\right] \qquad (6-19)$$

$$D = D_0\exp\left[\dfrac{-k_2 x}{u}\right] - \dfrac{k_1 L_{C0}}{k_1 + k_3 - k_2}\left[\exp\left(\dfrac{-(k_1 + k_3)}{u}\right) - \exp\left(\dfrac{-k_2 x}{u}\right)\right] - $$

$$\dfrac{k_N L_{N0}}{k_N - k_2}\left[\exp\left(\dfrac{-k_N x}{u}\right) - \exp\left(\dfrac{-k_2 x}{u}\right)\right] \qquad (6-20)$$

式中　k_N——硝化 BOD 衰弱(耗氧)速度常数，1/d；

L_{C0}——$x=0$ 处，河水中碳化 BOD 的浓度，mg/L；

L_{N0}——$x=0$ 处，河水中硝化 BOD 的浓度，mg/L。

例题 6-1　一均匀河段长 10 km，有一股含 BOD 的废水从这一河段的上游端点流入，废水流量为 $q=0.2$ m³/s，BOD 浓度 $C_2=200$ mg/L；上游河水流量 $Q=2.0$ m³/s，BOD 浓度 $C_1=2$ mg/L，河水的平均流速 $u=20$ km/d，BOD 的衰减系数 $k_1=2$/d。求由废水入河口以下(下游)1 km、2 km、5 km 处的河水中 BOD 的浓度。

解：河段初始横断面河水中 BOD 浓度为

$$C_0 = \frac{C_1 Q + C_2 q}{Q+q} = \frac{2\times 2 + 200 \times 0.2}{2+0.2} = 20 \quad (\text{mg/L})$$

将河段分成 10 个环境单元，每个环境单元长度为 1 km，即 $\Delta x = 1$ km。则

$$C_1 = \frac{C_0}{1+\dfrac{k_1 \Delta x}{u}} = \frac{20}{1+\dfrac{2\times 1}{20}} = 18.2 \quad (\text{mg/L})$$

$$C_2 = \frac{C_0}{\left(1+\dfrac{k_1 \Delta x}{u}\right)^2} = \frac{20}{\left(1+\dfrac{2\times 1}{20}\right)^2} = 16.5 \quad (\text{mg/L})$$

$$C_5 = \frac{C_0}{\left(1+\dfrac{k_1 \Delta x}{u}\right)^5} = \frac{20}{\left(1+\dfrac{2\times 1}{20}\right)^5} = 12.4 \quad (\text{mg/L})$$

例题 6-2　一均匀河段，有一股含 BOD 的废水稳定地流入，若起始横断面河水(和废水完全混合后)含 BOD 浓度为 $C_0=20$ mg/L，河水的平均流速为 20 km/d，BOD 的衰减系数 $k_1=2$/d，扩散系数 $E=1$ km²/d，求 $x=1$ km 处的河水中 BOD 浓度。

解：

$$\begin{aligned}
C &= C_0 \exp\left[\frac{u}{2E}\left(1-\sqrt{1+\frac{4k_1 E}{u^2}}\right)x\right] \\
&= 20\exp\left[\frac{20}{2\times 1}\left(1-\sqrt{1+\frac{4\times 2\times 1}{20^2}}\right)\times 1\right] \\
&= 20\mathrm{e}^{-0.0995} \\
&= 18.1 \quad (\text{mg/L})
\end{aligned}$$

例题 6-3　用例题 6-2 的数据，当忽略扩散作用时，试计算 $x=1$ km 处的河水中 BOD 浓度。

解：

$$\begin{aligned}
C &= C_0 \exp\left[-(k_1 x/u)\right] \\
&= 20\exp\left[-2\times 1/20\right] \\
&= 20\mathrm{e}^{-0.1} \\
&= 18.096 \quad (\text{mg/L})
\end{aligned}$$

例题 6-4　一均匀河段，有一股含 BOD₅ 的废水稳定地流入，河水的平均流速为 $u=2$ km/d，起始横断面河水中 BOD₅ 和亏氧值分别为 $L_0=20$ mg/L、$D_0=1$ mg/L，$k_1=0.5$/d，$k_2=1.0$/d，试用 S-P 水质模型计算 $x=1$ km 处的河水中的 BOD 浓度 L 和亏氧值 D。

解：

$$L = L_0 \exp\left(\frac{-k_1 x}{u}\right) = 20\exp\left(\frac{-0.5\times 1}{20}\right)$$

$$= 20e^{-0.025} = 19.506 \quad (mg/L)$$

$$D = D_0 \exp\left(\frac{-k_2 x}{u}\right) + \frac{k_1 L_0}{k_2 - k_1}\left[\exp\left(\frac{-k_1 x}{u}\right) - \exp\left(\frac{-k_2 x}{u}\right)\right]$$

$$= 1 \times \exp\left(\frac{-1 \times 1}{20}\right) + \frac{0.5 \times 20}{1 - 0.5} \times \left[\exp\left(\frac{-0.5 \times 1}{20}\right) - \exp\left(\frac{-1 \times 1}{20}\right)\right]$$

$$= e^{-0.05} + 20[e^{-0.025} - e^{-0.05}] = 1.431 \quad (mg/L)$$

例题 6 – 5 用例题 6 – 4 的数据,增加一项 BOD_5 沉浮系数 $k_3 = -0.17/d$,求距离起始横断面 $x = 1$ km 处的河水中的 BOD_5 浓度和亏氧值 D。

解:

$$L = L_0 \exp\left[\frac{-(k_1 + k_3)}{u} x\right]$$

$$= 20 \exp\left[\frac{-(0.5 - 0.17)}{20} \times 1\right]$$

$$= 20e^{-0.0165} = 19.673 \quad (mg/L)$$

$$D = D_0 \exp\left(\frac{-k_2 x}{u}\right) - \frac{k_1 L_0}{k_2 + k_3 - k_2}\left\{\exp\left[\frac{-(k_1 + k_3) x}{u}\right] - \exp\left(\frac{-k_2 x}{u}\right)\right\}$$

$$= 1 \times \exp\left(\frac{-1 \times 1}{20}\right) - \frac{0.5 \times 20}{0.5 - 0.17 - 1} \times \left\{\exp\left[\frac{-(0.5 - 0.17) \times 1}{20}\right] - \exp\left(\frac{-1 \times 1}{20}\right)\right\}$$

$$= e^{-0.05} + 14.925\{e^{-0.0165} - e^{-0.05}\} = 1.440 \quad (mg/L)$$

3. 河流水质模型中参数的估值

(1)耗氧系数 k_1 的估值

耗氧系数 k_1 值随河水中的生物与水文条件而变化。各条河流的 k_1 值均不相同,同一河流的各河段的 k_1 值也各不相同。因此,在从已有资料中选用 k_1 值时应慎重,不能随意搬用。

① 野外实测资料反推法。

野外实测资料反推法,也称为"两点法"。它是由式(6 – 7)之一稍加变换而得到的。估算公式为

$$k_1 = \frac{1}{\Delta t} \ln \frac{L_0}{L} \tag{6 – 21}$$

式中 Δt——河水流经上、下断面的时间,d;

L_0,L——实测的上、下断面的 BOD_5 浓度,mg/L。

从式(6 – 21)可知,只要实测到一河段上、下游横断面的各自平均 BOD_5 浓度,以及河水从上游横断面流至下游横断面所需时间,就可以估算出该河段的耗氧系数 k_1 值。实际上,需实测多组数据,求出耗氧系数 k_1 值的平均值作为该河段的耗氧系数 k_1 值。否则,误差较大。

② 实验室测定 k_1 值。

实验室测定耗氧系数 k_1 值的基本方法是对所研究的河段取水样,用测定 BOD_5 的标准方法进行 BOD 的时间序列实验,如做从 1 d 到 10 d 序列培养样品,分别测定 1 ~ 10 d 的 BOD 值,获得一组时间序列的 BOD 值数据。对取得的实验数据进行数据处理,估算出 k_1 值。数据处理方法有如下两种。

ⓐ 最小二乘法:

最小二乘法的基本原理是，把 BOD 的实验数据与对应的观测时间在单对数坐标纸上作图，设法把比较分散的点拟合成一条直线，使观测值离开均值的偏差平方和达到最小，这一条直线即为最佳拟合线。其斜率即为耗氧系数 k_1，而截距为 BOD 的终值。

若 BOD 值用 L 来表示，时间用 t、斜率为 m、截距用 b 表示，直线方程为

$$\lg L = mt + b \tag{6-22}$$

某时间 t，对应最佳拟合线上的坐标为 $\lg L$，观测值为 $\lg L'$，其差值称为偏差，用 R 表示，则偏差的平方总和为

$$\sum R^2 = \sum (\lg L - \lg L')^2 = \sum (mt + b - \lg L')^2$$

最小二乘法的特点是最佳拟合线应当使偏差 R 的平方和为最小。为满足这一条件，把偏差平方和分别对 m 和 b 求偏导数，并令其等于零，于是得方程组

$$\begin{cases} m \sum t^2 + b \sum t - \sum t \cdot \lg L' = 0 \\ m \sum t + nb - \sum \lg L' = 0 \end{cases} \tag{6-23}$$

求解方程组(6-23)得

$$\begin{cases} b = \dfrac{(\sum \lg L' - mt)}{n} \\ m = \dfrac{\sum t \cdot \lg L' - \dfrac{1}{n} \sum \lg L' \cdot \sum t}{\sum t^2 - \dfrac{1}{n} (\sum t)^2} \end{cases}$$

求得 $m = \dfrac{-k_1}{2.3}$，则 $k_1 = -2.3m$。

实验室求得的 k_1 值往往比自然界河流中的 k_1 值小。这种差异主要是由于实验室与河流的生化降解条件不同，以及湍流和水力学条件不同而引起的。实验室求得的 k_1 值可通过波斯柯(Bosko)经验公式修正得到河流中的 k_1 值，修正公式为

$$k_1 = k'_1 + \alpha \frac{u}{h} \tag{6-24}$$

式中　k_1——河流的耗氧系数，1/d；

　　　k'_1——实验室推求的耗氧系数，1/d；

　　　u——平均流速，m/s；

　　　h——平均水深，m；

　　　α——与河流比降有关的参数，通过实验求得。

狄欧乃(Tierney)和杨格(Young)1974 年提出 α 系数与河流坡度 i 有如表 6-18 所示的关系。

表 6-18　α 与 i 的相关性

i (m/km)	0.33	0.66	1.32	3.3	6.6
α 值	0.1	0.15	0.25	0.4	0.6

ⓑ Thomas 图解法：

这种方法是依据函数$(1-e^{-k_1t})$与函数$k_1t\left(1+\dfrac{k_1t}{6}\right)^{-3}$的幂级数展开式极为接近，认为这两个函数相等，并用作图方法解方程式，从而求出耗氧系数k_1值。两函数按幂级数展开为

$$y(t) = L_0(1 - e^{-k_1t})$$

$$y(t) = L_0\left\{k_1t\left[1 - \frac{k_1t}{2} + \frac{(k_1t)^2}{6} - \frac{(k_1t)^3}{24} + L\right]\right\}$$

又因

$$k_1t\left(1+\frac{k_1t}{6}\right)^{-3} = k_1t\left[1 - \frac{k_1t}{2} + \frac{(k_1t)^2}{6} - \frac{(k_1t)^3}{21.6} + \cdots\right]$$

所以

$$y(t) \approx L_0\left[k_1t\left(1+\frac{k_1t}{6}\right)^{-3}\right]$$

则

$$\left(\frac{t}{y_t}\right)^{\frac{1}{3}} = (L_0k_1)^{-1/3} + \left(\frac{k_1^{2/3}}{6L_0^{1/3}}\right)t \tag{6-25}$$

如果将式(6-25)改写成直线方程式，则有

$$y = a + bt$$

$$a = (L_0k_1)^{-1/3}; \quad b = \frac{k_1^{2/3}}{6L_0^{1/3}}; \quad k_1 = \frac{6b}{a}; \quad L_0 = \frac{1}{k_1a^3}$$

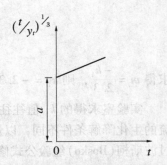

如果将$(t/y_t)^{1/3}$作为纵坐标，t作为横坐标，将实验数据整理作图，可得一直线，如图6-4所示。从图中得到截距a、斜率b，通过上式可计算出耗氧系数k_1和初始BOD值L_0。

图6-4　图解法求k_1示意图

（2）复氧系数k_2的估值

河流复氧系数k_2主要取决于水体中亏氧值的大小和水流紊动作用，其他物理量也有一定程度的影响。用试验方法来测定复氧系数需要进行大量的现场和试验室工作，花费相当多的人力和财力。许多人对复氧系数k_2进行了大量的研究工作，提出了许多半经验和经验公式，可供选择应用。选择时应注意公式的适用条件与研究的河流特征相一致。下面介绍几个求复氧系数k_2的公式。

① 差分复氧公式

$$k_2 = k_1\frac{\overline{L}}{\overline{D}} - \frac{\Delta D}{\Delta t\,\overline{D}} \tag{6-26}$$

式中　k_1, k_2——分别为耗氧系数和复氧系数，1/d；

$\overline{L}$, $\overline{D}$——上、下断面BOD均值及亏氧值均值，mg/L；

ΔD——上、下断面亏氧值之差值，mg/L；

Δt——从上断面流到下断面所需时间，d。

② Streeter-Phelps公式

$$k_2 = \frac{Cu^n}{H^2} \tag{6-27}$$

式中　u——河流平均流速，m/s；

H——最低水位上的平均水深，m；

C——谢才系数，$C = \dfrac{u}{\sqrt{RI}}$，R 为水力半径，$R = \dfrac{A}{x}$，A 为过水断面面积，x 为过水断面的湿周，I 为河流比降，C 的变化范围在 24～13 之间；

n——粗糙系数，n 在 0.57～5.40 之间变化。

（3）O'Conner – Dobbins 公式

当 $H > 1.5$ m，0.03 m/s $\leqslant u \leqslant$ 0.85 m/s 时，有

$$k_2 = 294 \frac{(D_\mathrm{m} u)^{0.5}}{H^{1.5}} \quad (1/\mathrm{d}) \tag{6-28}$$

当 $H < 1.5$ m，0.03 m/s $\leqslant u \leqslant$ 0.5 m/s 时，有

$$k_2 = 824 \frac{D_\mathrm{m}{}^{0.5} I^{0.25}}{H^{1.25}} \quad (1/\mathrm{d}) \tag{6-29}$$

式中　D_m——20℃时氧分子在水中的扩散系数，为 $1.76 \times 10^{-4} \mathrm{m}^2/\mathrm{d}$；

u——平均流速，m/s；

H——平均水深，m。

（4）二维和三维水质基本模型

与一维基本模型的推导相似，当在 x 方向和 y 方向存在浓度梯度时，可建立起二维基本模型：

$$\frac{\partial C}{\partial t} = D_x \frac{\partial^2 C}{\partial x^2} + D_y \frac{\partial^2 C}{\partial y^2} - u_x \frac{\partial C}{\partial x} - u_y \frac{\partial C}{\partial y} - KC \tag{6-30}$$

式中　D_y——y 坐标方向的弥散系数；

u_y——y 方向的流速分量；

其余符号同前。

如果研究的问题是 x—z 平面或 y—z 平面，只需转换相应的下标即可。

二维模型较多应用于大型河流，河口、海湾、浅湖中，也用于线源大气污染计算中。

如果在 x、y、z 三个方向上都存在浓度梯度，可以用类似方法推导出三维基本模型：

$$\frac{\partial C}{\partial t} = E_x \frac{\partial^2 C}{\partial x^2} + E_y \frac{\partial^2 C}{\partial y^2} + E_z \frac{\partial^2 C}{\partial z^2} - u_x \frac{\partial C}{\partial x} - u_y \frac{\partial C}{\partial y} - u_z \frac{\partial C}{\partial z} - KC \tag{6-31}$$

式中　E_x、E_y、E_z——x、y、z 坐标方向的湍流扩散系数；

u_x——z 方向的流速分量。

六、环保措施建议

环保措施建议一般包括污染消减措施建议和环境管理措施建议两部分。

1. 污染消减措施建议

（1）污染消减措施建议应尽量做到具体、可行，以便对建设项目的环境工程设计起指导作用。

（2）污染消减措施的评述，主要评述其环境效益（应说明排放物的达标情况），也可以做些简单的技术经济分析。

2. 环境管理措施建议

环境管理措施建议包括环境监测（含监测点、监测项目和监测次数）的建议、水土保持措施建议、防止泄漏等事故发生的措施建议、环境管理机构设置的建议等。

七、地表水环境影响评价结论

这里指建设项目在实施过程的不同阶段能否满足预定的地表水环境质量的结论。

1. 结论：可以满足地表水环境保护要求

下面两种情况应做出可以满足地表水环境保护要求的结论：

①建设项目在实施过程的不同阶段，除排放口附近很小范围外，水域的水质均能达到预定要求；

②在建设项目实施过程的某个阶段，个别水质参数在较大范围内不能达到预定的水质要求，但采取一定的环保措施后可以满足要求。

2. 结论：不能满足地表水环境保护要求

下面两种情况原则上应做出不能满足地表水环境保护要求的结论：

①地表水现状水质已经超标；

②污染消减量过大，以至于消减措施在技术、经济上明显不合理。

在个别情况下，建设项目虽然不能满足预定的环保要求，但其影响不大而且发生的机会不多，此时应根据具体情况做出分析。

有些情况不宜做出明确的结论，如建设项目恶化了地表水环境的某些方面，同时又改善了其他某些方面。这种情况应说明建设项目对地表水环境的正影响、负影响及其范围、程度和评价者的意见。

第三节　地下水环境影响评价

一、地下水环境影响评价的任务和要求

建设项目对地下水环境影响评价的主要任务是，预测建设项目在各个阶段对地下水环境的直接影响和由此影响而引起的其他间接危害，并针对这些影响和危害提出防治对策，作为建设项目选址决策、工程设计和环境管理的科学依据，以达到控制污染、保护地下水环境的目的。

地下水环境影响评价的要求是：

①评价的范围应包括拟建项目可能影响的主要地区，为此必须根据拟建项目的工程布局、生产工艺和排污特点，并结合当地的环境水文地质条件进行具体分析确定。但必须包括同一水文地质单元内可能存在补给关系的供水源地及其他敏感区。

②由于地下水环境内容广泛，水文地质条件因地而异，因此必须根据建设项目和当地水文地质特点有针对性地设置评价专题。对于供水水源地和矿井疏干工程进行水质影响评价时，必须充分考虑水量因素和地下水位变化可能引起的环境影响。

③地表水和地下水是密切联系的水环境整体，因此对地表水和地下水的评价工作，应尽可能做到统一布置、同步进行，所得资料统一分析，以找出它们之间的水力、水质联系和相互影响与补给关系，避免地上、地下切割，以求得对水环境的整体认识，并减少重复性工作。

④地下水环境影响评价工作必须在充分利用现有资料的基础上进行，并与其他专题组密切配合，及时交换资料，以期完善评价成果，节省评价费用。

二、地下水环境影响评价工作等级的划分

1. 评价工作等级的划分条件

地下水环境影响评价工作等级划分的主要依据有：① 废水排放量；② 废水水质的复杂程度和地下水质的污染程度；③ 地下水开发利用状况；④ 渗漏场含水层覆盖条件；⑤ 所需评价工作量。

2. 划分依据

由于建设项目条件和环境水文地质条件变化复杂，完全符合某一等级条件的情况是比较少见的，故在实际定级工作中应以废水排放量、废水水质复杂程度和所需评价工作的多少为主要依据。凡具备以上两条件者，均可取其相近较高等级确定其影响评价等级。另外，对于深埋处理有害废水或有害固体废弃物，或采用渗坑直接排放废水的建设项目或人工回灌项目，也应按其相似条件的较高等级确定其评价等级。

对于废水排放量 $<200 \ \text{m}^3/\text{d}$，需要预测的水质参数在 3 项以上，且污染物属于可吸附性污染物，同时现有资料可说明问题时，可填写环境影响报告表，不必进行水环境影响评价。

三、地下水环境质量评价方法

地下水环境质量评价以地下水水质调查分析资料或水质监测资料为基础，分为单项组分评价、综合评价和模糊数学综合评价三种，这里仅介绍前两种。

GB/T14848—93《地下水质量标准》在给出环境质量标准的同时，也给出了水质评价方法。该方法先采用打分法对每一监测项目打分，然后采用公式计算综合指数，对照评价标准以"评语"（细菌学指标级别）给出评价结果。方法的前提是，必须同时监测至少 20 项指标作为评价指标体系。

1. 单项组分评价方法

地下水质量单项组分评价，按《地下水质量标准》所列分类指标，划分为五类，代号与类别代号相同，不同类别标准值相同时，从优不从劣。如挥发性酚类Ⅰ、Ⅱ类标准均为 0.001 mg/L，若水质分析结果为 0.001 mg/L 时，应定为Ⅰ类，不定为Ⅱ类。

2. 地下水质量综合评价方法

地下水质量综合评价采用加附注的评分法，具体要求与步骤如下：

①参加评分的项目，应不少于标准规定的监测项目，但不包括细菌学指标。

②首先进行各单项组分评价，划分组分所属质量类别。

③对各类别按表 6-19 规定分别确定单项组分评价分值 F_i。

表 6-19 单项组分评价分值 F_i 的确定依据

类别	Ⅰ	Ⅱ	Ⅲ	Ⅳ	Ⅴ
F_i	0	1	3	6	10

（4）按式(6-30)和式(6-31)计算综合评价分值 F：

$$F = \sqrt{\frac{\overline{F}^2 + F_{\max}^2}{2}} \qquad (6-30)$$

$$\overline{F} = \frac{1}{n}\sum_{i=1}^{n} F_i \qquad (6-31)$$

式中　$\overline{F}$——各单项组分评价分值 F_i 的平均值；

F_{max}——单项组分评价分值 F_i 中的最大值；

n——项数。

再根据 F 值，按表 6 – 19 划分地下水质量级别，将细菌学指标评价类别注在级别定名之后，如"优良（Ⅱ类）"、"较好（Ⅲ类）"。

使用两次以上的水质分析资料进行评价时，可分别进行地下水质量评价，也可根据具体情况，使用全年平均值和多年平均值或分别使用多年的枯水期、丰水期平均值进行评价。

四、地下水预测数学模型

地下水预测数学模型有水质模型、水量模型和水位动态模型等，这里简介地下水质污染预测解析解法。

在水文地质条件比较简单，自然流场比较稳定、地下水尚未大量开采的地段进行地下水环境影响评价时，经常采用如下公式

$$C(x,\ t) = \frac{M}{2nH\sqrt{\pi D_L t/R}} \exp\left[-\frac{(x-ut/R)^2}{4D_T t/R} - \lambda t\right]$$

式中　D_L——纵向弥散系数，m^2/d；

D_T——横向弥散系数，m^2/d；

R——阻滞系数；

u——实际流速（与 X 轴方向一致），m/d；

λ——污染物衰减系数（对非放射性物质可取 $\lambda = 0$），d^{-1}；

M——污染源强度，mg/m；

H——含水层厚度，m；

n——有效孔隙度。

习　题

1. 水环境评价参数有哪些？如何选择水环境评价参数？
2. 地面水环境质量现状评价的主要内容和常用方法有哪些？
3. 如何确定水环境影响评价的工作等级和评价范围？
4. 为什么有时需要对地面水体底泥进行评价？
5. 水环境影响评价中常用的水质模型有哪些？各适合于什么场合？
6. 如何估计河流水质模型中的参数？
7. 一均匀河段长 10km，上游有污水排入，污水流量为 250m³/d，含 BOD 质量浓度为 500mg/L，上游的水流量为 20m³/s，BOD 质量浓度为 3mg/L，河流平均流速为 0.7m/s，BOD 衰减速度常数 $K_d = 1.2$（1/d），计算排污口下游 1km、2km、5km 处的 BOD$_5$ 浓度.
8. 在某河流的六个采样断面上进行采样分析的结果如表 6 – 20 所示，
（1）计算各断面的均权水质指数；
（2）计算各断面的内梅罗水质指数。

表 6 – 20　河流中各采样断面上的污染物质量浓度监测值　　（单位：mg/L）

污染因子	断面号					
	A1	A2	A3	A4	A5	A6
BOD_5	7.62	15.9	4.55	5.41	1.19	2.52
COD	23.61	17.5	24.59	4.59	6.60	1.64
总氰化物	0.017	0.025	0.007	0.01	0.002	0.002
挥发酚	0.015	0.038	0.006	0.004	0.002	未检出
总镉	0.006	0.004	0.005	0.006	0.007	0.004
溶解氧	2.46	5.16	6.46	7.13	4.69	7.21
总汞	0.001	0.0008	0.0009	0.0012	0.0011	0.001
总砷	未检出	0.01	未检出	0.01	0.032	0.03
总氮	2.62	1.45	4.15	6.52	0.71	0.54

9. 拟建一个化工厂，其废气排入工厂边的一条河流，已知污水与河水在排放口下游 1.5km 处完全混合，在这个位置 BOD_5（质量浓度）= 7.8mg/L，DO（质量浓度）= 5.6mg/L，河流的平均流速为 1.5m/s，在完全混合断面的下游 25km 处是渔业用水的引水源，河流的 $K_1 = 0.351/d$，$K_2 = 0.51/d$，若从 DO 的质量浓度分析，该厂的废水排放对下游的渔业用水有何影响？

10. 已知某一个工厂的排污断面上 BOD_5 的质量浓度为 65mg/L，DO 的质量浓度为 7mg/L，受纳废水的河流平均流速为 1.8km/d，河水的 $K_1 = 0.181/d$，$K_2 = 21/d$，试求：

（1）距离为 1.5km 处的 BOD_5 和 DO 的质量浓度。

（2）DO 的临界浓度 C_c 和临界距离 x_c。

11. 有一条河段长 4km，流段起点 BOD_5 的质量浓度为 38mg/L，河段末端 BOD_5 的质量浓度为 16mg/L，河水平均流速为 1.5km/d，求该河段的自净系数 K_1 为多少？

参考文献

[1] 史宝忠. 建设项目环境影响评价 [M]. 修订版. 北京：中国环境科学出版社，1999.

[2] 叶文虎，栾基胜. 环境质量评价学 [M]. 北京：高等教育出版社，1994.

[3] 陆雍森. 环境评价 [M]. 第二版. 上海：同济大学出版社，1999.

[4] 郦桂芬. 环境质量评价 [M]. 第一版. 北京：中国环境科学出版社，1989.

[5] 国家环境保护总局监督管理司. 中国环境影响评价培训教材 [M]. 北京：化学工业出版社，2000.

[6] 赵毅. 环境质量评价 [M]. 北京：中国电力出版社，1997.

[7] 丁桑岚. 环境评价概论 [M]. 北京：化学工业出版社，2001.

[8] 刘常海，等. 环境管理 [M]. 北京：中国环境科学出版社，1994.

[9] 刘天剂，等. 区域环境规划方法指南 [M]. 北京：化学工业出版社，2001.

[10] 陈玉成，等. 环境数学分析 [M]. 重庆：西南师范大学出版社，1998.

第七章　大气环境影响评价

　　大气环境影响评价是从保护环境的目的出发，通过调查、预测和评价工作，分析、判断建设项目或规划项目对大气环境质量影响的范围和程度，为评判项目可行性，优化项目方案和制定污染防治措施等提供科学依据，以避免或减少项目对环境的不利影响。

　　目前，在我国的环境影响评价实践中，评价对象主要是建设项目（包括新建、改建和扩建项目）和区域开发项目，并已逐步拓展到政策法规和规划的制定与实施。对建设项目的环境影响评价，包括项目建设期和建成后的运行期（生产期）两个时期；对大气环境质量影响的程度的评价，主要从评价区环境空气质量保护目标和区域内大气污染物的总量控制指标两个方面进行。

第一节　大气环境影响评价工作程序和评价等级

一、大气环境影响评价工作程序

　　大气环境影响评价工作大致可分为三个阶段（见表7-1）：

　　① 前期工作阶段。主要工作是研究有关文件，进行初步的环境现状调查和工程分析，确定评价工作等级和范围，编制评价大纲并报批。目前，评价大纲的评审与报批已不作为评价工作的必要环节。

　　② 主体工作阶段。依据经评审（必要时需经修改）并被批准的评价大纲进行，主要包括现状调查、影响预测和影响评价三部分，其中现状调查主要针对评价区大气污染源、污染气象条件和环境质量现状等三方面开展。

　　③ 报告书编制阶段。主要是总结工作成果，提出环保措施建议和要求，阐明评价结论，完成环境影响报告书中大气环境影响部分（章节或专题）的编写。

表7-1　大气环境影响评价工作程序

1. 前期工作	(1) 进行初步的工程分析和环境现状调查	
	(2) 确定评价工作等级和范围	
	(3) 编制评价大纲、报批（如需要）	
2. 主体工作	(1) 现状调查	① 大气污染源
		② 污染气象
		③ 环境质量现状
	(2) 影响预测	
	(3) 影响评价	
3. 报告书编制	(1) 提出环保措施建议和要求	
	(2) 阐明评价结论	
	(3) 完成大气环境影响部分（章节或专题）的编写	

二、大气环境影响评价等级的划分

划分评价等级是为了确定适当的评价工作量，以便在保证评价工作质量的前提下，尽可能节约经费和时间。

划分评价等级的判据是：① 项目特点，如主要大气污染物的排放量；② 环境特征，如环境第三敏感性；③ 适用于项目所在地的环境保护法律法规，如大气污染物排放标准。

根据 HJ/T2.2—93《环境影响评价技术导则·大气环境》的要求，以式（7－1）计算项目主要大气污染物的等标排放量 P_i，取 P_i 值中最大者，按表 7－2 将大气环境影响评价工作划分为一、二、三级。一级评价的要求最高。

$$P_i = (Q_i/C_{0i}) \times 10^9 \tag{7-1}$$

式中　P_i——第 i 类污染物的等标排放量，m^3/h；

$\quad\quad Q_i$——第 i 类污染物单位时间的排放量，t/h；

$\quad\quad C_{0i}$——第 i 类污染物的环境空气质量标准，mg/m^3。

C_{0i} 一般选用"环境空气质量标准"（GB3095）二级、1 小时平均值计算。对于该标准未包括的项目，如已有地方标准，应选用地方标准中的相应值；对于上述标准中都未包含的项目，可参照国外有关标准选用，但应作出说明，报环保部门批准后执行。选用 C_{0i} 应符合国家或地方大气污染物排放标准。

表 7－2　评价工作级别的划分

$P_i(m^3/h)$	$P_i > 2.5 \times 10^9$	$2.5 \times 10^9 > P_i > 2.5 \times 10^8$	$P_i < 2.5 \times 10^8$
复杂地形	一	二	三
平原	二	三	三

表 7－2 中的复杂地形系指丘陵、山区、沿海以及大、中城市的城区。

例 7－1　某拟建厂位于丘陵地带，新增的主要大气污染源是一组燃煤锅炉。日耗煤 720 t（约 80～90 MW 机组），煤炭含硫量为 0.8%，试确定其评价等级。

解：

（1）计算污染物排放量

每小时燃煤量：720 t/24 h = 30 t/h

每小时燃硫量：30 t/h × 0.008 = 0.24 t/h

每小时 SO_2 排放量：因为 32：64 = 1：2，所以

$$Q = 0.24 \text{ t/h} \times 2 = 0.48 \text{ t/h}$$

（2）计算判别参数

GB3095—1996 中 SO_2 的 1 小时平均质量浓度限值（二级标准）为 0.5 mg/m^3，则

$$P_i = (Q/C_0) \times 10^9 = (0.48/0.5) \times 10^9 = 9.6 \times 10^8$$

$P_i > 2.5 \times 10^8$，因为其复杂地形，故应按二级评价。可根据具体情况调整为一或三级。

在实际工作中，可根据项目的性质、规模、周围地形的复杂程度、环境敏感区的分布情况，以及当地大气污染程度，对评价工作的级别作适当调整。调整的幅度上下不应超过一级。对于三级评价项目，如果 $P_i < 2.5 \times 10^7$，其评价工作可按有关规定进一步从简。调

整和从简结果都应征得对该项环境影响评价有审批权的环境保护行政主管部门同意。

三、大气环境影响评价范围

评价范围应根据项目对大气环境质量影响的范围确定。这一范围与项目特点和项目所在地区的环境条件有关，如当地的污染气象条件及该区域内是否包括大、中城市的城区、自然保护区、风景名胜区等环境保护敏感区。

通常可将项目的主要大气污染源作为大气环境影响评价范围的中心，以主导风向为主轴，按正方形或矩形划定评价区的范围。如无明显主导风向，可取东西向或南北向为主轴。

一、二、三级评价项目，其大气环境影响评价范围的边长，分别不应小于 16 ~ 20 km、10 ~ 14 km、4 ~ 6 km。平原取上限，复杂地形取下限。

确定上述各等级大气评价范围边长的原理是：根据式(7-1)和大气污染扩散模式，保证项目主要大气污染物在评价区下风向边界处的地面浓度不高于其最大落地浓度的1/4。

显然，对于某些等标排放量较大的一、二级项目，评价范围应适当扩大。

考虑到评价区边界外相邻区域（简称界外区域）对评价区的影响，对于排放口较高且排放量较大的点源以及地形、地理特征的调查，还应扩大到界外区域。各方位的界外区域的边长大致为评价区边长的 0.5 倍。如果界外区域包含有环境保护敏感区，则应将评价区扩大到这些环境保护敏感区；如果评价区内有荒山、沙漠等非环境保护敏感区，则可适当缩小评价区的范围。

核设施的大气环境影响评价范围一般是以该设施为中心、半径为 80 km 的圆形地区。

对于新建项目应以项目建议书批准的内容为准，按最终规定的规模作出完整的评价；对于改、扩建项目，既要评价改、扩建工程，也要评价现有工程。

第二节 大气环境调查前期工作

如上所述，大气环境调查包括对污染源、污染气象条件和环境空气质量现状三个方面的调查。它是大气环境影响评价的基础工作，其工作内容设置的合理与否直接关系到评价工作的质量和成本，通常也是造成大气环境影响评价难度大、周期长、人力物力消耗大的主要原因。因此，必须对大气环境现状调查的前期资料收集与准备工作给予足够的重视，并按有关规定和操作规程，科学合理地设置大气环境调查的内容和方法。

1. 基础资料收集

（1）地理位置与地貌特征

收集评价区及相关区域最新的基础地形图或相似的地形图，在该地形图上应清晰地标明评价区及相关区域的地形地物，如经纬度、等高线、地表状况、居民点、主要企事业单位和大型建筑物、构筑物分布等。

以此为底图，制作拟建项目地理位置图，标明拟建项目区、常规气象站、环境监测站（点）、评价区与界外区的位置和范围、区内的主要环境敏感点、项目区的风频风向（风玫瑰图）等。

（2）自然环境调查

调查内容包括气象、水文、地质、土壤、植被、珍稀动植物等，重点收集反映当地长期气候特点的气象资料。

气象资料要尽可能选用评价区内与项目建设地点地理条件基本一致、距建设项目最近的气象台（站）的气候要素资料。列表载明每月及全年的气压、气温、降水、湿度、日照、蒸发量、平均风速、主导风向、大风、雷暴、雾日、扬尘等项内容（其中蒸发量、雷暴、雾日、扬尘等项目视地区气候特点而定）。必要时，说明当地灾害性天气的类型、强度与时空分布情况。

（3）社会环境概况调查

调查内容包括评价区及相关区域中的城镇布局、人口状况、经济发展水平与地位、产业结构、风景区及名胜古迹等环境敏感点分布，以及城市规划和环境规划的相关内容等。

2. 现场准备工作

在开展现场观测、监测和实验及室内模拟实验前，应做好准备工作。工作内容包括：目标确定、技术路线设计与优化、工作进度安排、部门间协调、仪器和仪表的校准等。

第三节　大气环境质量现状调查与评价

大气环境质量现状调查与评价的基本目的有两个：①查清评价区的大气环境质量现状及其形成原因；②取得影响预测与评价所需的背景数据，为影响预测提供用于叠加计算所需的"本底值"。其主要内容是：获取现有的监测资料，开展现状监测，根据监测数据分析评价当地大气环境质量现状。

一、大气环境现有监测资料分析

收集评价区及界外区域各相关环境监测站、点的例行大气监测资料（至少包含近三年的监测数据），统计分析各点各期的主要污染物的浓度值、超标率、随时间的变化规律等。

根据例行监测资料分析判断评价区大气环境质量的时空分布规律。

统计分析监测资料时，应注意以下指标：各点各期的各主要污染物浓度范围，一次最高值，日均浓度波动范围，季日均浓度值，1小时平均值（或一次值）及日均值超标率，不同功能区污染物浓度的平均超标率，日变化及季节变化规律，与地面风向、风速的相关性等。

如果没有例行监测资料，或为了获得符合该项目评价要求的详细监测数据，还需在评价期间对大气环境质量现状进行监测。

二、大气环境现状监测

大气环境质量现状监测中需要监测的项目可按本章第四节"大气污染源调查"中所述筛选出的主要污染因子确定。

采样及分析方法应尽量选择国家环保总局制定的标准方法。对国家尚未统一制定标准方法的监测项目，应根据评价要求和现有条件，对监测分析方法进行调查和优选。

1. 监测布点

大气环境质量监测布点包括监测点位置和数量的确定，它直接影响到预测与评价的准确性，也对评价工作量和评价经费产生影响。

（1）监测点的数量

监测点的数量应根据拟建项目的规模和性质，区域大气环境质量状况和区域环境功能区布局，结合地形与污染气象等因素综合考虑确定。一级评价项目，监测点不应少于 10 个；二级评价项目，监测点数不应少于 6 个；三级评价项目，如果评价区内已有例行监测点可不再安排监测，否则，可布置 1～3 个点进行监测。

（2）监测点的位置

监测点的位置应具有较好的代表性，所得监测数据应能反映目标区域的环境空气质量及其中主要大气污染物的含量与变化规律。通常是在评价区内按照以环境功能区为主兼顾均匀性的原则布点。

设点时还应考虑交通和工作条件，以便于采样分析工作的顺利进行。

监测点周围应开阔，采样口位于建筑物高度的 2.5 倍距离之外，其水平线与周围建筑物高度的夹角应不大于 30°；测点周围应没有局地污染源，并应避开树木和吸附能力较强的建筑物。原则上应在 20 m 以内没有局地污染源，在 15～20 m 以内无绿色乔、灌木。

（3）监测点的基本布设方法

① 网格布点法　该布点法适用于在空旷地区对大气环境质量背景值的监测或待监测地区的污染源分布均匀且较分散（面源为主）的情况。其方法是：根据环境特点和人力、设备等条件确定布点密度（数量）；根据布点密度把监测区域网格化，在每个网格中心（或网络节点、边线中点）设一个监测点。

② 同心圆多方位布点法　此法适用于孤立源及其所在地区风向多变的情况。其方法是：以大气污染源为圆心，等角分出 16 个或 8 个方位的射线并设若干个不同半径的同心圆，同心圆圆周与射线的交点即为监测点。在实际工作中，往往是在主导风的下风向或预计的高浓度区布点较密，其他方位较疏。

③ 扇形布点法　该法适用于评价区域内污染源相对集中且风向变化不大的情况。方法是：以污染源为顶点，沿主导风向轴线向下风向的扇形区域布设监测点，并在扇形区域内作出若干条射线和若干个同心圆弧，圆弧与射线的交点即为备选的监测点。

④ 配对布点法　该法适用于线源。例如，对公路和铁路建设工程进行环境影响评价时，根据道路布局和车流量分布，选择典型路段，沿道路两侧布设监测点，下风向布点要密一些。

⑤ 功能分区布点法　该法适用于监测不同功能区的环境空气质量。通常的做法是按工业区、居民区、交通频繁区、清洁区和其他一些环境敏感区等分别设若干个监测点。

此外，还应在关心点、敏感点（如居民集中区、风景区、文物点、医院、学校等）以及下风向距离最近的村庄（居民点）布置取样点，在上风向适当位置设置对照点。

在实际工作中，往往需因地制宜，以一种布点方法为主，多种方法结合，根据环境与项目的具体情况对布点位置与方法予以调整，以满足具体项目的环境影响评价需要。

2. 监测时间与频率

监测时间与频率的确定，既要考虑环境评价工作级别的要求，更要考虑当地主要大气污染物排放情况和污染气象条件的周期变化规律。我国大部分地区处于季风气候区，冬、夏季风有明显不同的特征，由于日照和风速的变化，边界层、温度层结构也有较大的差别。

考虑到大气污染物排放情况和污染气象条件在季、周、日等时间尺度上的周期变化，《环境影响评价技术导则·大气环境》要求对大气环境质量进行现状监测时：一级评价项目不得少于二期（夏季、冬季），二级评价项目可取一期不利季节，必要时也应作二期，三级评价项目必要时可作一期监测；每期监测时间，一级评价项目至少应取得有季节代表性的7天有效数据，每天不少于6次（北京时间02、07、10、14、16、19时，其中10、16时两次可按季节不同作适当调整），对二、三级评价项目，全期至少监测5天，每天至少4次（北京时间02、07、14、19时，少数监测点02时实施确有困难者可酌情取消）。

为准确地分析评价大气污染物的时空分布规律，现状监测应与污染气象观测同步进行。对于不需要进行气象观测的评价项目，应收集其附近有代表性的气象台站各监测时间的地面风速、风向、气温、气压等资料。

三、大气环境现状分析与评价

1．监测数据统计

对监测数据，应剔除失控数据。对统计结果影响大的极值应进行核实，并剔除异常值。

在现状监测数据统计中，应计算污染物的1小时值、日均值、季（监测期）浓度值及其波动范围、各期污染物浓度（均值）的超标率、最大污染时日等。

统计均值时，可用算术平均法或几何平均法。

2．监测数据分析

可以绘制大气污染物浓度的周期性变化图来反映浓度随时间的变化规律。周期性序列包括一昼夜、一周、一月、一季等。

可采用评价区内大气污染物的浓度等值线图表示其空间分布特征，它可以反映污染源、气象因素、地理条件、人类活动等与污染物浓度之间的关系。

根据污染物浓度和气象要素的同步监测数据，可分析污染物浓度与大气层结、风向、风速、湿度、气压等气象因素的相关关系。

3．现状评价

全面的大气环境质量现状评价，是在环境空气质量现状监测和评价的基础上，结合本章以下两节介绍的"大气污染源调查"和"污染气象调查"资料来说明：①大气污染物的空间分布规律及其成因；②大气污染物的时间（季、日等）变化规律及其成因；③大气污染物浓度与气象条件的关系；④影响评价区大气环境质量现状的主要因素。

环境空气质量评价常采用大气指数法，包括单项指数法和综合指数法。

（1）单项指数法

单项指数法，又称单项质量指数、单因子指数单元法，是目前国内开展环境评价时采用的主要方法。评价指数

$$I_i = \frac{C_i}{C_{0i}} \tag{7-2}$$

式中　C_i——污染物 i 的质量浓度值（实测或经统计处理），mg/m^3；

C_{0i}——选定的污染物 i 的评价标准，mg/m^3。

在实际工作中，往往还需要同时用超标率、最大超标倍数等指标补充说明，以便更客观准确地阐明污染物的时空分布与变化情况。

（2）综合指数法

用综合指数法评价环境空气质量，其优点是将环境空气中多种大气污染物的浓度简化为单一的数值来表征空气质量状况与空气污染的程度，其结果避开了繁复的专业术语，简

明直观，使用方便，更适用于分级表示环境空气质量，且更易于被非专业人士理解与接受。其主要缺点是在综合的过程中不可避免地要丢失一部分信息。

表征环境空气质量的综合指数有多种形式，如美国、英国和我国的台湾地区采用的PSI指数（Pollutant Standard Index），我国大陆和香港采用的空气污染指数 API（Air Pollution Index）等，主要用于城市空气质量周报、日报和预报。

我国从1997年6月开始在全国46个重点城市（直辖市、省会城市、经济特区城市、沿海开放城市和重点旅游城市）分批推行空气质量周报制度，即通过媒体以空气污染指数、首要污染物、空气质量级别等三项指标向公众发布全国重点城市空气质量状况。

我国的空气污染指数是借鉴了美国的污染物标准指数而提出的。根据我国空气污染的特点和污染防治重点，目前计入空气污染指数的污染物有 SO_2、NO_2、PM_{10}、CO 和 O_3，其中 SO_2、NO_2、PM_{10} 三项以日均值计，CO 和 O_3 两项以1小时均值计。

空气污染指数分级浓度限值见表7-3，相应的空气质量级别对人体健康的影响及应采取的措施见表7-4。

表7-3 空气污染指数分级浓度限值

污染指数	污染物浓度（mg/m^3）				
I_n	SO_2	NO_2	PM_{10}	CO	O_3
50	0.050①	0.080①	0.050①	5	0.120
100	0.150	0.120	0.150	10	0.200
200	0.800	0.280	0.350	60	0.400
300	1.600	0.565	0.420	90	0.800
400	2.100	0.750	0.500	120	1.000
500	2.620	0.940	0.600	150	1.200

注：① 当浓度低于此水平时，不计算该项污染物的分指数。

表7-4 相应的空气质量级别对人体健康的影响及相应采取的措施

API	空气质量状况	对健康的影响	建议采取的措施
0～50	优	可正常活动	
51～100	良		
101～150	轻微污染	易感染人群症状有轻度加剧，健康人群出现刺激症状	心脏病和呼吸系统疾病患者应减少体力消耗和户外活动
151～200	轻度污染		
201～250	中度污染	心脏病和肺病患者症状显著加剧，运动耐受力降低，健康人群中普遍出现症状	老年人和心脏病、肺病患者应当留在室内，并减少体力活动
251～300	中度重污染		
>300	重污染	健康人运动耐受力降低，有明显强烈症状，提前出现某些疾病	老年人和病人应当留在室内，避免体力消耗，一般人群应避免户外活动

空气污染指数及相应的污染物浓度有分段线性关系，即相邻的两个空气污染指数及相应的污染物浓度值遵循线性内插关系，而不相邻的两个空气污染指数及相应的污染物浓度值之间不存在线性内插关系。

第 i 种污染物的污染分指数 I_i，可由其实测的浓度值 C_i 按照分段线性方程计算。当第 i 种污染物的实测浓度值 C_i 满足条件 $C_{i,j} \leq C_i \leq C_{i,j+1}$ 时，其分指数

$$I_i = \frac{(C_i - C_{i,j})}{(C_{i,j+1} - C_{i,j})} (I_{i,j+1} - I_{i,j}) + I_{i,j} \qquad (7-3)$$

式中　I_i——第 i 种污染物与实测浓度相应的空气污染分指数；

$\quad\quad C_i$——第 i 种污染物的实测浓度值；

$\quad\quad C_{i,j}$——第 i 种污染物在表 7-3 中恰低于 C_i 的污染物浓度限值，即 $C_{i,j}$ 小于 C_i 值并在一个级差之内；

$\quad\quad C_{i,j+1}$——第 i 种污染物在表 7-3 中恰高于 C_i 的污染物浓度限值，即 $C_{i,j+1}$ 大于 C_i 值并在一个级差之内；

$\quad\quad I_{i,j}$——在表 7-3 中对应于 $C_{i,j}$ 的空气污染分指数；

$\quad\quad I_{i,j+1}$——在表 7-3 中对应于 $C_{i,j+1}$ 的空气污染分指数。

空气污染分指数 I_i 的计算结果只保留整数，小数点后的数值全部进位。

各种污染物的空气污染分指数都计算出来以后，其中最大者对应的污染物即为该区域或城市空气中的首要污染物，其 I_i 即为该区域或城市的空气污染指数 API，即

$$API = \max(I_1, \ I_2, \ \cdots, \ I_i, \ \cdots, \ I_n) \qquad (7-4)$$

当空气污染指数 API 值小于 50 时，不报告首要污染物。由区域或城市空气污染指数 API 查表 7-4，可得到该区域或城市的空气质量级别、空气质量描述、对人体健康的影响及各类人群应采取的措施。

若区域或城市只有一个监测点，先计算该监测点各种污染物的周平均浓度值，再计算各种污染物的周空气污染指数，取最大者为该区域或城市的周空气污染指数。若区域或城市有多个监测点时，先分别计算区域或城市的各种污染物的全市平均浓度，再计算各种污染物的全市的平均空气污染指数，取最大者为该区域或城市的空气污染指数。

以上由国家环保总局规定的空气污染指数 API 与香港环保署确定的 API 值在计入指数的污染物、采样高度、评价标准、指数的分级范围、级次与浓度限值等方面是不同的。

综合指数法在大气环境影响预测评价中很少使用。

第四节　大气污染源调查

大气污染源调查应包括拟建项目大气污染源（对改扩建工程应包括新、老污染源）和评价区内的现有大气污染源，两者均应包括点源和面源。就污染源的性质而言，调查对象包括以点源为主的工业污染源、线源形式的交通污染源、以面源为主的农业污染源和生活污染源等。

一、大气污染源调查方法

新建项目可通过类比调查或设计资料确定。

评价区内其他工业污染源的调查内容，一般可直接取自近期的"工业污染源调查资

料"，也可从当地环保部门取得相关资料，如重点污染源的登记、申报表等。必要时应对重点污染源进行核实。

民用污染源可限于调查二氧化硫、颗粒物两项，其排放量可按全年平均燃料使用量估算，对于有明显采暖和非采暖期的地区，应分别按采暖期和非采暖期统计。

可通过以下三种方法核实或估算污染物排放量。

1. 现场实测

对于有组织排放的大气污染物，例如，由烟囱排放的 SO_2、NO_x 或颗粒物等，可根据实测的废气流量和污染物浓度，按下式计算

$$Q_i = Q_n \cdot C_i \times 10^{-6} \qquad (7-5)$$

式中　Q_i——废气中 i 类污染物单位时间排放量，kg/h；

　　　Q_n——废气体积（标准状态）流量，m^3/h；

　　　C_i——废气中污染物 i 的实测浓度值，mg/m^3。

2. 物料衡算法

物料衡算法是对生产过程中所使用的物料进行定量分析的一种方法。对一些无法实测的污染源，可采用此法计算污染物的排放量，其公式如下

$$\sum G_{投入} = \sum G_{产品} + \sum G_{流失} \qquad (7-6)$$

式中　$\sum G_{投入}$——投入物料量总和；

　　　$\sum G_{产品}$——所得产品量总和；

　　　$\sum G_{流失}$——物料和产品流失量总和。

式(7-9)既适用于整个生产过程的总物料衡算，也适用于生产过程中任何一个步骤或某一生产设备的局部衡算。

3. 经验估计法

对于某些特征污染物排放量，可依据一些经验公式（例如，燃煤排放的 SO_2），或一些单位产品的经验排污系数来计算。表 7-5 为燃烧 1 t 煤排放的污染物量。

表 7-5　燃烧 1 t 煤排放的污染物量　　　　　　　　　　　　　　　　　　kg/t

污染物	炉　　型		
	电站锅炉	工业锅炉	采暖炉及家用炉
一氧化碳（CO）	0.23	1.36	22.7
碳氢化合物（C_nH_m）	0.09	0.45	4.50
氮氧化物（以 NO_2 计）	9.08	9.08	3.62
二氧化硫（S 指煤的含硫量，%）	16.0S		

关于生产过程中大气污染物的排放系数等数据，可参考有关环境统计、环境监理或环境数据的手册等资料，如国家环境保护总局科技标准司编的《工业污染物产生与排放系数手册》。

二、大气污染源调查内容

对于一级评价项目，调查内容与成果包括以下各项：

①按生产工艺流程或按分厂、车间、工段分别绘制污染流程图。

②按分厂或车间统计各排放源(含无组织排放源)的主要污染物排放量。

③对改扩建项目,应给出主要污染物的现有排放量、改扩建工程排放量、改扩建后现有工程的削减量,并按上述三个量计算最终的新增排放量。

④对于主要污染物,除调查正常生产时的排放量外,还应估算非正常生产和事故状态下的排放量。如:点火开炉,设备检修,原料或燃料品质变化,环保设备故障及管理事故等。

⑤将污染源按点源和面源进行统计。面源包括无组织排放源和数量多但源强、源高都较小的点源。对于范围比较大的城区或工业区,一般是把源高低于 30 m、源强小于 0.04 t/h 的污染源列为面源。建设项目可参考这一数据,根据污染源源强和源高的具体分布状况确定点源的最低源高和源强。厂区内某些属于线源性质的排放源也可并入其附近的面源,按面源排放统计。

⑥点源调查内容:ⓐ 烟囱底部中心坐标及分布平面图;ⓑ 烟囱高度(m)及出口内径(m);ⓒ 烟囱出口处烟气温度(K);ⓓ 烟气出口速度(m/s);ⓔ 各主要污染物正常排放量(t/a, t/h 或 kg/h);ⓕ 主要污染物的非正常排放量(kg/h);ⓖ 排放工况,如连续排放或间断排放,间断排放应注明具体排放时间和频率。

⑦统计评价区内面源时,首先进行网格化,然后按网格统计面源的下述参数:ⓐ 主要污染物排放量$[t/(h \cdot km^2)]$;ⓑ 面源排放高度(m),网格内排放高度不等时,可按排放量加权平均取平均排放高度,如果面源分布较密且高度差较大时,可酌情按不同平均高度将面源分为 2～3 类。对于建设项目的面源,因其范围一般较小,可统计其实际位置和所占面积,排放量和排放高度的统计方法同上。

⑧对排放颗粒物的重点点源,还应调查其颗粒物的密度及粒径分布。

⑨原料、燃料及固体废弃物等堆放场所,有风时,易产生扬尘。这类问题可按"风面源"处理。采用试验或类比调查,确定其启动风速和扬尘量。

二级评价项目的调查内容可参照上述内容进行,但可适当从简;三级评价项目可只调查上述③、⑤、⑥、⑦、⑧等项内容。

第五节　污染气象调查

污染气象调查旨在获得影响大气污染物浓度的重要气象要素,从而确定用于预测大气污染物浓度的参数。主要的气象要素包括气温、气压、风速、风向、空气湿度、云量等。这些要素的时间和空间分布对大气污染物的扩散有重要影响。

一、常规气象资料的统计分析

(1) 气象资料的获得

首先根据评价区及其周边气象台(站)距建设项目所在地的距离以及两者在地形、地貌和土地利用等地理环境条件方面的差异,确定气象资料的来源台站。

① 对于一、二级和复杂地形地区的三级评价项目,如果气象台(站)在评价区内,且和该建设项目所在地的地理条件基本一致,则其大气稳定度和可能有的探空资料可直接使用,其他地面气象要素可作为该点的资料使用。

② 对于平原地区的三级评价项目，可直接使用距离建设项目所在地最近的气象台（站）的资料。

（2）调查期

一级评价项目为最近三年；二、三级评价项目为最近一年。

（3）地面气象资料调查内容

一级评价项目应至少包括以下各项：①年、季（期）地面温度，露点温度及降雨量；②年、季（期）风玫瑰图；③月平均风速随月份的变化（曲线图）；④季（期）小时平均风速的日变化（曲线图）；⑤年、季（期）的各风向、各风速段、各类大气稳定度的联合出现频率。风速段可分为 5 档，即 <1.5 m/s，1.6～3 m/s，3.1～5 m/s，5.1～7 m/s，>7 m/s，段数可适当增减，稳定度可按符合该建设项目实际并与扩散参数配套的方法划分。二、三级评价项目至少应进行上述②和⑤两项的调查。

（4）高空气象资料的调查内容

如果符合（1）–①中规定的气象台（站）有高空探空资料，对一、二级评价项目可酌情调查下述距该气象台（站）地面 1500 m 高度以下的风和气温资料：①规定时间的风向、风速随高度的变化；②年、季（期）规定时间的逆温层（包括从地面算起第一层和其他各层逆温）出现频率，平均高度范围和强度；③规定时间各级稳定度的混合层高度；④日混合层最大高度及对应的大气稳定度。

二、现有大气边界层平均场和大气湍流扩散资料

现有的大气边界层平均场观测资料和湍流扩散试验资料系指符合观测与试验规范要求且经鉴定通过的资料，经验数据系指国家颁布的标准、规范等正式文件中推荐的经验数据。现有的大气边界层平均场和大气湍流扩散试验资料的使用价值，视其进行观测和试验的区域和待评价项目的评价区域在地理条件方面的差异而定。其使用价值可按下述原则判断。

（1）对于二、三级评价项目，地理条件基本一致时，可直接使用。

（2）对于一级评价项目，地理条件基本一致且现有资料的试验中心站距待评价项目的主排气筒距离(L_B)不大于 50 km 时可直接使用，当 L_B 大于 50 km 时，可作为该项目的参考资料，以便尽量减少现场观测和试验的工作量。

三、大气稳定度及其分级

大气稳定度是表征大气状态或运动特性的一个概念，可以理解为某一气层或气团保持其空间位置相对稳定的能力或程度。

对大气稳定度的定义和分类方法很多，HJ/T2.2—93《环境影响评价技术导则·大气环境》中推荐采用修订的帕斯奎尔（Pasquill）稳定度分级法（简记为 P.S）。该方法是根据地面风速、太阳辐射和云量将大气稳定度分为强不稳定、不稳定、弱不稳定、中性、较稳定和稳定六级，分别以 A、B、C、D、E 和 F 表示。

确定时，首先根据云量和太阳高度角由表 7–6 查出太阳辐射等级数，再根据太阳辐射等级数和地面风速由表 7–7 查出大气稳定度等级。

表 7 - 6　太阳辐射等级数

云量(1/10)	太阳辐射等级数				
总云量/低云量	夜间	$h_0 \leqslant 15°$	$15° < h_0 \leqslant 35°$	$35° < h_0 \leqslant 65°$	$h_0 > 65°$
≤4/≤4	-2	-1	+1	+2	+3
5~7/≤4	-1	0	+1	+2	+3
≥8/≤4	-1	0	0	+1	+1
≥5/5~7	0	0	0	0	+1
≥8/≥8	0	0	0	0	0

注：云量(全天空十分制)按国家气象局编定的《地面气象观测规范》观测。

表 7 - 6 中的太阳高度角 h_0 由下式计算

$$h_0 = \arcsin \left[\sin\varphi\sin\sigma + \cos\varphi\cos\sigma\cos(15t + \lambda - 300) \right]$$

式中　φ——当地纬度，(°)；

　　　λ——当地经度，(°)；

　　　t——进行观测时的北京时间；

　　　σ——太阳倾角，(°)，可查表，也可用公式计算。

表 7 - 7　大气稳定度的等级

地面风速(m/s)	太阳辐射等级					
	+3	+2	+1	0	-1	-2
≤1.9	A	A~B	B	D	E	F
2~2.9	A~B	B	C	D	E	F
3~4.9	B	B~C	C	D	D	E
5~5.9	C	C~D	D	D	D	D
≥6	D	D	D	D	D	D

四、大气边界层平均场参数的观测

大气边界层平均场参数的观测主要针对复杂地形地区的一、二级评价项目。复杂地形地区的三级评价项目可适当减少本小节所规定的工作量。平原地区的评价项目可参照本节第一小节中叙述的原则和方法执行。

（1）观测站点的选择

① 应设置一个临时性的气象中心站和若干个气象观测点，以便观测地面气象要素和低空风、温的时空变化规律。选用正态模式预测时，其气象参数主要采用气象中心站的观测数据。

② 气象中心站应设在主排放源附近且不受建筑物或树木影响的空旷地区。

③ 除气象中心站外，应在评价区内对反映平均流场有代表性的地点增设 1~5 个观测

点。复杂地形地区的三级项目取下限，一级项目取上限。对于地形十分复杂、评价区边长超过 20 km 的一级项目，观测点数目还可适当增多。

（2）观测时间　观测周期为一年。一、二级评价项目至少应有冬、夏两个季节代表月份，每日观测次数，除北京时间 02、07、14、19 时 4 次外，应在黎明前后、上午和傍晚增加观测 2～8 次，以便了解辐射逆温层的状况和混合层的生消规律。

（3）地面观测内容和要求　内容包括：①地面大气温度、湿度、气压；②总云量和低云量；③距地面 10 m 高的风向、风速。增设的各点主要观测第③项的内容。中心站和各观测点的上述同步资料，将作为分析地面流场变化规律的依据。

（4）低空探测　至少应设置一个低空探空点（一般应设在气象中心站）。根据地形的复杂程度，还应适当地增设探空点。探测内容与要求如下：

① 测出距地面 1.5 km 高度以下的风速、风向随高度的变化关系，并按大气稳定度分类，给出其数学表达式。根据混合场理论和室内、外实验结果，距地面 200 m 高度以下可用幂律表示，即

$$u_2 = u_1(z_2/z_1)^P \qquad z_2 \leqslant 200 \text{ m} \qquad (7-7a)$$

$$u_2 = u_1(200/z_1)^P \qquad z_2 > 200 \text{ m} \qquad (7-7b)$$

式中　u_2，u_1——分别为距地面 z_2、z_1 高度处 10 min 的平均风速，m/s；

P——风速高度指数，依赖于大气稳定度和地面粗糙度，应根据观测结果，利用统计学方法求出。

根据具体的观测数据，也可采用风速随高度变化的对数律或其他半经验公式。对于三级评价项目，风速高度指数 P 可按表 7-8 选取。

表 7-8　各稳定度等级的风速高度指数 P 值

稳定度等级	A	B	C	D	E
城市	0.10	0.15	0.20	0.25	0.30
乡村	0.07	0.07	0.10	0.15	0.25

② 求出各级大气稳定度的混合层高度并分析其各季的日变化规律，分析逆温的变化规律（逆温出现的频率、层次，各层顶部和底部的高度及平均厚度，各层的强度以及生消时间等）。

五、大气湍流扩散试验

1. 试验目的和内容

湍流扩散试验的主要目的是给出预测时需要的大气扩散参数或有关的其他湍流参数。有的湍流扩散试验还可用以验证大气扩散模式（示踪剂法），或用以模拟气流轨迹（平移球法或放烟照相法）。

大气扩散参数是指一般正态模式中的 σ_x、σ_y、σ_z（下标 x、y、z 分别是直角坐标系的三个方向）；有关的其他湍流参数主要指湍流（脉动）速度标准差 σ_u、σ_v、σ_w 和 Lagrangian 时间尺度 TL_x、TL_y、TL_z，它们用于数值模式或新一代的法规大气扩散模式。

对于热释放率较大的污染源，还可酌情进行烟气抬升高度（ΔH）的测量。

平原地区的大气扩散参数已比较成熟，一般不需要再做扩散试验。因此，湍流扩散试

验主要用于少数复杂地形条件下的一、二级评价项目。

扩散参数的测量高度大致在估算的主排气筒有效高度附近，其他湍流参数的测量高度范围由所选用的仪器设备性能而定。试验场地应选择在评价项目的主排气筒附近，并能覆盖评价区域内关心的部分。

测量周期，一般可只做一期，有效天数约 20 天，以在不同大气稳定度（不稳定、中性和稳定）条件下，能获取足够的统计样本数为原则。

常用的测量方法有：示踪剂法，平移球法（等容球或平衡球），放烟照相法（平面或立体照相），固定点测量法（脉动风速仪或风温仪），其他遥感方法（如激光测烟雷达）以及室内模拟试验（环境风洞）等。

2. 示踪剂法

首先在大气中释放一定数量的示踪物质，再测量示踪物质在空间的浓度分布；最后利用正态模式或标准差的定义反推出扩散参数。示踪剂法是一种公认较好的测量大气扩散参数方法，通常也用这种方法验证预测模式。用示踪剂法测量横向扩散参数 σ_y 比较容易；测量垂直（即铅垂）方向扩散参数 σ_z 时，因需要空中采样，难度稍大，也影响所得结果的准确性。

示踪剂法的试验要点如下：

①试验设计：做好试验前的方案设计，按预计的风向、风速，利用正态模式和现有的扩散参数，以及示踪剂性质、样品分析仪器的检出限等条件，估算出各种稳定度的扩散角、最大落地浓度距离、下风方不同距离处（各条弧线）地面点开始和截止采样时间及铅直采样的高度范围和采样器间隔，以及最小释放率等。

②示踪剂：应选择本底值低、物理化学性质稳定、对环境基本上无污染、便于释放和采样、易实现高精度分析且价格便宜的气态、气溶胶或放射性物质。

③释放高度：示踪剂的释放高度应尽可能利用各种手段（气象塔、非专业性塔、高架平台、烟囱、系留气艇或气球等），设置在待评价的烟囱出口至地面两倍烟囱几何高度范围内。

采用系留气艇、气球等一类手段时，应估计出其初始脉动量，以便对测量结果进行修正；采用非专业性塔或高架平台等一类装置时，应尽可能选择不受该装置局地绕流影响的位置或释放方式（如设置在平台的来流前缘或在平台上设置临时性简易气象塔、风杆以及释放气艇、气球等方式）。

每次试验连续释放的速率应保持稳定，脉动量应小于 ±1.5%。连续释放的时间在气象条件稳定的前提下不宜少于 1 小时。

④水平采样：设置在以释放点为圆心下风方不同距离处的水平采样弧线一般不应少于 5 条，每条弧线的采样点一般应在 7～15 个之间，在预计的最大地面浓度点附近的弧线和弧线上的采样点应适当加密。

⑤垂直采样：采样点的设置应根据可能具备的条件而定，尽可能在预计的最大地面浓度点弧线上及其上下风方各弧线的平均风轴附近，设置 3～5 个点；在设计的高度范围内，每个采样点的采样器不应少于 5 个；释放高度处的风速较大时不宜采用系留气艇或系留气球等非固定性装置采样，利用这一类装置采样时，系留绳的脉动角一般不宜大于 ±15°。

⑥采样操作及样品分析应严格遵守测量要求及各类分析仪器的操作规程，必须保证采

样及分析结果的准确度和精密度。

⑦数据的分析和处理：根据释放率和各测点的示踪剂浓度以及同步观测的气象参数（风速、稳定度等）按正态模式或标准差的统计定义对水平和垂直扩散参数进行估算。

3．平移球法

平移球法是用轻于空气的气体注入气球使该气体与气球的平均密度与某一高度上空气的密度相等，以便模拟单个空气粒子（气块）在空中随时间改变的运动规律。这种方法可直接研究流体运动的 Lagrangian 特性，测出空气粒子的运动轨迹和湍流扩散参数。平移球有两种：一种是平衡气球，另一种是等容气球。平衡气球原则上可随大气作水平运动和垂直运动。等容气球可保持在预定的大气等密度面上飞行，主要用以研究某一高度上的湍流特性。

采用平移球法测量大气扩散参数的试验要点如下：

①选定放球方案：对于近距离问题，可利用单个平移气球的轨迹估算扩散参数。如果有条件，也可由非同时释放的若干对平移气球之间的平均距离估算扩散参数。对于距离大于 15 km 的扩散问题，可采用相继释放若干个平移气球的方法。

②等容球（常制成四面体形）的球皮应采用弹性变形小的聚酯或涤纶薄膜；平衡球的球皮可以采用弹性变形大的橡胶一类材料。日间试验时，球皮应采用白色材料。充气后，四面体球高不宜大于 1.5 m，圆球直径不宜大于 1 m。

③不论球内充入何种气体（氢、氦，氢和二氧化碳或者氦和空气的混合气体等），都应掌握气球漏气量随时间和等容球的容积随超压的变化关系，根据理论计算或经验调好初举力，并在必要时采取适当的漏气补偿措施，以保证在试验时间内气球能在预定的高度上飞行。

④可采用双经纬仪或者雷达跟踪，为便于观测，观测场地应开阔，由观测点到其四周障碍物顶端的仰角不宜大于 5°。双经纬仪的基线长度可根据预计观测的最大距离选定，一般在 500～1000 m 之间。

⑤数据的分析和处理：利用单个平移球轨迹估算扩散参数时，必须按离散化的泰勒公式及其前提条件处理数据。

4．放烟照相法

放烟照相法是利用照相技术拍下所释放的烟羽或烟团的轮廓随下风距离或扩散时间的变化图像，然后用正态模式反推出扩散参数 σ_x、σ_y、σ_z。放烟照相法比较简单易行，适于对小风条件下的烟团照相，但可测的距离较近，不适于夜间或能见度差的天气条件，在垂直方向进行平面照相较困难。

放烟照相法的依据是 Robert 不透明原理，假定烟羽或烟团的可见边缘线（即阈值轮廓线）是沿视线方向的积分浓度等值线。对于烟羽，由正态模式可得

$$\sigma_z^2 = z_e^2 \left[\ln(e z_m^2 / \sigma_z^2) \right]^{-1} \tag{7-8a}$$

$$\sigma_y^2 = y_e^2 \left[\ln(e y_m^2 / \sigma_y^2) \right]^{-1} \tag{7-8b}$$

式中 z_e，y_e——下风向距离 x 处烟羽阈值轮廓线上的 z、y 坐标；

z_m，y_m——烟羽阈值轮廓线上 z_e、y_e 的最大值；

e——自然对数底。

z_e、z_m 和 y_e、y_m 是分别从侧面和垂直方向照相得到的。

如果研究小风条件下的扩散参数，由正态烟团模式可得

$$\ln P = aP \tag{7-9}$$

$$P = z_e^2 / (2\sigma_z^2 a) \tag{7-9a}$$

$$a = (x_e z_e) / (e x_m z_m) \tag{7-9b}$$

式中 x_e，z_e——分别是任一时刻烟团阈值轮廓线上 x 和 z 的最大值（以烟团中心为原点）；

x_m，z_m——分别是出现最大烟团时的 x 和 z 的最大值。

可利用 $\sigma_x z_e = \sigma_z x_e$ 的关系式，确定 σ_x。把式(7-9a)和式(7-9b)中的 z 代以 y，可得关于 σ_y 的类似公式。σ_x、σ_y、σ_z 都是时间 t 的函数。

采用平面照相法测量大气扩散参数的试验要点如下：

①平面照相法不宜在平均风向变化较大，或能见度低的条件下进行，试验时必须对风向、风速、大气稳定度进行同步观测。本法主要用于测定垂直扩散参数 σ_z。有条件时（如具备气艇或直升飞机）也可测定水平扩散参数 σ_y。当烟羽阈值轮廓线过长时（强稳定条件）可采用分段照相的办法。

②基线长度（相机距烟源的距离）的选择以保证相机能拍下完整的烟羽阈值轮廓线为原则，一般可在 500 m 左右。观测点应尽量选择在烟轴的同一水平面上，并尽可能使相机镜头光轴与平均风向垂直，否则应测出其相对的仰角和方位角，以便对测定结果进行订正。

③发烟源可利用现有的烟囱或专门的发烟罐。试验期间的发烟率应保持稳定，烟羽高度应力求与待评价的烟羽高度一致。

④应尽可能缩短两张画面的间隔，以保证每次试验能获得足够的照片（10～20 张），每次试验所采用的底片及显影剂的性能以及操作条件应一致。

⑤数据处理：

ⓐ 根据试验条件对原始数据进行筛选；

ⓑ 描绘每张底片上的烟羽阈值轮廓线，再将每次连续拍摄且不少于 5 张的底片重叠后画出其包络线；

ⓒ 应按相同取样时间（绘制包络线的第一张底片至最后一张底片的时间间隔）用正态模式估算 σ_z；

ⓓ 将上述结果按稳定度分类，每类稳定度不宜少于 5 次试验，最后用与平移球法相同的方法对 σ_z 进行回归。

也可利用瞬时发烟装置，采用类似于上述烟羽照相方法，拍出一系列烟团的阈值轮廓线，然后按正态烟团模式估算出小风或静风条件下的相对扩散参数。

5. 固定点测量法

固定点测量法是指利用设置在固定点的瞬时风速仪测量的脉动风速资料，确定大气扩散参数或其他湍流参数的方法。前面介绍的三种方法所模拟的过程，同实际的扩散过程基本上是一致的，属于同一个系统（Lagrangian 系统）。直观上也可看出，固定点测量法所测量的过程和实际的扩散过程是不同的，它属于另一个系统（Eulerian 系统）的问题。假定两个系统的湍流相关系数随时间的衰减规律相同，不同的只是时间尺度。从而，湍流扩散参数可以利用时间尺度的变换，根据固定点测量法求得。和前面介绍的三种方法相比，固定

点测量法最节省人力、方便易行、测量结果比较准确，是今后值得推广的一种方法。

对于应用于正态模式的扩散参数，可只设置一个测量点，测量高度应尽可能在主排气筒几何高度附近，其扩散参数可根据经过预处理的单点实验数据，用式(7－10)计算，但式中的扩散时间 T 应乘以 Lagrangian－Eulerian 时间尺度比 β：

$$\beta = 0.6u/\sigma_i \qquad\qquad (7－10)$$

式中　u——平均风速；

σ_i——各速度分量标准差，i 代表 x、y、z 各方向的湍流速度分量 u'、v' 或 w'。

对于应用于数值模式或第二代法规大气扩散模式的湍流参数，其测量要点请参阅 HJ/T2.2—93《环境影响评价技术导则》附录 A4。

六、特殊气象场观测

特殊气象场主要指复杂地形条件下引起的局地环流和某些其他不利于污染物扩散的气象场。常见的有：山谷风、城市热岛环流、背风涡、熏烟、海岸线熏烟以及海陆风环流等。在这些特殊气象场内的污染物浓度最大值可高出一般条件时的几倍，可见，这是评价时一个值得考虑的问题。对于一些目前尚难以用数学方法模拟或可以模拟但需要提供某些参数的特殊气象场，必要时不得不采用现场观测或室内模拟的手段。

第六节　大气环境影响预测

大气环境影响预测是利用上述现状调查的资料，辅以必要的模拟试验，通过数学模式，分析、计算拟建项目的污染因子可能引起评价区域大气环境(环境空气)质量的变化。

一、大气环境影响预测的内容与方法概述

1. 主要内容

一级评价项目：

①以 1 h 平均值和日均值计的污染物最大地面浓度和位置；

②不利气象条件下，评价区域内的浓度分布及其出现频率；

③评价区域季（期）、年长期平均浓度分布图；

④可能发生的非正常排放时上述三项内容；

⑤必要时预测项目建设期的大气环境质量。

二、三级评价项目，可只预测上述①～③项。

2. 预测方法

预测方法大体上可分经验方法和数学方法两大类。经验方法主要是在统计、分析历史资料的基础上，结合未来的发展规划进行预测。数学方法主要指利用数学模式进行计算或模拟。近年来，数学方法的应用日益普遍。

大气环境影响预测的数学方法主要是利用大气扩散模型。目前，在我国大气环境评价中的主要大气扩散模型都以正态扩散模式（即 Gauss 模式）为基础。正态扩散模式成立的前提是假定污染物在空间的概率密度是正态分布。概率密度的标准差亦即扩散参数通常用"统计理论"方法或其他经验方法确定。

二、瞬时单烟团正态扩散模式

瞬时释放的单个烟团正态扩散模式是一切正态扩散模式的基础。假定污染物在烟团的各

断面上呈正态分布(高斯分布),单位容积粒子比 C/Q 在空间的概率密度为正态分布,则

$$[C(x, y, z, t)/Q(x_0, y_0, z_0, t_0)] = [(2\pi)^{3/2}\sigma_x\sigma_y\sigma_z]^{-1} \times$$

$$\exp\{-0.5[(x-x_0-x')^2/\sigma_x^2 + (y-y_0-y')^2/\sigma_y^2 + (z-z_0-z')^2/\sigma_z^2]\} \quad (\text{m}^{-3}) \quad (7-11)$$

式中　x, y, z——预测点的空间坐标;

$\quad\quad x_0$, y_0, z_0——烟团初始空间坐标;

$\quad\quad x'$、y'、z'——烟团中心在 $t-t_0$ 期间的迁移距离, $x' = \int u\mathrm{d}t$, $y' = \int v\mathrm{d}t$, z'

$$\quad\quad\quad = \int w\mathrm{d}t;$$

$\quad\quad t$, t_0——预测时间和初始时间;

$\quad\quad u$, v, w——烟团中心在 x、y、z 方向的速度分量;

$\quad\quad C$——预测点的烟团瞬时浓度;

$\quad\quad Q$——烟团的瞬时排放量;

$\quad\quad \sigma_x$、σ_y、σ_z——x、y、z 方向的标准差(扩散参数),是扩散时间 $T = t - t_0$ 的函数。

三、有风点源扩散模式

实际上绝大多数污染源都是连续的,对于连续排放源,可理解为在时间上依次连续释放无穷多个烟团。因此,连续排放点源的扩散模式可以通过将式(7-11)从 $t_0 = -\infty$ 到 $t_0 = t$ 积分后求得。

1. 有风点源扩散模式

以排气口在地面垂直投影的中心点为坐标原点,在考虑地面反射的情况下,污染源下风方地面任一点 (x, y),小于 24 h 取样时间的污染物浓度 $C(x, y, z)$ 由下式给出

$$C(x, y, z) = Q(2\pi u\sigma_y\sigma_z)^{-1}\exp[-y^2/(2\sigma_y^2)]\{\exp[-(z-H_e)^2/(2\sigma_z^2)] +$$

$$\exp[-(z+H_e)^2/(2\sigma_z^2)]\} \quad (7-12)$$

式中　u——平均风速,一般取排气筒(烟囱)出口处的平均风速,如无实测值,可按式

$\quad\quad\quad$(7-7)计算;

$\quad\quad H_e$——排气筒有效高度, $H_e = H + \Delta H$, H 和 ΔH 分别是排气筒的几何高度和抬升高

$\quad\quad\quad$度(ΔH 的计算见下条内容);

其他符号的意义同前。

通常主要预测 $z = 0$ 时的地面浓度 $C(x, y, 0)$,此时,式(7-12)可简化为

$$C(x, y, 0) = Q(\pi u\sigma_y\sigma_z)^{-1}\exp[-y^2/(2\sigma_y^2) - H_e^2/(2\sigma_z^2)] \quad (7-13)$$

下风方 x 轴线上($y = 0$)的地面浓度 $C(x, 0, 0)$ 由下式给出

$$C(x, y, 0) = Q(\pi u\sigma_y\sigma_z)^{-1}\exp[-H_e^2/(2\sigma_z^2)] \quad (7-14)$$

对于较低的排放源(例如 $H_e < 50$ m, 具体限值由地面粗糙度、混合层高度等因素决定),一般可直接应用式(7-13)或式(7-14)计算。

对于高架源,当超过一定的下风距离时,需对烟羽在混合层顶的反射进行修正。同考虑地面反射类似,用像源法修正后,污染源下风方任一点小于 24 h 取样时间的污染物地面浓度 $C(x, y, 0)$ 可表示为

$$C(x, y, z) = Q(2\pi u\sigma_y\sigma_z)^{-1}\exp[-y^2/(2\sigma_y^2)] \cdot F \quad (7-15)$$

式中　$F = \sum_{n=-k}^{k}\{\exp[-(2nh-H_e)^2/(2\sigma_z^2)] + \exp[-(2nh+H_e)^2/(2\sigma_z^2)]\} \quad (7-16)$

h——混合层高度;

k——反射次数,对一、二级项目取 $k=4$ 已足够。

扩散参数可由下述回归式表示

$$\sigma_y = \gamma_1 x^{\alpha_1} \qquad \sigma_z = \gamma_2 x^{\alpha_2} \tag{7-17}$$

式中,回归系数 γ_1、γ_2 及回归指数 α_1、α_2 的取值可参阅 HJ/T2.2-93《环境影响评价技术导则·大气环境》附录 B2。

如果湍流场不均匀,应用正态模式时,应对 σ_y 或 σ_z 进行变换。

2. 烟气抬升高度的计算

烟气(烟流)抬升高度 ΔH 的计算可以采用 HJ/T2.2—93《环境影响评价技术导则·大气环境》推荐的烟气抬升公式。

(1) 在有风 ($u_{10} \geqslant 1.5$ m/s) 时的中性和不稳定气象条件下:

① 当烟气热释放率 $Q_h \geqslant 2100$ kJ/s,且烟气与环境的温度差 $\Delta T \geqslant 35$ K 时,有

$$\Delta H = n_0 Q_h^{n_1} H^{n_2} u^{-1} \tag{7-18}$$

式中 n_0——烟气热状况及地表状况系数,见表 7-9;

n_1——烟气热释放率指数,见表 7-9;

n_2——排气筒高度指数,见表 7-9;

H——排气筒出口距地面的几何高度,m,超过 240 m 时,取 $H=240$ m;

u——排气筒出口处的平均风速,m/s,如无实测值,可按式(7-7)和表 7-9 计算;

Q_h——烟气热释放率,$Q_h = 0.35 P_a Q_v \dfrac{\Delta T}{T_s}$,kJ/s;

P_a——大气压力,kPa,如无实测值可取邻近气象台(站)季或年平均值;

Q_v——实际排烟率,m³/s;

ΔT——烟气出口温度与环境大气温度之差,$\Delta T = T_s - T_a$,K;

T_s——烟气出口温度,K;

T_a——环境大气温度,K,如无实测值可取邻近气象台(站)季或年平均值。

表 7-9　n_0、n_1 和 n_2 的选取

Q_h(kJ/s)	地表状况(平原)	n_0	n_1	n_2
$Q_h \geqslant 2100$	农村或城市远郊区	1.427	1/3	2/3
	城市及近郊区	1.303	1/3	2/3
$2100 \leqslant Q_h < 21000$ 且 $\Delta T \geqslant 35$ K	农村或城市远郊区	0.332	3/5	2/5
	城市及近郊区	0.292	3/5	2/5

② 当 1700 kJ/s $< Q_h < 2100$ kJ/s 时,有

$$\Delta H = \Delta H_1 + (\Delta H_2 - \Delta H_1)\frac{Q_h - 1700}{400} \tag{7-19}$$

式中 $\Delta H_1 = 2(1.5 v_s D + 0.01 Q_h)/u - 0.048(Q_h - 1700)/u$,m;

ΔH_2——按式(7-18)计算,n_0、n_1、n_2 按表 7-9 中 Q_h 值较小的一类选取;

v_s——排气筒出口处的烟气排出速度，m/s；

D——排气筒出口直径，m。

③ 当 $Q_h \leqslant 1700$ kJ/s 或 $\Delta T < 35$ K 时，有

$$\Delta H = 2(1.5 v_s D + 0.01 Q_h)/u \qquad (7-20)$$

（2）在有风时的稳定气象条件下：

$$\Delta H = Q_h^{1/3} \left(\frac{\mathrm{d}T_a}{\mathrm{d}z} + 0.009\,8 \right)^{-1/3} u^{-1/3} \qquad (7-21)$$

式中 $\mathrm{d}T_a/\mathrm{d}z$——排气筒几何高度以上的大气温度梯度，K/m。

（3）在静风（$u_{10} < 0.5$ m/s）和小风（1.5 m/s > $u_{10} \geqslant 0.5$ m/s）时：

$$\Delta H = 5.50 Q_h^{1/4} \left(\frac{\mathrm{d}T_a}{\mathrm{d}z} + 0.0098 \right)^{-3/8} \qquad (7-22)$$

式中 $\mathrm{d}T_a/\mathrm{d}z$ 的意义同上，但不宜小于 0.01 K/m。

3. 最大落地浓度公式

最大落地浓度公式是最常用的公式之一。排放标准中的允许排放量和环境评价中需要预测的 1 h 浓度，通常都是利用最大落地浓度公式计算的。

将轴线浓度公式 (7-14) 对 x 求导数，令其等于零，可得 1 h 取样时间的最大落地浓度 C_m 及其下风向距离 x_m 如下

$$C_m = 2Q/(e\pi u H_e^2 P_1) \qquad (7-23)$$

$$x_m = \left(\frac{H_e}{\gamma_2} \right)^{1/\alpha_2} \left(1 + \frac{\alpha_1}{\alpha_2} \right)^{-[1/(2\alpha_2)]} \qquad (7-24)$$

式中

$$P_1 = \frac{2\gamma_1 \cdot \gamma_2^{-\alpha_1/\alpha_2}}{\left(1 + \frac{\alpha_1}{\alpha_2} \right)^{\frac{1}{2}\left(1 + \frac{\alpha_1}{\alpha_2} \right)} \cdot H_e^{\left(1 - \frac{\alpha_1}{\alpha_2} \right)} \cdot e^{\frac{1}{2}\left(1 - \frac{\alpha_1}{\alpha_2} \right)}} \qquad (7-25)$$

一般主要计算不稳定条件下的最大落地浓度，此时的混合层都比较厚，且下风向距离较近，因此对式 (7-23) 无需作混合层顶反射修正。

四、小风和静风点源扩散模式

连续点源的小风和静风扩散模式，可通过对式 (7-11) 从 $t_0 = -\infty$ 到 $t_0 = t$ 积分后求得。当风速较小时（$u_{10} < 1.5$ m/s），可假设 $\sigma_x = \sigma_y = \gamma_{01} T$，$\sigma_z = \gamma_{02} T$；再假设 Q =常值，u =常值，$v = w = 0$，排气口在地面垂直投影的中心点为坐标原点，下风方为 x 轴，并将对 t_0 的积分变换为对 T 的积分，则可得小风和静风扩散模式的解析解。

污染源下风方地面任一点小于 24 h 取样时间的污染物浓度 $C(x, y, z)$ 可按下式计算

$$C_L(x, y, 0) = 2Q(2\pi)^{-3/2} \gamma_{02}^{-1} \eta^{-2} \cdot G \qquad (7-26)$$

式中

$$\eta^2 = x^2 + y^2 + \gamma_{01}^2 \gamma_{02}^{-2} H_e^2 \qquad (7-27)$$

$$G = e^{-u^2/2\gamma_{01}} \cdot \left[1 + \sqrt{2\pi} \cdot s e^{s^2/2} \cdot \Phi(s) \right] \qquad (7-28)$$

$$\Phi(s) = \frac{1}{\sqrt{2\pi}} \int_{-\infty}^{s} e^{-t^2/2} \mathrm{d}t \qquad (7-29)$$

$$s = ux/(\gamma_{01} \eta)$$

$\Phi(s)$ 是正态分布函数，可根据 s 由数学手册查得。

静风时，令 $u=0$，式(7-26)中的 $G=1$。

实验结果表明：小风和静风时的扩散参数基本上符合上述随 T 一次方的变化关系。

五、熏烟模式

1. 熏烟的含义

夜间产生的贴地逆温，在日出后将逐渐自下而上地消失，形成一个不断增厚的混合层。原来在逆温层中处于稳定状态的烟羽进入混合层之后，由于其本身的下沉和垂直方向的强扩散作用，污染物浓度在这一方向将接近于均匀分布，出现所谓熏烟现象。熏烟属于常见的不利气象条件之一，虽然其持续时间在 30 min 至 1 h 之间，但其最大浓度可高达一般最大地面浓度的几倍。

2. 熏烟浓度最大值

假定熏烟发生后，污染物浓度在垂直方向为均匀分布，将式(7-13)对 z 从 $-\infty$ 到 ∞ 积分，并除以混合层高度，则熏烟条件下的地面浓度 C_f 为

$$C_f = Q(2\pi)^{-1/2}(uh_f\sigma_{yf})^{-1}\exp(-0.5y^2/\sigma_{yf}^2)\Phi(P) \qquad (7-30)$$

$$P = (h_f - H_e)/\sigma_z \qquad (7-31)$$

$$\sigma_{yf} = \sigma_y + H_e/8 \qquad (7-32)$$

式中　Q——单位时间排放量；

　　　u——烟囱出口处平均风速；

　　　h_f——熏烟条件下的混合层厚度；

　　　σ_y，σ_z——烟羽进入混合层之前处于稳定状态的横向和垂直向扩散参数，它们是 x 的函数；

　　　H_e——烟囱的有效高度；

　　　x，y——接受点坐标；

　　　$\Phi(P)$——其定义同式(7-29)，在此反映原稳定状态下的烟羽进入混合层中的份额多少。通常认为 $P=-2.15$ 时为烟羽的下边界，$\Phi\approx0$，烟羽未进入混合层；$P=2.15$ 时为烟羽的上边界，$\Phi\approx1$，烟羽全部进入混合层。

3. 海岸线熏烟模式

如评价项目厂址位于在沿海或大面积水域附近，还应计算海岸线熏烟地面浓度的最大值和分布值。

当出现向岸气流时，来自水面的稳定空气被陆地表面加热，将形成一个自岸边向内陆逐渐增厚的混合层(热力内边界层，简称 TIBL)。TIBL 是一种上边界受逆温抑制的对流边界层，当处于稳定大气中的烟羽进入这一混合层后，会使近地面污染物浓度增高。换言之，如果在沿岸一带设置有高于当地 TIBL 的污染源，其烟羽开始在稳定空气中沿下风方平流扩散；随后，将与逐渐增厚的 TIBL 上边界相交，并强烈地向下混合，出现所谓海岸线熏烟状态。这种熏烟状态下的最大地面浓度(C_{fm})有可能比通常不稳定状态下的最大地面浓度(C_f)高 2~3 倍。海岸线熏烟出现的频率较高，且持续时间较长。在温带气候区，只要出现向岸气流，特别是在春、夏季的白天，就可能形成 TIBL，发生海岸线熏烟。这种熏烟在出现期间，可以视为定常的。因此，除预测其 1 h 最大地面浓度外，还应按其出现频率，计入其对长期平均浓度的贡献。

海岸线熏烟模式在形式上与上述熏烟模式相同，但影响其中各参数的内在因素有所不

同。海岸线熏烟模式中，P、σ_{yt} 和 h_f 的计算较复杂，用时需参考 HJ/T2.2—93《环境影响评价技术导则·大气环境》中 7.5.5 节。

在海岸线或大型水域附近，对于烟囱等固定污染源位置的设置，应当格外慎重。应尽可能将高烟囱设置在向岸气流下风方远离岸边处，如果远离岸边一带有城市或其他环境保护敏感区，则尽量设置在岸边；应避免设置在烟囱有效高度相当于当地 TIBL 高度的地点。

六、长期平均浓度计算公式

1. 孤立源长期平均浓度计算公式

对于孤立排放源，以烟囱地面位置为原点，在某一稳定度（序号为 j）和平均风速（序号为 k）时，任意风向方位 i 的下风方 x 处的长期平均浓度（季、期或年均值）$C_{ijk}(x)$ 为

$$C_{ijk}(x) = Q\left[(2\pi)^{3/2} u\sigma_z x/n\right]^{-1} \cdot F \quad (\text{mg/m}^3) \tag{7-33}$$

式中 n——风向方位数，一般取 16；

其他符号同前。

在可能出现的稳定度和平均风速条件下，任意风向方位 i 的下风方 x 处的长期平均浓度 $C_i(x)$ 为

$$C_i(x) = \sum_j \left(\sum_k C_{ijk} f_{ijk} + \sum_k C_{Lijk} f_{Lijk} \right) \quad (\text{mg/m}^3) \tag{7-34}$$

式中 f_{ijk}——有风时，风向方位、稳定度、风速联合频率；

$\quad C_{ijk}$——对应于该联合频率在下风方 x 处有风时的浓度值，由式（7-33）给出；

$\quad f_{Lijk}$——静风或小风时，不同风方位和稳定度的出现频率（下标 k 只含有静风和小风两个风速段）；

$\quad C_{Lijk}$——对应于 f_{Lijk} 的静风或小风时的地面浓度。

2. 多源长期平均浓度计算公式

如果评价区的点源多于一个，则任一接受点 (x, y) 的长期平均浓度为

$$C(x, y) = \sum_i \sum_j \sum_k \left(\sum_r C_{rijk} f_{ijk} + \sum_k C_{Lijk} f_{Lijk} \right) \tag{7-35}$$

式中 C_{rijk}，C_{Lijk}——分别是在接受点上风方对应于联合频率的第 r 个源对接收点的浓度贡献。

C_{rijk}，C_{Lijk} 的公式形式分别和上述 C_{ijk}，C_{Lijk} 相同，但应注意坐标变换，将坐标转换到以接受点为原点，i 风方位为正 x 轴的新坐标系后，再应用 C_{ijk} 或 C_{Lijk} 公式。

七、日均浓度计算公式

1. 保证率法

保证率法在国际上比较通用。其计算步骤如下：

① 对任一关心点，根据一年的逐时气象资料，计算逐时的地面浓度，再算日平均值；

② 将一年 365 天的日均浓度值按大小排列，确定某一累积频率，例如 95% 或 98%，对应于这一频率的日均浓度值即该关心点的日均浓度。

如果累积频率定为 98%，就意味着一年之中该关心点保证 357 天多（365×0.98）可以达标。保证率法源于"最佳可行技术"（经济最佳、技术可行），对于极少数几天，可采取临时措施，减少污染物排放，以确保不超标。

2. 典型日法

典型日法是按典型日的气象条件计算日平均浓度，在我国用得较多。选择典型日的方

法有两种：①选择最不利于扩散的气象条件出现的日期；②选择各类污染气象条件出现的典型日期。

对任一关心点，按典型日的气象条件逐时预测其地面浓度，并按日取平均，取其平均值或其中的最大值作为该关心点的日平均浓度。利用这种方法时，应注意选择有代表性的污染气象条件，如风向、风速、稳定度以及当地可能出现的熏烟、海岸线熏烟、山谷风、城市热岛等不利气象条件。

3. 换算法

换算法是指用长期平均浓度（年或季）预测值按一定比例换算为日平均浓度的一种方法。由于预测值和实测值的误差随着平均时间的增加而减小，作为基准的长期平均浓度应该是比较准确的。因此，即使所采用的比例有误差，也可由此得到一定的补偿。

八、线源模式

线源模式主要用以预测流动源以及其他线状污染源对大气环境质量的影响。流动源主要指行驶中的机动车。

1. 线源扩散模式

（1）直线型线源扩散模式

假设平行于 y 轴的线源是由无穷多个点源排列而成，将点源扩散模式（7-13）对 y 从 $-\infty$ 到 ∞ 积分，可得风向与线源垂直时无限长线源任一接受点 (x, z) 的浓度为

$$C_{\perp}(x, z) = Q_{L}[\sqrt{2\pi}u\sigma_{z}]^{-1}\{\exp[-(z+H_{e})^{2}/(2\sigma_{z}^{2})] + \exp[-(z-H_{e})^{2}/(2\sigma_{z}^{2})]\} \tag{7-36}$$

式中　Q_{L}——线源源强，mg/（s·m）；

对于端点为 y_{2}，$y_{1}(y_{2}>y_{1})$ 的有限长线源，需考虑端点引起的边缘效应，则

$$C_{\perp}(x, z) = Q_{L}[\sqrt{2\pi}u\sigma_{z}]^{-1}\{\exp[-(z+H_{e})^{2}/(2\sigma_{z}^{2})] + \exp[-(z-H_{e})^{2}/(2\sigma_{z}^{2})]\}[\Phi(y_{2}/\sigma_{y}) - \Phi(y_{1}/\sigma_{y})] \tag{7-37}$$

式中　$\Phi(y/\sigma_{y})$——定义同式（7-29）。

当线源与风向平行时，将式（7-13）对 x 积分。通常，流动源多为地面源，根据 Taylor 扩散理论，当 T 或 x 较小时，可假设 $\sigma_{y} = \gamma_{1}T$，$(\sigma_{z}/\sigma_{y}) = b =$ 常值，则无限长线源及长度为 $2x_{0}$ 的有限长线源的地面浓度分别为

$$C_{/\!/}(x, y, 0) = Q_{L}[\sqrt{2\pi}u\sigma_{z}(r_{1})]^{-1} \tag{7-38}$$

$$C_{/\!/}(x, y, 0) = \{Q_{L}[\sqrt{2\pi}u\sigma_{z}(r_{1})]^{-1}\} \times 2\{\Phi[r_{1}/\sigma_{y}(x-x_{0})] - \Phi[r_{1}/\sigma_{y}(x+x_{0})]\} \tag{7-39}$$

当线源与风向成任意角度 $\theta(\theta \leq 90°)$ 时，假设线源与风向从平行到垂直的过程中浓度是单调变化的，则用内差法可求得地面浓度为

$$C_{\theta}(x, y, 0) = C_{\perp}\sin^{2}\theta + C_{/\!/}\cos^{2}\theta \tag{7-40}$$

式中 $C_{\perp}$、$C_{/\!/}$ 分别为用式（7-37）（$z=0$）和式（7-39）求得的浓度值。

（2）线源分段求和模式

为了减少计算量且保证足够的计算精确度，将道路划分成一系列线源单元（线元），把每个线元看做是通过线元中心、与风向垂直、长度等于该线元在 y 方向投影的有限线源，分别计算接受点上风向各线元排放的污染物对接受点浓度的贡献，然后再求和，计算

出整条道路流动源对接受点贡献的污染物浓度。

以接受点为坐标原点，上风向为正 x 轴。第一个线元距接受点最近，它的位置由道路与风向的夹角(θ)决定，当 $\theta < 45°$ 时，按 $\theta = 45°$ 确定第一个线元的位置，其长度等于路宽。其余线元的长度用下式确定

$$L_a = W \cdot L_r^n \tag{7-41}$$

式中　　L_a——线元长度；

n——线元编号，$n = 0，1，2，3，\cdots$；

L_r——线元长度增长因子，$L_r = 1.1 + \theta^3/(2.5 \times 10^5)$，$\theta$ 的单位为(°)。

则整条道路上的流动源对接受点贡献的污染物浓度 C 可由下式计算

$$C = \sum C_n \tag{7-42}$$

式中　　C_n——第 n 个线元对接受点的浓度贡献，可按式(7-37)计算。

2. 街谷模式

如果街道两旁的建筑物较高且比较密集，则常称这种街道为街谷。当风向和街谷的夹角 $\theta = 90°$ 时，在街谷形成一个较稳定的环形涡(背风涡)；$0 < \theta < 90°$ 时，常形成一螺旋形涡。环形涡或螺旋形涡(统称原生涡)带来的主要后果是增大街谷内的污染物浓度，特别是背风侧的污染物浓度可能更高。

街谷内的污染物浓度等于背景浓度与该街谷内汽车尾气所贡献的浓度之和($C = C_0 + \Delta C$)。对 ΔC 的计算有多种经验模式可供选择，可参考有关资料。

九、多源、面源和体源模式

1. 多源模式

如果需要评价的点源多于一个，计算地面浓度时，应将各个源对接受点浓度的贡献进行叠加。在评价区内选一原点，以平均风的上风方为正 x 轴，则评价区内任一地面点 $(x，y)$ 的污染物浓度 C 可按下式计算

$$C(x，y) = \sum_r C_r(x - x_r，y - y_r) \tag{7-43}$$

式中 C_r 是坐标为 $(x_r，y_r)$ 的第 r 个点源对 $(x，y)$ 点的浓度贡献，其计算公式可根据不同条件选用上述的点源模式，但应注意坐标变换，即用 $(x - x_r，y - y_r)$ 替换 $(x，y)$。

2. 面源模式

面源模式主要用以预测源强较小、排出口较低，但数量多、分布比较均匀的污染源。常用的面源模式有两种：点源积分法和点源修正法。

《环境影响评价技术导则·大气环境》对点源积分法有较详细的说明。首先将评价区在选定的坐标系内网格化；令接受点位于其中一个网格的中心(或网格边线的中心)，对接受点上风方每个可能影响到接受点的网格，按式(7-13)分别计算各个网格面源对接受点的浓度贡献，再求和即可得该接受点的预测浓度值。

3. 体源模式

当无组织排放源为体源时，地面浓度可按点源扩散模式计算，但需修正参数。修正后的 σ_y 和 σ_z 分别为

$$\sigma_y = \gamma_1 x^{\alpha 1} + a_y/4.3 \tag{7-44}$$

$$\sigma_z = \gamma_2 x^{\alpha 2} + a_z/2.15 \tag{7-45}$$

式中 a_y，a_z——分别表示体源在 y 和 z 方向的边长。

十、非正常排放模式

非正常排放是指建设项目开车（点火）、停车（停炉）、检修和事故状态时污染物的排放。

非正常排放常发生在有限时间 T 内。从式（7-13）出发，对 t_0 在有限时间 T 内积分，经整理后可得非正常排放模式。

如非正常排放源为面源或体源，可采用上述经过修正的模式。

应注意：① 排放是在有限时间 T 内发生的，因此，计算 t 时刻的地面浓度时，$t \leq T$ 和 $t > T$ 时不同；② 如果污染物密度比空气密度大而产生下沉，则可用负抬升计算，即

$$H_e = H - \Delta H$$

ΔH 的计算见前述烟气抬升公式。

十一、干、湿沉降和化学迁移

以上各种模型并未考虑大气污染物因各种原因脱离大气的情况。事实上，由于重力、湍流扩散、分子扩散、静电引力、降水、化学反应和其他物理、化学和生物因素的作用，大气中的污染物会被截留到地表（土壤、水体和植被等），从而使其在大气中的浓度降低。我们通常把上述现象或过程中与降水有关的称为湿沉降，反之称为干沉降，由化学反应引起的则特称为大气污染物的化学迁移。

在考虑高架源污染物的长距离输送时，往往需要考虑到上述因素的影响。据有关资料，在大气污染物的中距离输送过程中，一半以上的质量转移缘于干沉降。

干沉降的源亏损模式主要用于粒径小于 10 μm 且易于沉降的颗粒物或气态污染物，计算的关键是获得污染物的沉降速度；干沉降的部分反射模式又称倾斜烟羽模式或尘模式，主要用于粒径大于 10 μm 的气载颗粒物，其颗粒物沉降速度由斯托克斯公式求得，见 HJ/T2.2—93《环境影响评价技术导则·大气环境》中 7.5.9 节。

湿沉降模式的清除系数和化学迁移模式中的大气污染物半衰期与具体的大气污染物的性质有很大关系。

在干、湿沉降和化学迁移的计算中，要注意根据应用条件选用合适的模式和参数。

第七节　工程项目大气环境影响评价

大气环境影响评价的主要目的就是在现状调查、工程分析和影响预测的基础上，以法规、标准等为依据，根据明确的环境保护目标，判别拟建项目对当地环境的影响程度，对拟建项目的选址方案、总图布置、产品结构、生产工艺等提出改进措施与建议，最后，从大气环境保护的角度评价拟建项目的可行性，做出明确的评价结论。

从内容上，首先是确定环境保护目标和相应的评价指标，然后根据影响预测结果，评价建设项目的厂址、总图布置、污染源等，再评价实施选定方案可能对环境空气质量造成的影响，分析环境空气质量超标时的气象条件。在上述评价工作的基础上，提出可行的环境保护对策和明确的评价结论。

大气环境影响评价的最终成果主要以环境影响报告书"大气环境评价"部分（章）或大气环境影响专题报告的形式体现，应严格按照有关要求编写。

一、工程项目大气环境影响评价的指标

1．环境目标值

用于大气环境影响评价的环境目标值主要指环境质量目标值，是经有关环境保护主管部门批准的大气环境质量类评价标准，通常是 GB3095 和相关地方标准中的指标，缺项则往往由选定的区外或国外标准补充。评价中用于确定环境目标值的环境标准需在评价大纲编制阶段选定并与评价大纲一同报有关环境保护主管部门批准。在随后的评价工作中，如发现需变更经批准的评价标准，则应及时申报原批准部门并说明变更理由。

如果所用标准中不含评价因子的长期（季、期或年）平均浓度限值（最大允许浓度值），可用以下两种方法确定：

①如果在评价区内，或虽在评价区外但距评价项目主污染源在 50 km 以内且地理条件基本一致的区域，有污染因子的监测网点，且监测数据符合有关规定，则可根据这些监测数据用类似"浓度累积频率"的方法，确定污染因子的长期平均浓度目标值（参见 HJ/T 2.2—93《环境影响评价技术导则·大气环境》8.1.2）。

②如无所需监测资料，则 1 h 平均、日、月、季（期）、年平均浓度的目标值可按 1、0.33、0.20、0.14、0.12 的比例关系换算。

2．总量控制目标

所谓总量控制就是控制某一区域内全部污染源的污染物排放总量，以使该区域环境质量达到特定目标的方法。

以总量控制目标评价拟建项目时，评价参数主要是由更高行政区域分解下来的当地污染物总量控制指标，此外，拟建项目所在地的环保行政主管部门也可能会根据本行政区的污染物排放总量控制目标值、当地社会经济和环境状况，对拟建项目的总量控制目标提出具体要求。

3．评价指数

常用的评价指数是单项指数 I_i（见本章第三节中的"现状评价"部分）。

根据预测值和评价指数计算结果，绘制各评价因子的等浓度值曲线，指明其超标区域或未超标情况下的最大值区域的位置和面积、超标区的功能特点、I_i 的变化范围和平均值。

当计算出某评价因子的 1 日平均值（或一次取样浓度值）超标时，应再计算其季（期）或年平均浓度值的超标小时数或频率值。

4．污染分担率

《环境影响评价技术导则》中推荐的污染分担率为

$$K_{ij} = C_{ij}/C_i \times 100\% \qquad (7-46a)$$

式中　C_i——i 类污染因子的浓度值；

　　　C_{ij}——i 类污染因子的第 j 个（或类）污染源在同一接受点上所产生的浓度。

经加权的污染分担率为

$$P_{ij} = \frac{C_{ij}^2}{\sum_{j=1}^{n} C_{ij}^2} \qquad (7-46b)$$

式中　C_{ij}——意义同式（7-46a）；

n——排放 i 类污染物且在计算时计入的污染源的总数。

污染分担率指标主要用于评价污染源，是提出环保措施建议的重要依据。加权的污染分担率 P_{ij} 更能突出主要污染源，较 K_{ij} 合理。

二、工程项目大气环境影响评价内容

1. 建设项目选址与总图布置

评价内容主要包括：

①根据建设项目各主要污染因子的排放源在评价区内关心点上的污染分担率 K_{ij}，结合评价区的环境特点和发展规划，以及可采取的措施等因素，从大气环境保护的角度，对厂址选择是否合理提出评价和建议。

②根据建设项目各污染源在评价区关心点以及本项目的厂区、办公区、职工生活区等区域的污染分担率，结合环境、经济等因素，从大气环境保护的角度，对总图布置的合理性提出评价和建议。

③如果在该评价区内有几种厂址选择的方案或总图布置方案，则应给出各种方案的预测结果（包括浓度分布图和污染分担率），再结合经济等各种因素，全面权衡利弊，从大气环境保护的角度，进行方案比选并提出推荐意见。

2. 污染源

①根据各污染因子和各类（个）污染源在超标区或关心点上的 I_i 及 K_{ij} 值，确定主要污染因子和主要污染源，并对各污染因子和污染源的贡献大小排序。

②对主要污染物或污染源的原设计方案（源高、源强、工艺流程、综合利用措施和治理技术等），从大气环境保护角度，提出评价和建议。必要时，进行不同方案的预测和比选。

③按总量控制的原则，根据建设项目预计的经济效益和社会效益以及预测的污染分担率，评价区的大气环境质量现状及其改造和长远发展规划，当地的地理地形和气象特征等因素，提出比较合理的标准分担率。

标准分担率是该建设项目某一污染因子的允许最大地面浓度占该因子环境目标值（环境质量标准值）的百分比。

3. 分析超标时的气象条件

①根据预测结果分析出现超标时的气象条件。例如：静风，大气不稳定状态，日出和日落前后的熏烟和辐射逆温的形成，海岸线熏烟，下沉逆温，因特定的地表或地形条件引起的局地环流（海陆风、山谷风、热岛环流等），背风涡以及山沟、内河湾地区造成的气流阻塞现象等。给出其中的主要影响因素以及这些因素的出现时间、强度、周期和频率。

②对于扩建项目，如已有污染因子的监测数据，可结合同步观测的气象资料，分析其超标时的气象条件。

4. 环境空气质量

根据上述评价或分析结果，结合调查中的各项资料，全面分析建设项目最终选择的设计方案（一种或几种）对评价区大气环境质量的影响，并给出这一影响的综合性估计和评价。

5. 环境保护对策与措施

通过上述的分析评价，应该提出拟建项目的环境保护对策与措施，其目的是力求减轻建设项目对大气环境质量的不良影响，并使环境效益、社会效益、经济效益达到统一。所提出的建议应具有可操作性，以便对建设项目的环境保护工作起到积极有效的指导作用。具体内容应包括以下几个方面：

①建议的厂址；

②改进生产工艺；

③加强能源、资源的综合利用；

④大气污染物排放量削减的环保措施（应提出具体的污染源设置与治理方案，要特别关注重点污染源）；

⑤无组织排放的控制途径；

⑥非正常排放的预防与应急措施（可操作的详细方案）；

⑦污染物排放的总量控制方案；

⑧当地土地的合理利用或调整；

⑨增加大气环境容量的措施，如厂区绿化和防护林建设等；

⑩有关大气环境的环境管理机构职责与相关管理制度；

⑪环境监测计划，包括大气环境监测制度、监测项目与布点方案等。

三、结 论

一、二级评价项目的大气环境影响评价专章或专题报告应有关于评价结论的专门章节。在大气环境影响评价专题报告中有关评价结论的内容应更详尽。

三级评价项目大气环境部分在报告书中的篇幅较短时，可省略小结，直接在报告书的结论部分中叙述与大气环境影响评价有关的问题。

1. 结论的内容

结论中的内容包括大气环境现状，建设项目工程分析中有关大气污染源的分析，各方案下建设项目对大气环境影响预测和评价的结果，环保措施的评述和建议等。

2. 最终结论

大气环境影响评价的最终结论，应明确拟建项目在建设与运行各阶段能否满足预定的大气环境保护目标的要求。

（1）应做出"可以满足大气环境保护目标要求"的结论的情况

① 建设项目在实施过程中的不同生产阶段除很小范围以外，大气环境质量均能达到预定要求，而且大气污染物排放量符合区域污染物总量控制的要求；

② 在建设项目实施过程的某个阶段，非主要的个别大气污染物参数在较大范围内不能达到预定的标准要求，但采取一定的环保措施后可以满足要求。

（2）应做出"不能满足大气环境保护目标要求"的结论的情况

① 大气环境现状已"不能满足大气环境保护目标要求"；

② 要求的污染削减量过大而导致削减措施在技术、经济上明显不合理。

有些情况不宜作出明确的结论，如建设项目大气环境的某些方面起了恶化作用的同时又改善了其他某些方面，遇到这种情况应说明建设项目对大气环境的正、负影响程度及其评价结果。

需要在评价过程中确定建设项目与大气环境有关部分的方案比较时，应在结论中确定推荐方案，并说明其理由。

习 题

1. 影响大气污染物地面浓度分布的主要因素有哪些?
2. 简述大气环境影响评价的程序。
3. 简述大气环境质量现状评价的主要数学方法。
4. 如何进行大气污染的生物学评价? 可用哪些植物监测大气污染?
5. 什么是有效源高度? 怎样确定烟气抬升高度?
6. 如何划分大气环境影响评价的等级和评价范围?

参考文献

[1] 李爱贞. 大气环境影响评价导论 [M]. 北京:海洋出版社,1997.
[2] 朱 雷. 大气环境影响评价实用技术 [M]. 北京:中国环境科学出版社,1991.
[3] 童志权. 大气环境影响评价 [M]. 北京:中国环境科学出版社,1988.
[4] 谷 清. 大气环境模式计算方法 [M]. 北京:气象出版社,2002.
[5] 李云生. 城市区域大气环境容量总量控制技术指南 [M]. 北京:中国环境科学出版社,2005.
[6] 胡二邦,陈家宜. 核电厂大气扩散及其环境影响评价 [M]. 北京:原子能出版社,1999.
[7] 蓝方勇. 火力发电工程环境影响评价 [M]. 北京:化学工业出版社,2006.

第八章　生态环境影响评价

第一节　概　述

生态环境通常指人类生存环境中所有生态因子的总和，包括水、气、光、声、温度、土壤、生物等全部环境要素，也可理解为生物圈。

早在20世纪五六十年代，我国生态学界曾引用过原苏联生态学家苏卡乔夫（1944年）提出的"生物地理群落"（biogeocenosis）这个科学概念，它是指在一定地表范围内相似的自然现象，即大气、岩石、植物、动物、微生物、土壤、水文等条件的总和。1965年在哥本哈根国际生态学会上认定，生态系统和生物地理群落是同义语。这个认定已被各国广大生态学家所接受，但目前各国使用最广泛的还是生态系统这一术语，我国的情况也是如此。

生态系统可以是一个很具体的概念，一个池塘、一座别墅、一片森林或一块草地都是一个生态系统。同时，它又是在空间范围上抽象的概念。生态系统和生物圈只是研究的空间范畴及其复杂程度不同。小的生态系统联合成大的生态系统，简单的生态系统组合成复杂的生态系统，而最大、最复杂的生态系统就是生物圈。

一、污染型和非污染型影响

建设项目对生态环境的影响大致分为两类：污染型影响和非污染型影响。

1. 污染型影响

污染型影响通过改变生态要素（大气、水、土壤、光、温度、声环境以及动物、植物等）的性质实现，其不良影响首先表现为环境受到污染。

（1）生物系统的污染影响

① 生物个体污染影响　污染对生物的影响表现在植物个体层次上的一些有形指标的反映，是对生理生化过程影响的必然结果，最常涉及的包括植物株高、生物量、产量，以及根、茎、叶的形态指标和动物的体长、体重等指标。例如，二氧化硫、氟化氢、氯气、臭氧、氮氧化合物、乙烯、氨、硫化氢、一氧化碳等大气污染物，都会对植物产生有害的影响。当有害气体浓度很高时，在短期内就会破坏植物的叶片组织，产生明显的症状甚至整个叶片脱落，使生长发育受到影响。另外，植物长期接触低浓度的有害气体，叶片也会逐渐变黄，造成生长发育不良等慢性伤害。对于动物而言，根据污染物（毒物）种类的不同，靶器官也有所不同，呼吸系统、循环系统、神经系统、消化系统以及其他系统都可能成为受毒害的对象。如Cd造成高血压、肾与肺的损害、骨质的破坏、生殖细胞的破坏、贫血等，人体汞中毒的症状则通常是疲乏、多汗、头痛、视力模糊、肌肉萎缩、运动失调等。

② 生物群体污染影响　生物群体污染是指环境污染在生物种群以上层次上的反映。

例如，污染物的长期暴露对物种的分布、物种的形成、生态型的分化、植被的组成、结构的变化与植被演替等的影响；而对于动物种群的影响指标则是半致死浓度 LC50（Lethal Concentration 50）、半致死剂量 LD50（Lethal Dosage 50）、半致死时间 LT50（Lethal Concentration 50）与 EC30（Effective Concentration 30）、IC25（Inhibition Concentration 25）等。尤其是大量污染物进入生态系统时，或者长期作用于生态系统时，有可能造成生态系统中某些生物种类的大量死亡甚至消失，导致生物种类的组成发生变化，使生物多样性降低。例如，美国的一份报告指出，在过去的 400 多年间，地球上约有 2% 的哺乳动物、1.2% 的鸟类已经灭绝；在未来的 30 年中，全世界 24 万种植物大约将有 6 万种灭绝。

③ 生态系统的综合影响　生态系统的综合影响是指污染物对生态系统结构与功能的影响，包括生态系统组成成分、结构以及物质循环、能量流动、信息传递和系统动态进化过程的影响。

（2）污染生态影响分析

① 污染生态影响的多样性　污染物对生态环境造成的影响，既有直接的，又有间接的；有的呈线性关系，有的呈非线性关系。通常污染物对生态环境的影响都有时滞效应、反馈效应、复合污染生态效应等。

② 污染生态影响的全面性　污染生态影响的发生，通常具有三个基本阶段：污染物质的释放—污染物质在有关宿体中的迁移转化—在适当的条件下产生污染危害和影响。所以，污染生态效应分析通常应包括污染物质的产生和释放机理，污染物质在不同环境条件下的存在形态与转化规律，污染物质在不同环境介质中的迁移规律，污染物质作用于生物体的毒害机理。在污染物质的产生和释放机制方面，应特别考虑污染物的释放规模、释放通量、释放趋势，以及污染物质的自然释放与人为释放之间的质与量的关系等。在污染物的存在形式和迁移转化规律方面，除考虑到污染物存在形态的多样性之外，还应特别注意污染物的转化伴随着迁移，迁移过程中又存在着转化，即将污染物的迁移与转化一并考虑。

③ 污染生态影响的综合性　污染生态影响往往是多种污染物与环境参数变化综合作用的结果，即复合污染生态效应，包括协同作用、拮抗作用、加和作用、独立作用等，具有多元函数关系，所以污染生态效应评价应从复合污染生态效应分析角度出发，进行综合分析。

④ 生态系统抗冲击能力的有限性　所有生态系统对各种污染物的冲击能力都具有特定的"阈值"，只有污染物浓度或者数量的变化超出生态系统或者生命个体的适应能力的上下限时，才可能使生态环境发生质量变异，产生污染生态效应。污染生态效应可以表现为多种类型，生态环境变异的极端状态是整个生态系统的完全崩溃。

简言之，对污染型的生态环境影响，首先考虑建设项目实施过程中污染物排放的变化及其对环境要素的影响，再根据环境要素在生态环境中的作用机制，分析、判断和评价生态环境可能发生的变化及其趋势。在具体评价中，需要利用大气、水、固体废物、声环境和辐射环境影响预测与评价的结论，结合相关的污染源分析评价，对土壤和生物的受污染与受影响情况进行预测和评价。

2. 非污染型影响

非污染型生态环境影响主要是农、林、牧、水利、采矿、交通运输、旅游、海岸带开发等以开发利用自然资源为主要内容的项目，通过改变生态系统的组成或结构，其不良影响通常直接表现为生态破坏。

一旦确定了某建设项目对生态环境的影响属于非污染型影响，则主要考察项目对生态环境结构与功能的完整性和敏感生态问题的影响。国家环境保护总局发布的行业标准 HJ/T19—1997《环境影响评价技术导则·非污染生态影响》规定了开展此项评价工作的内容、方法和程序。

二、生态环境影响识别

生态环境影响识别是将开发建设活动的作用与生态环境的反应结合起来做综合分析的第一步，其目的是明确主要影响因素、主要受影响的生态系统和生态因子，从而筛选出评价工作的重点内容。

1．影响因素识别

影响因素的识别主要是识别产生影响的主体(开发建设活动)，识别要点如下：

① 内容全面　要包括主要工程、所有辅助工程(如施工辅道、作业场所、储运设施等)、公用工程和配套设施建设。

② 全过程识别　要包括选址期、勘探期、设计期、施工期、运营期，直至死亡期(如矿山闭矿，渔场封闭) 的全过程。

③ 识别全部作用方式　如集中作用点与分散作用点，长期作用与短期作用，物理作用或化学作用等。

2．影响对象识别

影响对象的识别主要是识别影响受体(生态环境)，识别要点如下：

① 区域敏感环境保护目标　如水源、景观、自然与文化纪念物、特别生物保护地、法定保护目标、特别生境、脆弱生态系统、灾害易发区及防灾减灾体系与构筑物等。

② 生态系统及其主导因子　如生态系统主要限制性环境因子、生物群落等，考察这些主导因子受影响的可能性。

③ 主要自然资源　如水资源、耕地(尤其是基本农田保护区)资源、特色资源、景观资源以及对区域可持续发展有重要作用的资源。

3．影响效应识别

影响效应识别主要是对影响作用产生的生态效应进行识别，识别要点如下：

① 影响的性质　即正负影响，可逆与不可逆影响，可补偿或不可补偿影响，短期与长期影响，一次性与累积性影响等。

② 影响的程度　即影响范围的大小，持续时间的长短，影响发生的剧烈程度，是否影响敏感的目标或生态系统主导因子及主要自然资源。

③ 影响的可能性　判别直接影响和间接影响，及其发生的可能性。影响识别以列表清单法或矩阵表达，并辅之以必要的说明。

4．重要生境识别

有一些生态环境(简称"生境")对生物多样性保护是至关重要的。许多生物从一定的地域内消失，就是因为人类侵占或破坏了它们赖以生存的生境。生态影响识别和生态环境调查中，要认真识别这些重要的生境，并采取有效的措施加以保护。生境重要性评价方法如表 8－1 所示。

表 8 - 1　生境重要性评价方法

生境的性质	重要性比较
天然性	真正的原始生境 > 次生生境 > 人工生境(如农田)
生境面积的大小	在其他条件相同的情况下,面积大的生境 > 面积小的生境
多样化	群落或生境类型多的区域 > 类型单一、简单的区域
稀有程度	拥有一个或多个稀有物种的生境 > 没有稀有物种的生境
可恢复性	易天然恢复的生境 > 需人工辅助才能恢复的生境
零碎性	具完整性的生境 > 零碎性生境
生态联系	功能上相互联系的生境 > 功能上独立的生境
潜在价值	经过自然过程或适当管理最终能发展成较目前更具自然保存价值的生境 > 无发展潜力的生境
哺育场(繁殖场)	物种或群落繁殖、成长的生境 > 无此功能的生境
存在期限	历史久远的天然或半天然生境 > 新近形成的生境
野生生物的数量(丰富程度)	生物多样性丰富的生境 > 生物多样性简单的生境

一般说来,天然林、天然海岸、沙滩、海湾、潮间带滩涂、河口、湿地、沼泽、珊瑚礁、天然溪流、河道以及自然性较高的草原等是重要生境。

三、生态环境影响评价目的

生态环境影响评价的目的是为了更有效地保护生态环境。开展生态环境影响评价并实施相应的生态环境保护措施,至少是为了达到以下 8 个具体目标。

(1)地域分布的连续性

自然保护的经验表明,岛屿生态系统是最为脆弱的。近代已灭绝的哺乳动物和鸟类,大约有 75% 是生活在岛屿上的物种。现在,人类开发利用土地的结果,就是将自然生态系统分割成一个个处于人类包围中的"岛屿",使之成为易受影响和破坏的岛屿式生态系统。按照岛屿生物地理学理论,一个岛上的物种数与岛屿的面积和该岛屿与其他岛屿相隔的距离有关,面积越大和距离越近,物种数就越多。而且,每种生物都需要一个求得生存和发育的最少面积;每种生物还有一个越过"海洋"而到达邻岛的最小距离。

(2)生物组成的协调性

生物之间在长期的进化过程中,形成了相生相克关系,保护着生态平衡,而这种平衡一旦被破坏,会使生态系统发生巨大改变。例如,20 世纪初期北美大草原的灭狼行动导致鹿群增殖过多,使草原生态遭到巨大破坏。同样,澳大利亚因引入野兔而一度造成生态灾难。我国草原上老鼠成灾大多是因为人们猎杀老鼠的天敌狐、蛇类、猛禽类所致,而内陆湖泊则主要因引入外来鱼种(养殖)而导致当地土著鱼类灭绝。另外,值得注意的是植物与动物之间的平衡关系,特别是单一食性的动物,或对筑巢栖息有特别要求的动物,可能因某种植物受损而导致动物亦随之受到危害,甚至灭绝。实际上,任何生态系统当植物受到影响时，都会不同程度地影响到相关动物的生存。

（3）保护生物多样性

生物多样性包括基因（遗传）多样性、物种多样性和生态系统多样性三个层次。生物多样性是生态系统趋于稳定的重要因素之一，其保护已被列为全球重大环境目标之一。之所以如此，是因为生物多样性对人类有巨大的不可替代的价值，它是人类群体得以持续发展的保障之一。然而，人类活动正在迅速而大量地导致地球生物多样性的消亡。为有效地保护生物多样性，下述问题应给予特别关注：

① 保护生态系统的完整性，同时达到保护生物多样性的目的。

② 采取建立保护区或保护地、人工繁殖、引种等措施保护物种多样化，避免物种濒危和灭绝。

③ 保护野生动植物生境的多样性。这实质上就是保护生态系统的多样性，减缓人类活动对物种和生态系统的"均质化"过程。

④ 保护自然保护区，避免影响自然保护区，注意保持自然保护区的自然性。

⑤ 限制导致生物多样性减少的行为，如猎杀稀有野生生物，过度捕捞水生生物，过度收获生物资源，砍伐森林，围垦湿地、海涂等。

（4）保护特殊性目标

开发建设活动中对生态环境的保护要特别关注的特殊性目标有以下四类：

① 保护重要生境　生物物种特别丰富的生境或有珍稀濒危野生生物生存的生境，如热带雨林、原始森林、湿地等是典型的重要生境；而受人类影响甚少的荒野地、珊瑚礁、红树林等都属于此类生境；还有河口湾因其受潮汐作用而成为淡水和海洋之间的过渡区和生物群落交错区也属于重要生境。

② 保护脆弱的生态系统　脆弱生态系统是指那些受到外力作用后恢复十分艰难的生态系统。如果开发建设过程中措施不当，就会造成不可逆转的生态环境影响。脆弱生态系统的一般特征是：生物生产力低，生态系统制约性外力强，或存在敏感的生态因子并易受外力影响，使生态系统处于十分不稳定状态。例如，岛屿生态系统，受阻隔影响，生物种易濒危；荒漠生态系统，受水分严重制约，受风力强烈作用，易破坏，难恢复；高寒带生态系统，受低温制约，生物生长特别缓慢，一旦破坏，恢复需很长时间；热带森林，受阳光暴晒，暴雨冲刷，土层薄，肥力积集少，靠生物之间的"互助"维系平衡，一旦植被受干扰和破坏，可能发生严重水土流失，系统很难再建。这些区域均应重点保护。

③ 保护生态安全区　有些生态系统对较大的区域有重要的生态安全防护作用，一旦受到破坏，常会招致区域性生态灾难，例如防风固沙林。

④ 保护敏感生态目标　地域性特殊的自然资源和需要特别加以保护的目标包括自然景观与风景名胜；水源地，井，泉，水源林与集水区等；各种特有自然物，如温泉、火山口、溶洞等，地质遗迹、分水岭、界域标志物等；各种文化纪念物，如历史纪念地、文物古迹、古树名木、民族文化纪念物如寺庙、坟墓、圣地圣物等；特殊生物保护地，如动物园、植物园、果园、苗圃、驯化繁殖基地、育种地、农业特产地、城市菜篮子工程等；特别人群保护目标，如学校、医院、文教科研基地、疗养地、集中居民区等。

（5）保护生存性资源

水资源和土地资源是人类生存和发展所依赖的基本物质基础，也是保障区域可持续发展的决定性条件。在我国，由于人口众多，水、土资源成为两项最紧缺的资源，已接近一种危机的程度，许多地方因地少人多，陷入资源缺乏性贫困的困境中。现在迅速发展的城市、村镇和大规模的开发建设活动，正在迅速地吞噬着残存的土地。而且，土地资源紧缺更激起强烈的占有土地的愿望和行为。人们将开发建设活动占用土地都视为必然和合理。这种观念是建立在这样两种假设之上：此处占用土地，彼处还有"无限多"的后备土地资源可供开发；只要经济发展了，有了钱就可以买到无限多的粮食和食物。事实上，当土地资源危机真正来临之际，这种假设是不存在的。

我国水资源的形势也十分严峻。城市缺水已有几十年了，大河断流的现象很多，如最大的内陆河流塔里木河、中国的母亲河黄河等都产生过断流现象。另外还有一些河流有上下游争水的问题。例如，上游新的灌区建成了，下游老的灌区报废了；上游新的绿洲发展了，下游老的绿洲萎缩了。

（6）保持生态系统的再生产能力

自然生态系统都有一定的再生和恢复功能。一般复杂的系统，受干扰后恢复其功能的自调节能力较强。由于许多生态系统的退化是人类过度开发利用其资源造成的，因而合理利用可再生资源，是保持生态系统再生产能力不受损害的主要措施。

可再生资源、主要生物资源，应遵循如下的利用原则：开发利用生物资源的规模和强度应限制在资源的再生产能力之下；鼓励生物资源利用的多样化，减轻对某些生物资源的开发压力；依靠科技进步增殖生物资源，变猎获野生资源为人工培植与养殖；改善生物资源的养育环境，提高生物资源的生产能力；提高可再生资源的利用效率，减轻对资源的开发压力。

对于自然生态系统，保持或恢复其再生产能力应注意：保护生物群落的种群；保护尽可能多样性的生境，以利于生态系统的重建；保护属于食物链顶端的生物及其生境，以维护系统的平衡；创造生态系统恢复或重建所必需的无机环境条件等。

（7）注意解决区域性生态环境问题

区域性生态环境问题是制约区域可持续发展的主要因素。新的开发建设活动要遵循可持续发展的原则，要有助于区域性生态问题的解决。事实上，任何开发建设活动的生态环境影响，都具有一定的区域性特点，不从区域角度考察这类问题，也难以阐明开发建设活动的生态影响特点和后果，难以阐明生态保护措施的导向和重点。因此，对生态环境影响的评价应持区域性观点，注重区域性生态环境问题的阐明和寻求解决途径。区域性生态环境问题主要指以下几个方面。

① 水土流失　我国多山的地理特征和季风气候作用，加上长久的农业垦耕历史，造成我国水地流失不仅面积广，而且流失强度大，影响深远，成为制约农业生产发展的主要因素之一。水力侵蚀为主的地区主要有：西北黄土高原区（主要是黄河中游）、东北黑土区（主要是松花江流域）、北方土石山区（淮河以北至海河流域）、南方红壤丘陵区、西南土石山区（主要是长江上中游、珠江上游）。

在一些开发建设活动的环评中，编制水土保持方案要采用工程措施和生物措施，防治水土流失，尤其应重视区域植被的建设，以改善区域生态环境。

② 沙尘暴　沙尘暴是由本地或附近尘沙被风吹到空中形成的。沙尘暴的形成及其大小直接取决于风力、气温、降水及与其相关的土壤表面状况。沙尘暴的来源区均位于干

旱、半干旱地区。其防治措施主要要做好科学的还林还草工作，大范围地恢复自然植被；建立和完善沙尘天气的动态检测、预警系统，做好防治沙尘暴的研究工作。

③ 沙漠化　沙漠化是指非沙漠地区出现以风沙活动、沙丘起伏为主要标志的沙漠景观的土地退化过程。这也是一种以风力作用为主的土壤退化过程。我国约有一半国土处于干旱和半干旱区，受少雨和多风的影响及人为作用，土地沙漠化一直处于扩张之中。20世纪 60～70 年代，全国每年的土地沙漠化面积平均增长 1560 km²，80 年代后期上升到 2100 km²/a，现在达到 2400 km²/a 以上。沙漠化主要发生于"三北"地区。沙漠化地区气候干旱多风，脆弱的植被维系着生态系统的稳定，任何引起植被退化的活动都可能加剧土地的沙化过程。相反，因地制宜地扩大植被覆盖率，可起到防止沙漠化的作用。

④ 自然灾害　自然灾害是一种生态环境极度退化的结果，也是自然环境条件十分恶劣的表征。防止自然灾害，避免自然灾害威胁的加剧，对于城市建设、工农业的发展和区域的安全都是十分重要的。自然灾害主要有地质灾害、气候灾害、生物灾害以及现代的污染灾害几大类。地质灾害的崩塌、滑坡、泥石流，常与极度的水地流失相伴随，主要发生于山区；地面沉降、海岸侵蚀、海水入侵，主要是人为不合理开采地下水，采煤以及破坏海岸礁石、挖沙等造成的。气候灾害主要有台风、风暴潮、洪涝和干旱等，其发生和危害程度既与大区域的生态环境有关，也与局地环境有关。1998 年长江特大洪水，已将生态环境恶化与洪水灾害加剧的相关关系暴露无遗。生物灾害是生态平衡被打破而招致的结果，主要是鼠、虫灾害，有时也有水媒性传染病发生。

（8）重建退化的生态系统

地球各类生态系统已受到人类的普遍干扰或破坏，由此损失了大量可利用的土地和水域的生产能力，甚至引发了严重的自然灾害。重建退化的生态系统，可以改善生态环境和减轻对残余自然生态系统的开发压力，并一定程度上满足社会经济发展对自然资源的需求。因而，恢复受损害的生态系统受到世界各国的普遍重视，并由此形成一门新的学科，即恢复生态学。

恢复生态学的理论基础是生物群落具有自然演替的机制。人工改善基质条件和选择适宜的植物种类，可以大大加速演替的进程和迅速重建生态系统。

建设项目在实施过程中，有可能破坏森林生态系统、草原生态系统、江河和湖泊生态系统、海洋和海岸生态系统，因而"重建"也涉及这些生态系统。目前研究最多的生态环境恢复工程当首推矿产开发废弃地的生态恢复。

矿产资源开发，包括金属矿产、非金属矿产、化石能源（如煤）等，会造成地表形变、塌陷以及矿山剥离物、尾矿和砂石堆积等问题，对矿区会造成大范围的社会经济问题和生态环境问题。我国矿山废弃地面积已达 292 万 km²，矿产资源开发废弃地的恢复利用成为我国增加土地资源的一条重要途径，也是一项生态环境保护的重要战略。

概括地说，建设项目的生态恢复工程主要有被破坏土地的恢复利用、植被再建、土壤和水域的污染防治等。

四、评价的指导思想与基本原则

生态环境影响评价是一个综合分析生态环境和开发建设活动特点以及两者相互作用的过程。即研究开发项目对生态环境影响的性质、程度以及生态环境对影响的反应和敏感程度，确定应采取的生态环境保护措施。

① 以可持续发展为指导思想，从可持续发展要求出发，要注重保护土地资源(尤其是耕地)和水资源，因为水土资源是关系区域可持续发展的关键性资源；要注重研究生态系统对区域的环境功能，确保区域的生态安全，尤其应防止因干扰和破坏生态系统而带来的自然灾害。

② 遵循生态环境保护基本原理，科学地认识生态系统，识别敏感保护目标，分析生态影响，寻求符合生态学规律的保护措施，提高生态保护的有效性。对于生态环境保护，首要的是预防干扰和破坏，要贯彻"预防为主"的思想，为此，科学的规划和全过程生态管理是十分必要的，其次才是治理、恢复和重建。认识生态系统及其环境功能应从区域的角度着眼；评价内容和保护措施应特别关注生物多样性和地域特殊性。

③ 建设项目生态环境影响评价应具有针对性。即针对具体的建设项目，反映工程的影响特点；针对具体的生态环境及生态影响，反映生态系统的地域性特点。针对工程的特点，一是工程分析内容要全面，二要分析其直接影响和间接影响。针对生态特点，一是充分做好环境现场调查，二要深入进行生态环境分析。

④ 贯彻执行环境保护的政策和法规。应充分认识并维护环保政策和资源环境保护法规的严肃性。

⑤ 综合考虑环境与社会经济的协调发展关系。由于生态环境和自然资源与社会经济的关系极其密切，协调生态环境保护与资源利用、社会经济发展的关系，既是环境评价的目的，也是提高环保措施可行性的重要方面。从长远的和国家的利益出发，生态环境保护与社会经济发展利益是一致的，协调的；但从短期的和局部的利益来看，两者往往是矛盾的。生态环境影响评价的目的就是通过一系列科学的论证来寻求协调的途径。根据我国生态环境现状和可持续发展要求，所有开发建设活动都应通过补偿措施消除其环境影响，并对改善区域生态环境有所助益。

五、生态环境评价的分类

1. 回顾性评价

回顾性评价是通过各种手段获取某环境区域或生态系统的历史生态资料，对该生态系统的组成、结构和功能变化以及已经发生的演替过程进行评价。进行回顾评价时，一方面收集过去积累的生态环境资料，同时进行生态效应的模拟，或者进行采样分析，推算出过去的生态环境状况。其主要涉及污染影响程度的评估。比如，通过污染物在树木年轮中的含量分析可以推知该地区污染物对树木的危害情况；通过对某个区域人群健康的回顾调查，推知该地区生态环境质量的变化情况。回顾性评价作为事后评价，可以对生态环境变化预测的结果进行检验。

2. 现状评价

根据污染物的不同，污染生态效应现状评价的内容有所不同，一般应包括污染物对生态系统的生物成分(生物个体、种群和群落等)和非生物成分(大气、水分和土壤等)产生的变化进行评价，对生态系统整体结构与功能进行评价，对区域生态环境恶化以及自然资源的消耗进行评价。污染生态效应现状评价，一方面需要阐明被评价生态系统的类型、基本结构和特点，评价区域内不同生态系统间的相关关系(空间布局、能流和物流等)及连通情况，各生态因子之间的相关关系(食物链关系等)，明确区域生态系统主要约束条件以及所评价生态系统的特殊性；另一方面，需要阐明污染物的种类、物理化学特性、对生物体的毒性，阐明污染物对生态系统中的生物(动物、植物、微生物)个体、种群、群落乃至整个生态系统已经造成的影响，以及污染生态效应发生的机制，从而判定污染生态效应发生的程度。

3. 生态环境影响评价

生态环境影响评价是在影响识别与现状评价的基础上进行的。

由于建设项目的所有活动都可能对生态环境造成影响，生态环境影响评价首先要注意全面性，即应包括主要工程、辅助工程、配套工程和公用工程的全部影响。

由于建设项目的全过程都可能对生态环境造成影响，生态环境影响评价应包括从选址勘探设计、施工期、营运期直至工程报废的全部过程。其中，很多工程在施工期是对生态环境有直接和重大影响时期，因而值得特别关注。

建设项目对生态环境的影响方式有集中作用与分散作用、长期作用与短期作用、物理作用、化学或生物作用。影响的性质有正影响或负影响、可逆影响或不可逆影响、一过性影响或累积性影响，还有直接作用和间接作用。许多建设项目中，其间接作用或间接影响比直接作用还要长久和严重。对所有这些影响，在影响评价中都应阐明。

影响对象的敏感性和重要性是决定影响评价工作深度的重要依据，此类影响常需做定量评价。

对区域和流域性影响，应从可持续发展的角度对生态环境功能变化做出评价，特别是不能加剧区域性自然灾害。重大的开发建设活动还应做生态风险预测评价。

影响评价的内容由建设项目产生影响的特点、性质和生态环境对影响的反应(生态效应)决定。一般评价中比较重视直接影响而忽视间接影响，重视显性影响而忽视潜在影响，重视局地影响而忽视区域性影响，重视单因子影响而忽视对生态系统整体影响的分析，这种倾向应在提高生态意识的基础上逐步克服。一般而言，生态环境影响评价包括生态系统结构和功能的变化及发展趋势，生态环境的恶化或好转，自然资源的变化态势以及其他影响，如污染的生态效应等。很多项目可能只影响生态系统的一些组成因子，而且也不会因此构成对生态系统整体的影响，此时，可针对受影响因子进行单因子影响评价。

针对生物多样性影响评价包括：拟建项目将会影响的生态系统的类别(如热带森林或盐、沼地等)；其中有无特别值得关注的荒地或具有国家或国际重要意义的自然景区；生态系统的重要特征是什么，如濒临灭绝的物种的生境或特殊物种的繁殖筑巢的地方；确定拟建项目对生态系统的冲击，如砍伐森林、水淹、排水、改变水文状况、便利人类出入、交通噪声等；估计损失的生态系统总面积(如占国家剩余的同类生态系统的百分数)；估计生态累积效应和趋势等。

由于拟建项目类型、对环境作用方式以及评价等级和目的要求等不同，生态环境影响评价采用的方法、内容和侧重点也不尽相同：有的用定性描述评价，有的用定量或半定量的方法评价；有的侧重对生态系统中生物因子的评价，有的侧重对生态系统中物理因子的评价；有的着重对拟建项目的生态系统效应进行评价，有的着重对生态系统污染水平变化进行评价。这里很难用一个统一的模式予以概括。

第二节　生态环境现状评价

一、生态环境现状评价的类型

从生态环境现状评价的侧重点分类，其现状评价大致可分为两种类型：一种是主要考虑生态系统属性的信息，较少考虑其他方面的意义。例如早期的生态系统评价就是着眼于某些野生生物物种或自然区域的保护价值，指出某个地区野生动、植物的种类、数量、现状，有哪些外界（自然的、人为的）压力，根据这些信息提出保护措施建议。现在关于自然保护区的选址、管理也属于这种类型。另一种评价类型是从社会经济的观点评价生态系统，分析人类社会对自然环境的影响，评价人类社会经济活动所引起的生态系统结构、功能的改变及其改变程度，提出保护生态系统和补救生态系统损失的措施。这种类型的评价目的在于保证社会经济持续发展的同时保护生态系统免受或少受有害影响。两类评价方法的基本原理相同，但由于影响因子和评价目的不同，故评价的侧重点不同，方法的复杂程度也不尽相同。

目前，生态环境评价方法尚处于研究和探索阶段。大部分评价采用定性描述和定量分析相结合的方法进行，而且许多定量方法仍由于不同程度地受主观因素影响而增加了不确定性。因此，对生态环境影响评价来说，重要的是对评价对象（生态系统）有全面透彻的了解，因而要进行大量的现场调查和资料收集工作及细致的分析工作。

二、生态环境现状调查

生态环境现状调查主要包括以下几个方面。

1. 调查对象

①　生态系统　包括动、植物物种，特别是珍稀、濒危物种的种类、数量、分布、生活习性、生长、繁殖和迁移规律；生态系统的类型、特点、结构及环境服务功能；与其他环境因素（地形地貌、水文、气象气候、土壤、大气、水质）的关系等及生态限制因子。

②　生态环境对区域社会经济的影响状况　包括人类干扰程度（土地利用现状等），如果评价区存在其他污染型工、农业，或具有某些特殊地质化学特征时，还应该调查有关的污染源或化学物质的含量水平。

③　区域敏感保护目标　即调查地方性敏感保护目标及其环保要求。

④　区域规划　如城市规划、可持续发展规划、环境规划（生态环境规划）、流域规划等。

⑤　区域生态环境历史变迁　即调查主要的生态环境问题及自然灾害发生状况。

2. 现有资料的收集

从农、林、牧、渔业等资源管理部门，以及专业研究机构收集生态和资源方面的资料，包括生物物种清单和动植物群落，植物区系及土壤类型等资料；从地区环保部门和评价区其他工业项目环境影响报告书中收集有关评价区的污染源、生态系统污染水平的调查资料。

收集各级政府及有关部门制定的自然资源、自然保护区、珍稀和濒危物种保护的规定和环境保护规划；收集国内国际确认的有特殊意义的栖息地和珍稀、濒危物种等资料，并收集国际有关环境保护规定的资料。

3. 调查内容

（1）自然环境基本特征调查

自然环境基本特征的调查内容包括：评价区内气象气候因素、水资源、土地资源、动植物资源，评价区内人类活动历史对生态环境的干扰方式和强度，自然灾害及其对生境的干扰破坏情况，生态环境演变的基本特征等，如表 8 - 2 所列。

表 8 - 2 自然环境基本特征调查主要内容

调查内容	指 标	评 价 作 用
气候与气象调查		
降水	量及时间分布	确定生态类型，分析蓄水滞洪功能需求等
蒸发	蒸发量、土壤湿度	分析生态特点、脆弱性或稳定程度
光、温	年日照时数、年积温	分析生态类型、生物生产潜力等
风	风向、风力、风频	分析侵蚀、风灾害、污染影响
灾害气候	台风、风暴、霜冻、暴雨等	分析系统稳定性和气候灾害、减灾功能要求
地理地质与水土条件调查		
地形地貌	类型、分布、比例、相对关系	分析景观特点生态系统特点、稳定性、主要生态问题、物流等
土壤	成土母质、演化类型、性状、理化性质、厚度，物质循环速度、肥分、有机质、土壤生物特点、外力影响	分析生产力、生态环境功能（即持水性、保肥力、生产潜力）等
土地资源	类型、面积、分布、生产力、利用情况	分析景观特点、系统相互关系、生产力与生态承载力等
耕地	面积、肥力、生产力、人均量等，水利状况	生产力、区域人口承载力与可持续发展能力
地表水	水系径流特点，水资源量、水质、功能、利用等	分析生态类型、水生生态、水源保护目标等
地下水	流向、资源量、水位、补排、水质、利用等	分析采水生态影响，确定水源保护范围
地质	构造结构、特点	分析生态类型与稳定性
地质灾害	方位、面积、历史变迁	分析生态建设需求，确定防护区域
生物因子调查	植被类型、分布、面积、建群种与优势种，生长情况，生物量，利用情况	分析生态结构、类型，计算环境功能。分析生态因子相关关系，明确主要生态问题
植物	植物资源种类、生产力、覆盖率、利用情况	计算社会经济损失，明确保护目标与措施
动物	类型、分布、种群特征，食性与习性，生殖与居栖地等	分析生物多样性影响，明确敏感保护目标

在生态环境调查中，除表8-2所列的调查内容外，还有两类重要的调查：一是区域生态环境问题调查，二是生态环境特别保护目标调查。

（2）主要生态环境问题调查

生态环境问题主要指水土流失、沙漠化、盐渍化以及环境污染的生态影响，如表8-3所示。这类问题须重视其动态和发展趋势，许多生态环境问题发展到一定程度就以灾害的形式表现出来，如严重的水土流失导致洪灾和泥石流灾害，土地沙漠化导致沙尘暴和土地与城镇的沙埋等。

表8-3　主要生态环境问题调查内容

生态问题	指　标	评　价　作　用
水土流失	历史演变，流失面积与分布，侵蚀类型、侵蚀模数，水分肥分流失量，泥沙去向，原因与影响	分析生态系统动态变化，环境功能保护需求，控制措施与实施地
沙漠化	历史演变，面积与分布，侵蚀类型、侵蚀量，侵蚀原因与影响	分析生态系统动态变化，环境功能需求，改善措施方向
盐渍化	历史演变，面积与分布，程度、原因与影响	分析生态系统敏感性。水土关系，寻求减少危害和改善的途径
污染影响	污染来源，主要影响对象，影响途径，影响后果	寻求防止污染、恢复生态系统的措施

（3）图件收集和编制

调查中要注意已有图件的收集，根据工作级别不同，对图件的要求也不同，主要收集的图件资料有：

① 地形图　评价区及其界外区的地形图的比例一般为1/10000～1/500000。

② 基础图件　包括土地利用现状图、植被图、土壤侵蚀图等。

③ 卫片　当已有图件不能满足评价要求时，一级的评价可应用卫片解释编图以及地面勘察、勘测、采样分析等予以补充。卫片要放印到与地形图匹配的比例，并进行图像处理，突出评价内容，如植被、水文、动物种群等。

上述调查内容和编绘的图件目录要在大纲中列出，并报环保部门审批。在大纲中要给出项目位置图、工程平面布置图。大纲经环保部门审批后，评价单位要严格按批复执行。

评价区生态资源、生态系统结构的调查可采用现场踏勘考察和网格定位采样分析的传统自然资源调查方法。在评价区已存在污染源的情况下，对于污染型工业项目评价需要进行污染调查。根据现有污染源的位置和污染物环境输运规律确定采样布点原则，采集大气、水、土壤、动植物样品，进行有关污染物的含量分析。采样和分析按标准方法进行，以满足质量保证的要求和便于几个栖息地、几个生态系统之间的相互比较，景观资源调查需拍照或录像，取得直观资料。

4. 调查（评价）范围

生态系统在自然的和人类影响下发生的变化十分复杂，要为生态影响评价划定一个确切的地域范围是很困难的。对于道路和管线工程，生态环境影响评价可取沿线两侧200～400 m 范围(重点区域要扩展)。对其他开发建设项目，生态环境影响评价范围应根据项目地址与自然、人工生态系统的相对位置关系，项目影响生态系统的方式，受影响生物种群的具体情况等确定。一般应包括：

① 直接作用区　指生态系统可能受到拟建项目各种活动直接影响的地区。

② 间接作用区　指与污染物环境输运、食物链转移及动物的迁移或回游行为等有关的间接影响地区。

③ 对照区　为了对比和提供某些背景资料而选择的与评价区自然生态条件相似的参考地区。

一般生态调查的范围宜大不宜小，评价范围应大于直接影响区。确定生态影响评价范围主要应考虑地表水系特征、地形地貌特征、生态系统特征(如动物活动范围等)以及开发建设项目特征。

三、生态环境现状评价的基本要求和评价方法

生态系统是类型和结构多样性高、地域性特别强的复杂系统，其影响变化包括内在本质(整体性)变化和外在表征(环境功能)的变化，既有数量变化，也有质量变化，存在着由量变到质变的发展变化规律(累积性影响)，所以其评价标准体系复杂。

1. 评价标准、基准与准则

环境质量标准有 GB 15618《土壤环境质量标准》、GB 5804《农田灌溉水质标准》、GB 9137《保护农作物大气污染物最高允许浓度》等国家标准，还有以下的几类基准或准则。

① 行业规范　即行业发布的环境评价规范、规定、设计要求和其他技术文件。

② 地方环境规划　主要是地方政府规划的环境功能区及其指标，如河流功能区划、区域绿化指标、水土流失防治要求等。

③ 环境背景或本底值　以项目所在的区域生态环境背景值或本底值作为评价参考基准，考察开发建设项目实施前后的变化，如区域土壤背景值、区域植被覆盖率等。

④ 类比对象　以未受人类较大干扰的相似生态系统或以相似自然条件下的原生自然生态系统作类比参考对象，如原始森林的生物量等。

⑤ 生态影响阈值　如生物对污染物的耐受量，区域生态安全保障的绿化覆盖率，区域生态承载力(旅游区承载力、区域人口承载力等)，作为评价的参考标准。

生态环境影响评价标准或评价参考标准的选取、应用，都是复杂的科学工作。一般选取的标准应能用某些指标值来定量地计量、表征，指标值应能反映地域性特点，应能满足评价生态系统变化程度的要求。

生态环境影响评价以评价其环境服务功能为主，因而所有能反映生态环境功能和表征生态因子状态的指标值，如生物质生产量等，都可以直接用作判别标准。大量反映生态系统结构和运行状态的指标，需借助一些相关关系转换为能反映生态环境功能的指标，如植被覆盖率可直接用作生态环境质量的判别标准，也可用其计算涵蓄水源的功能。

2. 生态环境现状评价的基本要求

生态环境现状评价与影响评价的内容根据建设项目的影响和环境特点有所不同，一般包括对生态系统的生物成分(生物种、种群、群落等)和非生物成分(水分、土壤等)的评价，即生态系统因子层次上的状况评价；生态系统整体结构与环境功能的评价；区域生态环境问题以及自然资源的评价等。

其评价结论通常需阐明：生态系统的类型、基本结构和特点，评价区内居优势的生态系统及其环境功能；区域内自然资源赋存和优势资源及其利用状况；区域内不同生态系统间的相关关系及连通情况，各生态因子间的相关关系（注意食物链关系）；区域生态系统主要约束条件（主要限制因子）以及所研究的生态系统的特殊性。另外，现状评价还需阐明评价的生态环境目前所受到的主要压力、威胁，以及存在的主要问题等。

3．评价方法

（1）列表清单法

该方法是将所选择的污染生态效应参数列在一个表格的行与列内，逐点进行分析，并以正负符号、数字、其他符号表示影响的性质、强度等，可以鉴别污染物质在生态系统中不良的或有益的生态效应。但该方法对生态效应参数通常不能进行定量计算。

（2）重叠法

这种方法是将一套表示生态环境特征的地图叠置起来，做出一套复合图，以表示生态系统的特征，指明污染物在生态系统各部位的污染效应性质和程度。

例如 Mchchang 叠置法，该方法首先将所研究的区域分成若干个地理单元，在每个单元中根据调查获得的有关环境因素方面资料，利用这些资料对每个因素作出一幅污染生态效应图，这样就绘制出一系列的生态效应图；然后将这些图件衬于一个地区的基本地图上，作出一个地区的综合图，图上有时可绘有十几种生态环境要素的特征。据此进行分析，就可能对生态系统的污染生态效应做出评价，并通过颜色、阴影的浓淡等表示其影响的大小。

这种方法使用比较简便，但不能对影响做出定量表示，也不能在图上把对于特性的加权明确表示出来。它的基本意义在于预测、评价和传达某一地区或者某一生态系统的污染生态效应。此外，它对于污染生态效应的空间定位也很有用。

又如 Kranskops 重叠法，这是一种用计算机作图的图形重叠技术，把关于生态系统的大量资料以 1 km² 为一个单元的方格系统收集并储存在计算机里，用计算机系统计算交叉单元影响的方法。用这种方法可评价污染物质的生态效应。这种方法所选用的生态环境特性大多是具有综合性的，可通过加权来表示各种生态效应的相对重要性。

四、生态环境现状评价的指标体系及相关评价

1．生物个体指标

生物个体指标包括：

① 生物个体形态指标，例如植物的株高、根长、生物量、产量等；动物的体长、体重等。

② 生理生化指标，涉及污染物对植物、动物、微生物个体新陈代谢过程的影响。如对植物的吸收机能、光合作用、呼吸作用、蒸腾作用、反应酶的活性与组成、次生物质代谢等过程的影响。

2．生物种群指标

（1）种群密度和大小

种群密度是指一定时间内，单位面积上或单位空间内的某种群的个体数目。计算密度可以推知种群的动态变化、种群的生物量和生产力，以及食物链网中的能流和物质循环。一般来讲，污染物质会导致种群密度变小。种群大小的变化常与个体的生死过程和迁入、迁出活动有关，一般种群大小变化可用下式表示：

$$N_{i+1} = N_i + (\text{出生} - \text{死亡}) + (\text{迁入} - \text{迁出})$$

式中　N_i——t 时间内的个体数；

　　　N_{i+1}——t 时间后的个体数。

（2）种群结构

种群中个体的性别和年龄的分配以及各种年龄的个体的估计寿命是种群的结构特征。根据年龄组成可将种群分为三种类型：

① 生长种群，幼体 + 成体 > 老年；

② 静止种群，幼体 + 成体 = 老年；

③ 老龄种群，幼体 + 成体 < 老年。

污染物质将导致种群结构不合理。

（3）种群数量

种群数量是种群的特别是自然种群的主要生态变化特征。一般来说，环境变化越大，种群数量变化也越大。研究种群的目的，在于更深入地了解和分析群落，特别是研究种群不同生长发育阶段对环境污染的反应，有助于在群落的控制和利用方面采取具体措施。近年来工业污染物成为影响种群增长的重要因素。污染物可以直接杀死部分有机体，有的有机体虽然没被杀死，但具有伤害繁殖的灾难性后果，使种群处于衰减趋势。

（4）物种优先保护顺序及评价

① 确定评价依据或优先保护物种的指标　一般认为，以下几类野生生物具有较大保护价值：具有经济价值的物种；对于研究人类和行为学有意义的物种（如人猿）；有助于进化科学研究的，如活化石；能给人以某种美的享受的物种。而有利于研究种群生态学的物种则主要有两类：一类是，已经广泛研究并有文件规定属于保护对象的物种；另一类是，某些正在把自己从原来的生存范围内向其他类型栖息地延伸、扩展的物种。

② 保护价值评价与优先排序　自然资源保护的决策要求对物种或栖息地的评价即使不能定量化，也要给出一种保护价值的优先排序。Perring 和 Farrell（1971 年）根据英国自然资源保护委员会（NCC）生物记录中心（BRC）评价野生植物种群的方法，用一个"危险序数"来表达物种的保护价值。其计算方法如下：

首先，对物种的下列特征确定价值：

物种在 10 年观察期间的退化速率排序 a 为

　　0　退化率 < 33%

　　1　退化率在 33% ~ 66%

　　2　退化率 > 66%

生物记录中心已知的该物种存在地方数（可能生境数）排序 b 为

　　0　> 16 个地方

　　1　10 ~ 15 个地方

　　2　6 ~ 9 个地方

　　3　3 ~ 5 个地方

　　4　1 ~ 2 个地方

对物种诱惑力的主观估计排序 c 为

    0 没有诱惑力

    1 具有中等程度诱惑力

    2 具有高度诱惑力

物种"保护指数"——该物种所在地占自然区面积的百分数排序 d 为

    0 占自然区面积的 66% 以上

    1 占自然区面积的 33%～66%

    2 占自然区面积的 33% 以下

    3 占自然区面积的 33% 以下，而且属于非常危险的地区

遥远性——指人类抵达该物种所在地的难易程度排序 e 为

    0 不易抵达

    1 中等程度容易抵达

    2 容易抵达

易接受性——指人类一旦抵达该物种所在地后，接近该物种的难易程度排序 f 为

    0 不易接近

    1 中等程度容易接近

    2 容易接近

然后，按下式计算危险序数 TN

$$TN = a + b + c + d + e + f$$

所得"危险序数"的最大值是 15，和 IUCN 的分类结构相对应：TN = 7～11 时属脆弱类，TN > 12 属濒危类。

3．生物群落指标

生物群落是在一定时间内居住于一定环境中的各种群所组成的生物系统，例如一片草原或一片橡树林就是一个群落。因为生物群落反映出生活在一个地区的各种生物和环境之间的关系，因此无论在种类组成或群体结构上都较复杂。群落具有以下主要特征：

① 群落的结构   每个群落都由一定的生物种类组成，具有一定的结构和一定的物质生产量。

② 群落的生态   每一群落都有适应外界环境、改变环境的特殊作用。

③ 群落的动态   每一群落在时间上都有它发展变化的规律。

④ 群落的分布   每一个群落在空间上都有其分布规律；污染物对生物群落的影响包括污染物对生物群落结构、生态、动态和分布特征等方面的影响。

生物群落结构指标主要有生物多样性指数，这个指数以种类的多少及其数量或生物量之间的关系来表示。它含两个基本要素：一是生物种类的丰度，一是个体在种内分布的均匀度。在正常的生态系统中，群落的组成多种多样，其多样性指数值较大，而重复性较小。环境污染将导致群落中生物种类减少，耐污种类个体数增多，种类组成由复杂到简单，种类数量由多到少，生物多样性减少或丧失。如在受到污染的水生生态系统中，高等植物种类减少，正常的浮游植物为污水类型的藻类所代替。

4．生物群落评价

群落评价的目的是确定需要特别保护的种群及其生境，一般采用定性描述的方法。对个别珍稀、濒危或有其他特殊意义的物种须进行重点评价。

将群落的群种或特别关心的物种，按照丰富度、频率、濒危程度（危险度）等来分级、打分，可以评价群落的保护类别；列出群落的功能，确定各功能的权重因子，并对具体群落按功能的强弱程度打分，可以评价群落的环境功能。

5．栖息地（生境）评价

（1）分类法

将评价区各种生境按自然保护区标准分类方法归类、列表表达。例如，英国自然保护委员会将不同栖息地按自然保护价值分为三类：

第一类　野生生物物种最主要的栖息地：原生林，高山顶，未施用过肥料和除莠剂的永久性牧场与草原，低地湿地，未污染过的河流、湖泊、运河，永久性堤堰，大型沼泽地与泥炭地，海岸栖息地（峭壁、沙丘、盐沼等）。

第二类　对野生生物有中等意义的栖息地：人造阔叶林，新种植的针叶林，高沼地与粗放放养的农业池塘，公路和铁路路边，具有丰富野草植物区系的可耕地，大型森林，成年人造林，小灌木林，交错区人造林，树篱，砾石堆，小沼泽地和小泥炭地，废采石场，未管好的果园，高尔夫球场。

第三类　对野生生物意义不大的栖息地：没有地面覆盖层的人造针叶林，临时水体，改良牧场，机场，租用公地，园艺作物和商业性果园，城镇无主土地，各种污染水体，暂时牧场的可耕地，球场，小菜园，杂草很少的可耕地，工业和城市土地。

（2）相对生态评价图法

对研究区进行生态分域，确定各类栖息地的保护价值，评分并分级，将有关信息综合并绘制成相对生态评价图。例如，Tubbs 和 Blackwood（1971 年）为 Hamsphire 郡委会规划部的土地利用提出如下评价方法：

① 分带　将研究区分为若干个基本的生态带：生态带 1——未进行人工播种的植被（含天然林）；生态带 2——人造林；生态带 3——农业土地。

② 归类打分　按三个概念评价各个生态带的价值：未播种的或半天然栖息地在英国低地的分布有限，承受复垦和开发的压力，故保护价值高；人造林和作为野生生物库的地区，也具有较高价值；农业土地的生态意义大小随农业土地的利用强度以相反趋势变化。由此，将生态带分别归类如下：

生态带 1 为Ⅰ类或Ⅱ类（最后区别取决于栖息地类型的稀有性和是否存在显著科学意义特征的主观估计）。

生态带 2 为Ⅱ类或Ⅲ类（根据栖息地作为野生生物库的价值的主观估计）。

生态带 3 的相对价值是栖息地多样性的函数。按特征定义的栖息地有：永久性草地，高、矮树篱，分界用的堤埂，路堑和路边斜坡，公园树木，果园（非商业生产），池塘、沟渠、小河和其他水道，小块（<0.5 km²）人工植被（包括林地）。按上述栖息地存在的情况打分：

0　生态带内没有或实际上没有

1　虽有存在但不十分醒目

2　很多（醒目）

3　丰富

③ 生态带价值评价　根据以上特征打分的总和：>18 分为Ⅰ级，15～18 分为Ⅱ级，

11 ~ 14 分为Ⅲ级，6 ~ 10 分为Ⅳ级，0 ~ 5 分为Ⅴ级。

④ 制图　将生态带分级结果绘制成"相对生态评价图"，给出各生态带的边界和相对生态价值，同时还伴随一个报告来定义"用于区别各生态带的特征和保护政策价值需要的指征"。此评价方法被应用于英国低地自然资源评价，在用于其他土地评价时要根据当地生态特征修改。

（3）生态价值评价图法

这是 Goldsmith（1975 年）提出的评价方法，在英国应用较广。根据栖息地面积、稀有性、存在物种数和植被构造等特征进行客观评价，最后结果按网格（km^2）绘出生态环境的生态价值评价图。作图步骤如下：

① 将研究区分为若干个土地系统：系统 1 为开放高地（多数是 300 m 以上的高沼地）；系统 2 是封闭的栽植地（多半是永久性牧场）；系统 3 是封闭的平地（多半是谷底可耕地）。

② 记录以下栖息地在各土地系统中的分布：可耕或暂作牧场的可耕地；永久性牧场；粗放放牧地；森林，如落叶林和混交林，针叶林，灌木林，果林；树篱；溪流等。

③ 对上述栖息地分别确定以下参数：范围 E，栖息地以每公顷内面积计，线形栖息地以 km/km^2 计；

稀有性 R，$R =$ 在土地系统中所占面积份额 ×100%；

植物物种丰度 S，20 m × 20 m 采样小区中的物种数；

动物物种丰度 V，鉴于动物物种数和植被分层性相关，故设 $V =$ 植被垂直层次数 （草地为 1，发育良好的树林为 4）。

④ 按下式计算每个网格的生态价值指数（IEV）

$$IEV = \sum_{i=1}^{N} (E_i \times R_i \times S_i \times V_i)$$

⑤ 将 IEV 归一化到 0 ~ 20 范围，用归一化值按网格绘图。

（5）扩展的生态价值评价法

我国学者曹洪法（1995 年）提出的生态系统质量评价系统，考虑了植被覆盖率、群落退化程度、自我恢复能力和土地适宜性等特征，并按 100 分制给各特征赋值。生态系统质量 EQ 按下式计算

$$EQ = \sum_{i=1}^{N} \left(\frac{A_i}{N} \right)$$

式中　A_i——第 i 个生态特征的赋值；

　　　N——参与评价的特征数。

按 EQ 值将生态系统分为 5 级：Ⅰ级 100 ~ 70，Ⅱ级 69 ~ 50，Ⅲ级 49 ~ 30，Ⅳ级 29 ~ 10，Ⅴ级 9 ~ 0。

生态环境现状评价方法依评价的主要目的、要求及生态系统的特点而定。物种评价、群落评价、栖息地评价，都是以阐明某一问题为主或从阐明某一重点问题入手，同时反映系统的整体情况和其他信息。基于生态系统的整体性，《环境影响评价技术导则·非污染生态影响》特别推荐在生态制图的基础上进行生态现状评价，即通过各种生物和非生物因子在空间的布局和相互关系来反映功能状况，例如用植被斑块的空间分布、连通状况来分析物种和生物多样性资源的"栖息"和"流动"状况；用植被自身的异质性来分析自

然组分抗御内外干扰的能力；用周边生物群落与评价区生物群落连通状况来分析周边自然生态对评价区域生境的支撑能力等。

6. 景观生态学评价

（1）景观空间结构分析和功能与稳定性分析

景观生态学评价方法通过两个方面评价生态环境质量状况：一是空间结构分析；二是功能与稳定性分析。这种评价方法可体现生态系统结构与功能匹配一致的基本原理。

空间结构分析认为：景观是由拼块、模地和廊道组成。其中，模地是区域景观的背景地块，是景观中一种可以控制环境质量的组分。因此，模地的判定是空间结构分析的重点。模地的判定有三个标准：相对面积大，连通程度高，具有动态控制功能。模地的判定多借用传统生态学中计算植被重要值的方法。拼块的表征，一是多样性指数，二是优势度指数。优势度指数 D 由密度 R_d、频度 R_f 和景观比例 L_p 计算得出。

景观的功能和稳定性分析包括组成因子的生态适宜性分析；生物的恢复能力分析；系统的抗干扰或抗退化能力分析；种群源的持久性和可达性分析（能流是否畅通无阻，物流能否畅通和循环）；景观开放性分析（与周边生态系统的交流渠道是否畅通）等。

① 景观多样性指数 H 计算：

$$H = -\sum_{i=1}^{m}(P_i \cdot \ln P_i)$$

式中 P_i——某类型景观所占百分比面积；

m——景观类型数。

② 优势度指数 D 计算：

$$D = \frac{1}{2} \times \left[(R_d + R_f)/2 + L_p\right] \times 100\%$$

式中 密度 R_d =（拼块 i 的数目/拼块总数）×100%；

频率 R_f =（拼块 i 出现的样方数/总样方数）×100%；

景观比例 L_p =（拼块 i 的面积/样地总面积）×100%。

③ 生态环境质量 EQ（功能与稳定性）计算（选择四项指标）：

$$\text{EQ} = \sum_{i=1}^{n} A_i/4$$

式中 A_1——土地生态适宜性，以土地的生态适宜性大小给分，分阈值 0～100；

A_2——植被覆盖度，以土地的实际覆盖度为权值，值阈按实际覆盖度除以 100 计；

A_3——抗退化能力赋值，群落抗退化能力强时赋值 100，较强者赋值 60，一般水平赋值 40，一般以下赋值 0；

A_4——恢复能力赋值，群落恢复能力强赋值 80，较强赋值 60，一般赋值 40，一般以下赋值 0。

（2）景观生态价值评价

如前所述，EQ 值划分标准及相应生态级别如下：

EQ 值	100～70	69～50	49～30	29～10	9～0
生态级别	I	II	III	IV	V

实施方法：专家评分法，即对开发建设活动前后分别给分。

第三节　生态环境影响评价

一、生态环境影响评价的工作程序

生态环境影响评价技术工作程序如图 8-1 所示，包括：前期准备；编制和报批评价大纲；现状调查与评价、影响预测与评价；报告审批；环保措施落实等阶段。

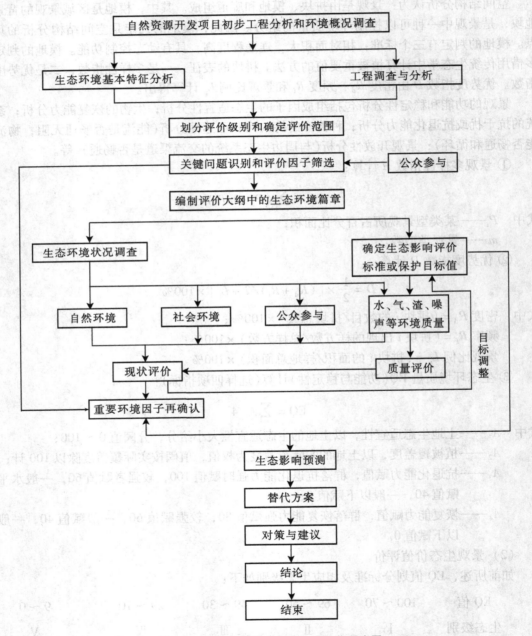

图 8-1　生态环境影响评价技术工作程序图

二、生态环境影响评价的等级确定

依据我国现行的一般技术原则，进行生态环境影响评价的开发行动或建设项目可分为两类：

① 自然资源的开发项目，如大型矿山（包括露天开采和井采）、大型水利电力、森林、公路、港口建设，石油和天然气开发，垦荒等。

② 工业建设和中小型资源开发项目，如工业建设项目（化工厂、食品加工厂、钢铁厂等）、小型水利工程、地区性道路建设等。

对于这两类项目，首先是进行项目筛选和确定评价等级，大中型自然资源开发项目分级与评价要求的确定可依 HJ/T19—1997《环境影响评价技术导则·非污染生态影响》分级方法，其要点如下所述：

首先，对工程和项目所在区域进行初步分析。选择出 1～3 个主要评价因子，然后据该生态因子变化的程度和范围进行工作级别划分；在选择的生态因子多于 1 时，则依据评价级别高的因子确定其工作级别。

二级项目的评价，要满足生态完整性的需要，对生态变化是否超越了项目所在地区的生态负荷或环境容量进行分析。

三级项目的评价可以从简，但也要对主要生态变化进行分析确定。

三、生态环境影响预测方法

生态环境影响预测内容包括：种群是否改变或消失，生境是否发生变化，生态系统结构是否发生变化，影响是否不可避免和影响是否可逆等。

1. 专业判断法

依靠专家有关植物、动物及其栖息地和对有关生物群落抵御干扰或对干扰产生反应能力的专业判断，预测开发活动带来的生物环境变化。这种方法比较简单，但有一定的主观性，受专家专业知识和经验的限制。

2. 类比法

一般有两种：一种是比较分析法，如对目前已使用杀虫剂的沼泽与未使用过杀虫剂的沼泽进行比较，用于预测使用杀虫剂后对沼泽的影响；另一种是控制实验类比法，如把实验性的杀虫剂剂量用在现有盐土沼泽地的一小块区域，并与该沼泽未使用杀虫剂区域进行对比。

3. 数学模式法

采用这种方法是根据生态理论和经验建立的生态影响预测模式，预测开发活动引起的生物生态环境的变化。该方法在影响预测中有一定局限性，主要原因是：① 因对许多生态系统了解不充分而不能充分地用方程式表达；② 需要大量的现场数据来估算模式系数，需要较长时间检验模式。在许多情况下，生态系统模型检验需要延续几十年。

4. 指数法

（1）方法要求

① 分析研究评价的生态因子的性质及变化规律。

② 建立表征各生态因子特征的指标体系。

③ 确定评价标准。

④ 建立评价函数曲线，将评价的环境因子的现状值（开发建设活动前）与预测值（开

发建设活动后)转换为统一的无量纲的环境质量指标,用 1～0 表示优劣("1"表示最佳的、顶级的、原始或人类干预甚少的生态环境状况;"0"表示最差的、极度破坏的、几乎非生物性的生态环境状况,如沙漠)。这一划分实际上是确定了生态环境质量标准,由此计算出开发建设活动前后环境因子质量的变化值。

⑤ 根据各评价因子的相对重要性赋予权重。

⑥ 将各因子的变化值综合,得出综合影响评价值,即

$$\Delta E = \sum_{i=1}^{n} (E_{h_i} - E_{q_i}) \times W_i$$

式中　ΔE——开发建设活动前后生态环境质量变化值;

E_{h_i}——开发建设活动后 i 因子的质量指标;

E_{q_i}——开发建设活动前 i 因子的质量指标;

W_i——i 因子的权值。

(2)应用

① 可用于生态因子单因子质量评价;

② 可用于生态环境多因子综合质量评价;

③ 可用于生态系统功能评价。

(3)说明

建立评价函数曲线须根据标准规定的指标值确定曲线的上、下限。对于空气和水这些已有明确质量标准的因子,可直接用不同级别的标准值作上、下限;对于无明确标准的生态因子,需根据评价目的、评价要求和环境特点选择相对的环境质量标准值,再确定上、下限。

(4)生态功能评价举例

这里以某地农业生态功能评价为例,说明指数法在生态功能评价的步骤。

① 调查土地利用结构现状,包括耕地、园地、林地、草地、非生产用地的面积及其占总面积的比例。

② 认识农业生态系统基本功能:第一,对人类生存必需品(如粮食、肉类)的满足程度;第二,提高生活水平和扩大再生产的能力;第三,保持环境质量。

③ 依据上述功能要求,选择评价因子。根据分析,影响上述功能的主要问题是水土流失、土地退化和人口增长等。

④ 确定评价指标体系并赋权。按功能要求,选择社会、经济、生态三个效益共 9 个评价因子并根据不同因子的影响力大小赋权:人口增长率 0.3,人均粮食 0.5,人均肉食 0.2,耕地生产率 0.4,人均纯收入 0.3,农业总产值 0.3,林草覆盖率 0.35,基本农田率(基本农田与全部耕地面积之比)0.35,环境治理度(已治理面积与水土流失面积之比)0.3。

⑤ 确定评价标准。评价标准取自国家的发展目标,如 2000 年要达到小康标准;国家规定标准,如人口增长率为 1.25‰,水土流失区要实现的水土流失基本控制目标要求;区域总体水平,如耕地生产率等。

⑥ 用指数法进行单项因子评价,即 $P_i = \dfrac{S_i}{S_{标}}$。其中人口增长率与其他项相反,应为

$$P_i = \frac{S_{标}}{S_i}。$$

⑦ 用加权平均法计算出各农业生态系统的综合评价指数。

⑧ 列表表达上述数据，并进行综合评价与分析。一般来说，综合评价指数 > 0.8 者为优，< 0.6 者为差。列表排序。差项应采取措施予以加强。

四、生态系统的综合评价方法

生态系统是由多因子(生物因子和非生物因子)组成的多层次的复杂体系和开放系统，其系统内部各因子和系统与外部环境之间有着千丝万缕、密不可分的相互联系和相互作用。定性与定量相结合的层次分析法(AHP法)，是一种对复杂现象的决策思维过程进行系统化、规模化、数量化的方法，所以又称多层次权重分析决策法。其具体方法步骤如下：

①明确问题：即确定评价范围和评价目的、对象；进行影响识别和评价因子筛选，确定评价内容或因子；进行生态因子相关性分析，明确各因子之间的相互关系。

②建立层次结构：根据对评价系统的初步分析，将评价系统按其组成层次构筑成一个树状层次结构。在层次分析中，一般可分为目标层、指标层、策略层。

目标层：又可分为总目标层和分目标层。在区域生态环境质量评价中，社会 – 经济 – 自然复合生态系统可作为总目标层；生态环境分解为自然生态环境和社会生态环境两个系统，并以一定的指数表达，可作为分目标层。

指标层：指标层是由可直接度量的因素组成，如大气二氧化硫浓度、土地的生物生产力、植被覆盖率等。有些生态因子的表征指数比较复杂，可能由若干因子组成，所以指标层也有时包括分指标层。例如：土壤是一个重要的生态因子，是评价生态系统质量中的一个重要指标，但土壤可由 pH 值、污染指数、有机质含量、氮磷钾含量(肥力指标)、土壤表观密度、团粒结构、抗侵蚀能力、渗透性等多个分指标表征，其本身实际可构成一个层次分析的结构体系。

策略层：对每一个指标的变化和发展都会有不同的发展方向和策略方案，即具有不同的可供选择的后果和对策措施。

③标度：在进行多因素、多目标的生态环境评价中，既有定性因素，又有定量因素，还有很多模糊因素，各因素的重要度不同，联系程度各异。在层次分析中针对这些特点，对其重要度做如下定义：第一，以相对比较为主，并将标度分为 1、3、5、7、9 共 5 个，而将 2、4、6、8 作为两标度之间的中间值(表 8 – 4)；第二，遵循一致性原则，即当 C_1 比 C_2 重要、C_2 比 C_3 重要时，则认为 C_1 一定比 C_3 重要。

表 8 – 4　标度及其描述

重要性标度	定义描述
1	相比较的两因素同等重要
3	一因素比另一因素稍重要
5	一因素比另一因素明显重要
7	一因素比另一因素强烈重要
9	一因素比另一因素绝对重要
2、4、6、8	两标度之间的中间值
倒数	如果 B_i 比 B_j 得 b_{ij}，则 B_j 比 B_i 得 $b_{ji} = \dfrac{1}{b_{ij}}$

④构造判断矩阵：在每一层次上，按照上一层次的对应准则要求，对该层次的元素（指标）进行逐对比较，依照规定的标度定量化后，写成矩阵形式。此即为构造判断矩阵，是层次分析法的关键步骤。判断矩阵构造方法有两种：一是专家讨论确定，二是专家调查确定。

⑤层次排序计算和一致性检验——权重计算：排序计算的实质是计算判断矩阵的最大特征根值及相应的特征向量。此外，在构造判断矩阵时，因专家在认识上的不一致，须考虑层次分析所得结果是否基本合理，需要对判断矩阵进行一致性检验，经过检验后得到的结果即可认为是可行的。最大特征根值及一致性检验方法如下：

通过计算 λ_{max} 和 W 使得

$$A_{n \times n} \cdot W = \lambda_{max} \cdot W$$

式中　$A_{n \times n}$——$n \times n$ 阶互反性判断矩阵；

　　　λ_{max}——最大特征根；

　　　W——最大特征根所对应的特征向量，计算过程如下：

取归一化的初值向量 $W_0 = (W_{01}, \cdots, W_{0n})$；

计算 $A_{n \times n} \cdot W^{i-1} = W^i$ 直至收敛，停止计算，则

$$W = (W_1^i, W_2^i, \cdots, W_n^i)^T$$

$$\lambda_{max} = \sum_{j=1}^{n} A_{ij} \cdot W_j / W_i \quad (i = 1, 2, \cdots, n)$$

求得的 W 便是要求的排序权重。λ_{max} 可用于矩阵的一致性判断：

$$CR = (\lambda_{max} - n)/(n-1)/RI$$

当 CR 值小于 1 时被认为一致性可接受，RI 之值与矩阵阶数关系如表 8-5 所示。

表 8-5　RI 值与矩阵阶数的关系

n	1	2	3	4	5	6	7	8	9	10
RI	0	0	0.58	0.90	1.12	1.24	1.32	1.41	1.45	1.48

（6）选择评价标准：通过上述 5 个步骤确定了区域生态系统综合评价的指标体系、层次结构及各层间的权重，接着应确定相应于指标体系的评价标准体系。评价标准有些可根据国家颁布的标准，如地表水环境质量标准、渔业水质标准、农田灌溉水质标准、空气质量标准等。

（7）评价：评价一般采用指数方法，并进行指标重要程度排序。

第四节　土壤环境影响评价

土壤环境影响评价包括现状评价与影响预测评价。不同的评价目的，应选取不同的评价方式。当进行一个省或一个地区的土壤环境质量普查时，可以选择现状评价的方式；当进行一个大的拟建工程对土壤可能产生的影响时，不但要做现状评价，而且要做影响评价。只有在了解现状的基础上，才能做好影响评价工作。

一、土壤环境质量现状评价

1. 评价目的

土壤环境质量现状评价的目的是了解一个地区土壤环境现时污染水平，为保护土壤，制定土壤保护规划、地方土壤保护法规提供科学依据；为拟建工程进行土壤环境影响评价提供土壤背景资料，提高土壤环境影响预测的可信度；为提出减少拟建工程对土壤环境污染的措施服务，使拟建工程对土壤的污染控制在评价标准允许的范围内。

2. 工作程序

我国目前尚未制定土壤环境质量现状评价的统一工作程序，通常按图8－2所示程序进行。

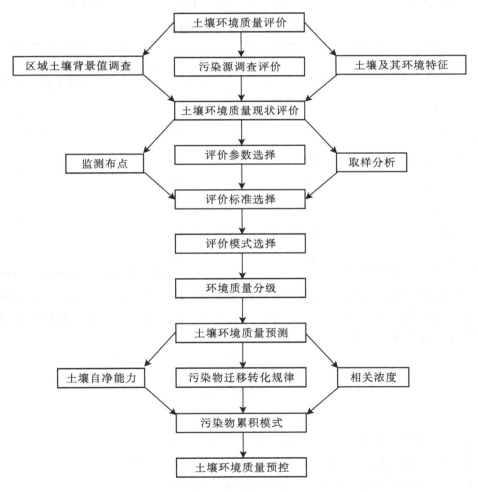

图8-2 土壤环境质量现状评价程序图

3. 标准与背景值

①《土壤环境质量标准》（GB 15618—1995）根据土壤应用功能和保护目标，将其分为三类：Ⅰ类，主要适用于国家自然保护区、集中式生活饮用水源地、茶园、牧场和其他保护地区的土壤，土质应基本保持自然背景水平；Ⅱ类，主要适用于一般农田、蔬菜地、茶

园、果园、牧场等土壤，土质基本上对植物和环境不造成污染、危害；Ⅲ类，主要适用于林地土壤及污染物容量较大的高背景值土壤和矿物附近的农田(蔬菜地除外)土壤，土质基本上对植物和环境不造成污染及危害。这三类土壤对应不同的标准。Ⅰ类土壤执行一级标准，为保护自然生态、维持自然背景的土壤环境质量限值；Ⅱ类土壤执行二级标准，为保护农业生产、维护人体健康的限值；Ⅲ类土壤执行三级标准，为保障农林业生产和植物正常生长的临界值。

但是，该标准仅对土壤中银、汞、砷、铜、铅、铬、锌、镍作了规定，对其他重金属和难降解危险性化合物未作规定。

② 我国农业部颁布的《中华人民共和国绿色食品执行标准(草案)》中，提出了《绿色食品土壤质量标准》(见表8-6)，即绿色食品执行标准——土壤临界容量。

表8-6 绿色食品土壤质量标准

污染物	土壤临界容量 (mg/kg)		
	草垫褐土(北方)	草垫壤(北方)	红壤性水稻土(南方)
汞 (Hg)	0.43	0.2	
镉 (Cd)	2.8	2.0	1.1
铅 (Pb)	800	300	
砷 (As)	21	30	45
铬 (Cr^{6+})	3.5	50	
铬 (Cr^{3+})	500		
油	300	500	

③ 区域土壤环境背景值：区域土壤环境背景值是指一定区域内，远离工矿、城镇和道路(公路和铁路)，无明显"三废"污染，也无群众反映有过"三废"影响的土壤中有毒物质在某一保证率下的含量。其计算式为

$$C_{0i} = \overline{C} \pm S$$

$$S = \sqrt{\frac{\sum_{j=1}^{n}(C_{ij} - \overline{C}_i)^2}{N-1}}$$

式中　C_{0i}——区域土壤中第 i 种有毒物质的背景值，mg/kg；

$\overline{C}_i$——区域土壤中第 i 种有毒物质实测值的平均值，mg/kg；

C_{ij}——区域土壤中第 i 种有毒物质实测值，mg/kg；

S——标准差，mg/kg；

N——统计样品数。

4．评价因子的选择

① 有机毒物：其中数量较大、毒性较大的是化学农药。化学农药种类繁多，主要分为有机氯和有机磷农药两大类。有机氯农药主要包括 DDT、六六六、艾氏剂、狄氏剂等。

有机磷农药主要包括马拉硫磷、对硫磷、敌敌畏等。此外还有各种杀草剂、酚、石油类、苯并芘和其他有机化合物。

② 重金属如镉、汞、铬、铅、铜、锌，非金属毒物有砷、氟。

③ 土壤 pH 值、含氮量及硝态氮量、含磷量、各种化肥含量。

④ 有害微生物如肠细菌、碳疽杆菌、破伤风菌、霍乱孤菌、结核杆菌及肠寄生虫卵等。

⑤ 放射性元素，如铯、锶等。

此外，对土壤中污染物积累、迁移、转化影响较大的土壤理化性质指标，也应选为附加参数，供分析研究土壤污染物积累、迁移、转化规律之用，但不一定参与评价。

附加参数主要有：有机质含量、质地、石灰反应、氧化还原电位、代替量、易溶性盐类、粘土矿物等。

在进行拟建工程的土壤环境影响评价时，参照上述污染因子，根据拟建工程排放的主要污染物、当地大气、地面水和土壤中的主要污染物进行评价。

5．土壤现状评价内容

① 收集和分析拟建项目工程分析的成果以及与土壤侵蚀和污染有关的地表水、地下水、大气和生物等专题评价的资料。

② 调查收集项目所在地区土壤环境资料，包括土壤类型、性态，土壤中污染物的背景和基线值；植物的产量、生长情况及体内污染物的基线值；土壤中有关污染物的环境标准和卫生标准以及土壤利用现状。

③ 调查评价区内现有土壤污染源排污情况。

④ 描述土壤环境现状，包括现有的土壤侵蚀和污染状况，可采用环境指数法加以归纳，并作图表示。

6．土壤现状评价范围

土壤现状评价范围与建设项目的土壤环境影响评价范围相同。一般来说，土壤现状评价范围比拟建项目占地面积大，应考虑的因素是：

① 项目建设期可能破坏原有的植被和地貌的范围。

② 可能受工业项目排放的废水污染的区域（例如废水排放渠道经过的土地）。

③ 工业项目排放到大气中的气态和颗粒态有毒污染物由于干或湿沉降作用而受较重污染的区域。

④ 工业项目排放的固体废物，特别是危险性废物堆放和填埋场周围的土地。

二、土壤环境影响评价

1．评价程序

土壤环境影响评价程序与大气、水环境影响评价程序相同：在现状调查、监测、评价的基础上进行土壤污染影响预测与评价，提出土壤污染防治措施，给出评价结论、编制报告书等。

2．土壤污染影响预测与评价

（1）污染趋势预测方法

① 根据污染物进入土壤的种类、数量、方式、区域环境特点、土壤理化特性、净化能力，以及污染物在土壤环境中的迁移、转化、累积规律和拟建项目工程分析中大气、地

表水有关资料来核算进入土壤中的污染物数量，分析污染物累积趋势，预测土壤环境质量的变化和发展。

② 根据土壤侵蚀模数，农作物吸收，淋溶流失，污染物降解、转化规律等，计算土壤污染物输出量。

③ 计算土壤污染物残留率（一般是通过与评价区土壤侵蚀、作物吸收、淋溶与降解等条件相似的模拟求得）。

④ 根据土壤中污染物输出量和输入量的比较或土壤污染物输入量和残留率的乘积说明其污染程度和趋势。

（2）土壤中农药残留污染预测模式

$$R = C \cdot e^{-kt}$$

式中　R——农药残留量，mg/kg；

　　　C——农药施用量，mg/kg；

　　　k——常数；

　　　t——时间。

如一次施用时，土壤中农药浓度为 C_0，一年后的残留量为 C，则农药残留率 f 可用下式表达

$$f = C/C_0$$

如果每年一次连续施用，则数年后土壤中农药残留总量

$$R_n = (1 + f + f^2 + f^3 + \cdots + f^{n-1}) \cdot C_0 \quad (\text{mg/kg})$$

式中　f——残留率，%；

　　　C_0——一次施用农药在土壤中的浓度，（mg/kg）；

　　　n——连续施用年数。

当 $n \to \infty$ 时，则

$$R_n = \frac{1}{1+f} \cdot C_0$$

用此式可计算农药在土壤中达到平衡时的残留量。

（3）污灌土壤中有害金属等污染物累积模式

$$W_i = K_i(B_i + R_i)$$

式中　W_i——污染物 i 在土壤中的年积累量，mg/kg；

　　　B_i——污染物 i 的区域土壤背景值，mg/kg；

　　　R_i——污染物 i 的年输入量，mg/kg；

　　　K_i——污染物 i 在土壤中的残留率，%。

若污染年限为 n，每年的 K_i 和 R_i 不变，则污染物 i 在土壤中 n 年内的累积量为

$$W_{in} = B_i K_i^n + R_i K_i \frac{1 - K_i^n}{1 - K_i}$$

（4）土壤环境容量计算模式

土壤环境容量指土壤接纳污染物而不会产生明显不良生态效应的最大数量，计算公式为

$$Q = (C_R - B)$$

式中　Q——土壤环境容量，g/公顷；

　　　C_R——土壤临界含量，mg/kg，指使作物污染物含量达到食品卫生标准或使作物生长发育产生障碍时的土壤污染物含量，此值通过栽培试验获得；

　　　B——区域土壤背景值，mg/kg。

根据土壤环境容量计算结果可以估测评价区土壤的标准容量（按土壤环境标准计算土壤能够容纳的重金属总量）、允许容量（标准容量减去本底总量）、现存容量（允许容量减去现有重金属总量）、警戒容量（设定70%的容许容量为警戒容量）。

三、土壤退化影响预测

1. 土壤侵蚀量计算

一般可用美国威西米勒和斯密思（Wischemler and Smith）提出的通用公式

$$A = R \cdot K \cdot LS \cdot P$$

式中　A——土壤流失量，$t/(hm^2 \cdot a)$；

　　　R——降雨侵蚀因子；

　　　K——土壤可蚀性因子；

　　　LS——地形因子（坡长、坡度）；

　　　P——植被覆盖和管理因子。

式中各因子的数值可以从各地有关资料中查得。本法适用于坡度 < 25°的场合；公路陡坡较难用；黄土高原不太适宜；有流域模式者可用流域模式。

2. 土壤酸化

首先弄清拟建项目引起土壤酸化的因子与途径，如排放酸性废水的种类、数量；酸性气态化合物的类型、浓度、影响范围；固体废物在堆存过程中自然风化及与降水作用过程中产生的酸性废水等。结合评价区土壤 pH 值和缓冲性能进行土壤酸化的模拟试验，以取得必要数据，再开展影响预测。

3. 灌溉土壤次生盐渍化

土壤次生盐渍化预测可以根据拟建项目排水数量，盐碱种类与浓度，工程特征参数，影响区域地质条件，地下水位与矿化度，土壤的质地、剖面结构、盐渍度，以及本地区或相近地区的观测资料，用类比法分析评价区域土壤水盐运动规律，预测拟建项目对土壤盐渍化影响程度。

四、土壤环境影响的评价结论

1. 评价拟建项目对土壤影响的程度和可接受性

根据土壤环境影响预测与影响程度的分析，指出工程在建设过程和投产后可能遭到污染或破坏的土壤面积和经济损失状况。通过费用－效益分析和环境整体性考虑，判断土壤环境影响的可接受性，由此确定该拟建项目的可行性。

任何开发行动或拟建项目必须有多个选址方案，应从整体布局上进行比较，从中筛选出对土壤环境的负面影响较小的方案。

2. 避免、消除和减轻负面影响的对策

拟建工程应采用的控制土壤污染源的措施有：

① 工业建设项目应首先通过清洁生产或废物最少化措施减少或消除废水、废气和废渣的排放，同时在生产中不用或少用在土壤中易累积的化学原料。其次是采取排污管终端

治理方法，控制废水和废气中污染物的浓度，保证不造成土壤的重金属和持久性危险有机化学品（如多环芳烃、有机氯、石油类等）的累积。

②危险性废物堆放场和城市垃圾等固体废物填埋场应有隔水层。隔水的设计、施工要求要高，要确保工程质量，使渗漏液影响减至最小；同时做好渗漏液收集和处理工程，防止土壤和地下水受污染。

③对于在施工期破坏植被造成裸土的地块应及时覆盖沙、石和种植速生草种并进行经常性管理，以减少土壤侵蚀。

④对于农副业建设项目，应通过休耕、轮作以减少土壤侵蚀；对于牧区建设，应避免过度放牧，保证草场的可持续利用。

⑤在施工中开挖出的弃土应堆置在安全的场地上，防止侵蚀和流失；如果弃土中含污染物，应防止污染下层土壤和附近河流；在工程完工后，这些弃土应尽可能返回原地。

⑥加强土壤与作物或植物的监测和管理。在建设项目周围地区加大森林和植被的覆盖率。

第五节　生态影响的防护、恢复及替代方案

一、生态影响的防护、恢复与管理

自然资源开发项目中的生态影响评价应根据区域的资源特征和生态特征，按照资源的可承载能力，论证开发项目的合理性，对开发方案提出必要的修正，使生态环境得到可持续发展。

1. 生态影响的防护与恢复的界定原则

①凡涉及对珍稀濒危物种和敏感地区等类生态因子发生不可逆影响时，必须提出可靠的保护措施和方案；

②凡涉及尽可能需要保护的生物物种和敏感地区，必须制定补偿措施加以保护；

③对于再生周期较长、恢复速度较慢的自然资源损失，要制定恢复和补偿措施；

④对于普遍存在的再生周期短的资源损失，当其恢复的基本条件没有发生逆转时，不必制定补偿措施；

⑤需制定区域的绿化规划。

2. 生态影响的防护

要明确生态影响防护与恢复费用的数量及使用的科目，同时论述必要性。

要制定恢复和防护的具体方案，原则是：自然资源中的植被，尤其是森林，损失多少必须补充多少，原地补充或异地补充。

3. 生态影响的管理措施

①在强调执行国家和地方有关自然资源保护法规和条例的前提下，制定并落实生态影响防护与恢复的监督管理措施。

②生态影响管理人员的编制，建议纳入项目的环境管理机构，并落实生态管理人员的职责。

③要制定并实施对项目进行的生态监测（监视）计划，对发现的问题特别是重大问题，要呈报上级主管部门和环境保护部门及时处理。

④对自然资源产生破坏作用的项目，要依据破坏的范围和程度，制定生态补偿措施，补偿措施要进行评估论证，择优确定，落实经费和时限。

二、污染的生态效应评价

建设项目排放的污染物可以通过影响生态系统各组成成分及其相互作用而对生态系统的功能产生影响。如污水和气载污染物对植物、动物和土壤的影响，噪声对动物的驱赶作用，放射性元素对动植物的影响等。

三、生态环境影响综合分析与评价

①开发建设活动主要影响的生态系统和生态组成因子，影响的性质和程度；

②生态环境变化对流域或区域生态环境功能和生态系统稳定性的影响；

③对区域敏感的生态保护目标的影响程度和保护途径；

④影响区域可持续发展的生态环境问题及区域可持续发展对生态环境的要求；

⑤明确改善生态环境的政策取向和技术途径。

HJ/T19—1997《环境影响评价技术导则·非污染生态影响》推荐用图形叠置法、生态机理分析法、类比法、列表清单法、质量指标法、景观生态学方法等进行生态环境影响评价。

习　题

1. 生态环境评价与现行的环境评价相比，有哪些不同点？
2. 生态环境评价的实质是什么？
3. 生态环境评价应该遵循哪些基本原则？
4. 如何确定生态环境评价的范围？
5. 生态环境评价的标准应符合哪些基本要求？常用的生态环境评价标准有哪些？
6. 生态环境调查的内容包括哪些？
7. 重要的生态环境如何进行评价？
8. 如何进行物种评价，生物群落评价？如何进行栖息地评价？如何进行生态系统质量评价？
9. 如何进行生态影响识别？
10. 生态环境影响评价的方法有哪些？各怎样进行？
11. 简述生态影响预测的内容。
12. 简述生态影响经济损益分析的原则和方法。
13. 简述在生态环境影响预测中，生态影响的防护与恢复应遵守的原则。
14. 简述生态环境影响评价中，替代方案的内容和要求。

参考文献

[1] 毛文永. 生态环境影响评价概论 [M]. 北京：中国环境科学出版社，1998.

[2] 国家环境保护总局监督管理司. 中国环境影响评价 [M]. 北京：化学工业出版社，2000.

[3] 陆雍森. 环境评价 [M]. 第二版. 上海：同济大学出版社，1999.

[4] 史宝忠. 建设项目环境影响评价 [M]. 北京：中国环境科学出版社，1999.

第九章 噪声环境影响评价

第一节 噪声的分类、声音的物理特性与量度

一、噪声的来源和分类

声音的本质是波动。受作用的空气发生振动，当振动频率在 20 ～ 20 000 Hz 时，作用于人鼓膜而产生的感觉称为声音。声源可以是固体的振动，也可以是流体（液体和气体）的振动。声音的介质有空气、水和固体，它们分别称为空气声、水声和固体声等。人们生活、学习、工作所不需要的声音称为噪声。

产生噪声的声源称为噪声源，噪声源有如下几种分类方法。

①按照噪声产生的机理，可以分为机械噪声、空气动力噪声和电磁噪声三大类。机械设备在运转时，部件之间的相互撞击摩擦产生交变作用力，使得设备结构和运动部件发生振动产生的噪声称为机械噪声。空气压缩机、鼓风机等设备运转时，叶片高速旋转使得叶片两侧空气产生压力突变，以及气流经过进排气口时激发声波产生的噪声，称为空气动力噪声。电动机、变压器等设备运行时，交替变化的电磁场引起金属部件与空气间隙周期性振动产生的噪声，称为电磁噪声。

②按照噪声随时间的变化关系，可以分为稳态噪声和非稳态噪声两大类。稳态噪声的强度不随时间而变化，非稳态噪声的强度随着时间而变化。

③按照与人们日常活动的关系，可以分为工业生产噪声、建筑施工噪声、交通工具噪声、日常活动噪声等。工业噪声调查表明，电子工业和一般轻工业产生的噪声为 90 dB，纺织工业的噪声为 90 ～ 106 dB，机械工业的噪声为 80 ～ 120 dB，大型鼓风机、球磨机、凿岩机等产生的噪声在 120 dB 以上。建筑物内各种设施以及人群活动产生的生活噪声也是不可忽视的噪声污染。

二、声功率、声强和声压

1. 声功率(W)

声功率是指单位时间内，声波通过垂直于传播方向某指定面积的声能量。在噪声监测中，声功率是指声源总声功率，单位为 W。

2. 声强(I)

声强是指单位时间内，声波通过垂直于声波传播方向单位面积的声能量，单位为 W/m²。

3. 声压(p)

声压是由于声波的存在而引起的压力增值。声波是空气分子有指向、有节律的运动。声压单位为 Pa。声波在空气中传播时形成压缩和稀疏交替变化，所以压力增值是正负交替的。但通常讲的声压是取均方根值，叫有效声压，故实际上总是正值。对于球面波和平面波，声压与声强的关系是

$$I = \frac{p^2}{\rho c}$$

式中 ρ——空气密度，如以标准大气压与 20°C 时的空气密度 ρ 和声速 c 代入，得到$\rho . c = 408$ 国际单位值，也叫瑞利，称为空气对声波的特性阻抗。

三、分贝、声功率级、声强级和声压级

1. 分贝

人们日常生活中遇到的声音，若以声压值表示，由于变化范围非常大，可以达 6 个数量级以上，同时由于人体听觉对声信号强弱刺激反应不是线性的，而是成对数比例关系。所以，采用分贝来表达声学量值。

所谓分贝是指两个相同的物理量(例如 A_1 和 A_0)之比取以 10 为底的对数并乘以 10（或 20），即

$$N = 10\lg \frac{A_1}{A_0}$$

分贝符号为"dB"，它是无量纲的。在噪声测量中是很重要的参量。式中 A_0 是基准量（或参考量），A 是被量度的量。被量度量和基准量之比取对数，所得值称为被量度量的"级"。亦即用对数标度时，所得到的是比值，它代表被量度量比基准量高出多少"级"。

2. 声功率级

$$L_W = 10\lg \frac{W}{W_0}$$

式中 L_W——声功率级，dB；
　　　W——声功率，W；
　　　W_0——基准声功率，为 10^{-12} W。

3. 声强级

$$L_1 = 10\lg \frac{I}{I_0}$$

式中 L_1——声强级，dB；
　　　I——声强，W/m^2；
　　　I_0——基准声强，10^{-12} W/m^2。

4. 声压级

$$L_p = 10\lg \frac{p^2}{p_0^2} = 20\lg \frac{p}{p_0}$$

式中 L_p——声压级，dB；
　　　p——声压，Pa；
　　　p_0——基准声压，$2 \times 10^{-5}\text{Pa}$，该值是对 1 000 Hz 声音人耳刚能听到的最低声压。

四、噪声的叠加和相减

1. 噪声的叠加

两个以上独立声源作用于某一点，产生噪声的叠加。

声能量是可以代数相加的，设两个声源的声功率分别为 W_1 和 W_2，那么总声功率 $W_\text{总} = W_1 + W_2$。而两个声源在某点的声强为 I_1 和 I_2 时，叠加后的总声强 $I_\text{总} = I_1 + I_2$。

但声压不能直接相加。

由于 $\qquad I_1 = \dfrac{p_1^2}{\rho c} \qquad I_2 = \dfrac{p_2^2}{\rho c}$

故 $\qquad p_{总} = \sqrt{p_1^2 + p_2^2}$

又 $\qquad (p_1/p_0)^2 = 10^{L_{p_1}/10} \qquad (p_2/p_0)^2 = 10^{L_{p_2}/10}$

故总声压级

$$L_p = 10\lg\frac{p_1^2 + p_2^2}{p_0^2}$$

$$= 10\lg(10^{L_{p_1}/10} + 10^{L_{p_2}/10})$$

如 $L_{p_1} = L_{p_2}$，即两个声源的声压级相等，则总声压级

$$L_p = L_{p_1} + 10\lg 2 \approx L_{p_1} + 3 \quad （dB）$$

也就是说，作用于某一点的两个声源声压级相等，其合成的总声压级比一个声源的声压级增大 3 dB。当声压级不相等时，按上式计算较麻烦，可以利用图 9-1 查曲线值来计算，方法是：设 $L_{p_1} > L_{p_2}$，以 $L_{p_1} - L_{p_2}$ 值按图查得 ΔL_p，则总声压级 $L_{p总} = L_{p_1} + \Delta L_p$。

例 9-1 两声源作用于某一点的声压级分别为 $L_{p_1} = 96$ dB，$L_{p_2} = 93$ dB。

由于 $L_{p_1} - L_{p_2} = 3$ dB，查曲线得 $\Delta L_p = 1.8$ dB，因此 $L_{p总} = 96$ dB + 1.8 dB = 97.8 dB

由图可知，两个噪声相加，总声压级不会比其中任一个大 3 dB 以上；而两个声压级相差 10 dB 以上时，叠加增量可忽略不计。

掌握了两个声源的叠加，就可以推广到多声源的叠加，只需逐次两两叠加即可，而与叠加次序无关。

例如，有 8 个声源作用于一点，声压级分别为 70，70，75，82，90，93，95，100 dB，它们合成的总声压级可以任意次序查图 9-1 的曲线两两叠加而得。任选两种叠加次序如下：

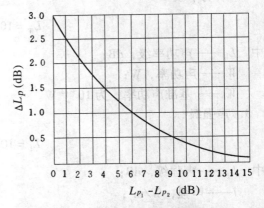

图 9-1 两噪声源声压级的叠加曲线

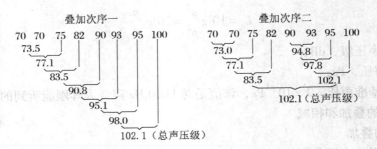

应该指出，根据波的叠加原理，若是两个相同频率的单频声源叠加，会产生干涉现象，即需考虑叠加点各自的相位，不过这种情况在环境噪声中几乎不会遇到。

2. 噪声的相减

噪声测量中经常碰到如何扣除背景噪声问题，这就是噪声相减的问题。通常是指噪声源的声级比背景噪声高，但由于后者的存在使测量读数增高，需要减去背景噪声。图9-2为背景噪声修正曲线，使用方法见下例。

例9-2 为测定某车间中一台机器的噪声大小，从声级计上测得声级为104 dB，当机器停止工作，测得背景噪声为100 dB，求该机器噪声的实际大小。

解：由题可知 104 dB 是指机器噪声和背景噪声之和 L_p，而背景噪声 L_{p_1} 是 100 dB。

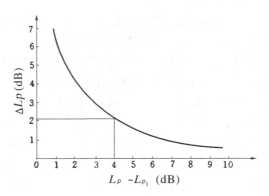

图9-2 背景噪声修正曲线

$L_p - L_{p_1} = 4$ dB，从图9-2中可查得相应之 $\Delta L_p = 2.2$ dB，因此该机器的实际噪声声级 $L_{p_2} = L_p - \Delta L_p = 101.8$（dB）。

第二节 计权声级、等效连续声级和昼夜等效声级

一、计权声级

通过计权网络测得的声压级称为计权声压级或计权声级。通用的有 A、B、C 和 D 四种计权声级。

A 计权声级是模拟人耳对 55 dB 以下低强度噪声的频率特性；B 计权声级是模拟 55 ～ 85 dB 的中等强度噪声的频率特性；C 计权声级是模拟高强度噪声的频率特性；D 计权声级是对噪声参量的模拟，专用于飞机噪声的测量。计权网络是一种特殊滤波器，当含有各种频率的声波通过时，它对不同频率成分的衰减是不一样的。A、B、C 计权声级的主要差别在于对低频成分的衰减程度，A 衰减最多，B 其次，C 最少。A、B、C、D 计权声级的频率特性曲线见图

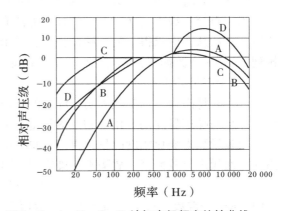

图9-3 A、B、C、D 计权声级频率特性曲线

9-3。由于计权曲线的频率特性是以 1 000 Hz 为参考计算衰减的，因此以上曲线均重合于 1 000 Hz。后来实践证明，A 计权声级表征人耳主观听觉较好，故近年来 B 和 C 计权声级较少应用。A 计权声级用 L_{pA} 或 L_A 表示，其单位用 dB（A）表示。

二、等效连续声级、噪声污染级和昼夜等效声级

1. 等效连续声级

A 计权声级能够较好地反映人耳对噪声的强度与频率的主观感觉，因此对一个连续的稳态噪声，它是一种较好的评价方法，但对一个起伏的或不连续的噪声，A 计权声级就显得不合适了。例如，交通噪声随车辆流量和种类而变化；又如，一台机器工作时其声级是稳定的，但由于它是间歇地工作，与另一台声级相同但连续工作的机器对人的影响就不一样。因此，提出了一个用噪声能量按时间平均方法来评价噪声对人影响的问题，即等效连续声级，符号为"L_{eq}"或"$L_{Aeq'T}$"。它是用一个相同时间内声能与之相等的连续稳定的 A 声级来表示该段时间内的噪声的大小。例如，有两台声级为 85 dB 的机器，第一台连续工作 8 小时，第二台间歇工作，其有效工作时间之和为 4 小时。显然，作用于操作工人的平均能量前者比后者大一倍，即大 3 dB。因此，等效连续声级反映在声级不稳定的情况下，人实际所接受的噪声能量的大小，它是一个用来表达随时间变化的噪声的等效量。

$$L_{Aeq'T} = 10\lg\left[\frac{1}{T}\int_0^T 10^{0.1L_{pA}}dt\right]$$

式中 L_{pA}——某时刻 t 的瞬时 A 声级，dB；

　　　　T——规定的测量时间，s。

如果数据符合正态分布，其累积分布在正态概率纸上为一直线，则可用下面近似公式计算

$$L_{Aeq'T} \approx L_{50} + d^2/60, \qquad d = L_{10} - L_{90}$$

其中 L_{10}、L_{50}、L_{90} 为累积百分声级，其定义是：

L_{10}——测定时间内，10% 的时间超过的噪声级，相当于噪声的平均峰值。

L_{50}——测量时间内，50% 的时间超过的噪声级，相当于噪声的平均值。

L_{90}——测量时间内，90% 的时间超过的噪声级，相当于噪声的背景值。

累积百分声级 L_{10}、L_{50} 和 L_{90} 的计算方法有两种：其一是在正态概率纸上画出累积分布曲线，然后从图中求得；另一种简便方法是将测定的一组数据（例如 100 个），从大到小排列，第 10 个数据即为 L_{10}，第 50 个数据即为 L_{50}，第 90 个数据即为 L_{90}。

2. 噪声污染级

许多非稳态噪声的实践表明，涨落的噪声所引起人的烦恼程度比等能量的稳态噪声要大，并且与噪声暴露的变化率和平均强度有关。经试验证明，在等效连续声级的基础上加上一项表示噪声变化幅度的量，更能反映实际污染程度。用这种噪声污染级评价航空或道路的交通噪声比较恰当。故噪声污染级（L_{Np}）公式为

$$L_{Np} = L_{eq} + K_\sigma$$

式中 K——常数，对交通和飞机噪声取值 2.56；

　　　　σ——测定过程中瞬时声级的标准偏差。

$$\sigma = \sqrt{\frac{1}{n-1}\sum_{i=1}^n (\bar{L}_{pA} - L_{pA_i})^2}$$

式中 L_{pA_i}——测得第 i 个瞬时 A 声级；

　　　　$\bar{L}_{pA}$——所测声级的算术平均值，即 $\bar{L}_{pA} = \frac{1}{n}\sum_{i=1}^n L_{pA_i}$；

n——测量次数。

对于许多重要的公共噪声，噪声污染级也可写成

$$L_{Np} = L_{eq} + d$$

或

$$L_{Np} = L_{50} + d^2/60 + d$$

式中 $d = L_{10} - L_{90}$。

3. 昼夜等效声级

考虑到夜间噪声具有更大的烦扰程度，故提出一个新的评价指标——昼夜等效声级（也称日夜平均声级），符号为"L_{dn}"。它是表达社会噪声——昼夜间的变化情况，表达式为

$$L_{dn} = 10 \lg \left[\frac{16 \times 10^{0.1 L_d} + 8 \times 10^{0.1(L_n + 10)}}{24} \right]$$

式中 L_d——白天的等效声级，时间（6:00~22:00），共 16 个小时；

L_n——夜间的等效声级，时间（22:00~6:00），共 8 个小时。

昼间和夜间的时间，可依地区和季节不同而稍有变更。

为了表明夜间噪声对人的烦扰更大，故计算夜间等效声级这一项时应加上 10 dB 的计权。

为了表征噪声的物理量和主观听觉的关系，除了上述评价指标外，还有语言干扰级（SIL）、感觉噪声级（PNL）、交通噪声指数（TN_1）和噪声次数指数（NN_1）等。

第三节 噪声标准

根据国际标准化组织（ISO）的调查，如果在声级分别为 85 dB 和 90 dB 环境中工作 30 年，耳聋的可能性分别为 8% 和 18%。

我国提出的环境噪声允许范围见表 9-1。

表 9-1 我国环境噪声允许范围 dB

人的活动	最高值	理想值
体力劳动（保护听力）	90	70
脑力劳动（保证语言清晰度）	60	40
睡　　眠	50	30

环境噪声标准制订的依据是环境基本噪声。各国大都参考 ISO 推荐的基数（例如睡眠为 30 dB），根据不同时间、不同地区和室内噪声受室外噪声影响的修正值以及本国具体情况来制订（见表 9-2、表 9-3 和表 9-4）。我国城市区域环境噪声标准（GB 3096—2008）摘录于表 9-5。

表 9-2 一天不同时间对基数的修正值 dB

时　　间	修正值
白天	0
晚上	-5
夜间	-10 ~ -15

表9-3　不同地区对基数的修正值　dB

地　区	修正值
农村、医院、休养区	0
市郊、交通量很少的地区	+5
城市居住区	+10
居住、工商业、交通混合区	+15
城市中心（商业区）	+20
工业区（重工业）	+25

表9-4　室内噪声受室外噪声影响的修正值　dB

窗户状况	修正值
开窗	-10
关闭的单层窗	-15
关闭的双层窗或不能开的窗	-20

表9-5　城市各类区域环境噪声标准值　dB

适用区域	昼间	夜间
特殊住宅区	45	35
居民、文教区	50	40
一类混合区	55	45
商业中心区、二类混合区	60	50
工业集中区	65	55
交通干线道路两侧	70	60

表9-6　新建、扩建、改建企业标准

每个工作日接触噪声时间（h）	允许标准（dB）
8	85
4	88
2	91
1	94
最高不得超过115（dB）	

表9-5中"特殊住宅区"是指特别需要安静的住宅区；"居民、文教区"是指纯居民区和文教、机关区；"一类混合区"是指一般商业与居民混合区；"二类混合区"是指工业、商业、少量交通与居民混合区；"商业中心区"是指商业集中的繁华地区；"工业集中区"是指在一个城市或区域内规划明确确定的工业区；"交通干线道路两侧"是指车辆流量每小时100辆以上的道路两侧。

上述标准值指户外允许噪声级，测量点选在受影响的居住或工作的建筑物外1m，传声器高于地面1.2m以上的噪声影响敏感处（例如窗外1m处）。如必须在室内测量，则标准值应低于所在区域10dB（A）。夜间频繁出现的噪声（如风机等），其峰值不准超过标准值10dB（A），夜间偶尔出现的噪声（如短促鸣笛声）其峰值不准超过标准值15dB（A）。我国工业企业噪声标准见表9-6和表9-7。

表9-7　工业企业厂界环境噪声排放限值

厂界外声环境功能区类别	时　段	
	昼间（dB）	夜间（dB）
0	50	40
1	55	45
2	60	50
3	65	55
4	70	55

我国机动车辆允许噪声标准见表9－8。

表9－8　机动车辆允许噪声标准

车辆种类		1985 年以前生产的车辆(dB)	1985 年以后生产的车辆(dB)
载重汽车	8 t≤载重量 <15t	92	89
	3.5 t≤载重量 <8 t	90	86
	载重量 <3.5t	89	84
公共汽车	总重量 4 t 以上	89	86
	总重量 4 t 以下	88	83
轿　　车		84	82
摩托车		90	84
轮式拖拉机		91	86

注：1. 各类机动车辆加速行驶车外最大噪声级应不超过表9－8的标准。

　　2. 表中所列各类机动车辆的改型车也应符合标准，轻型越野车按其公路载重量使用标准。

机场周围飞机噪声标准(GB 9660—88)值见表9－9。

表9－9　机场周围飞机噪声标准　　　　　　　　　　　　　　dB

适用区域	标准值
一类区域	≤70
二类区域	≤75

注："一类区域"指特殊住宅区，居住、文教区；"二类区域"指除一类区域以外的生活区。

第四节　噪声环境影响评价

一、噪声环境影响评价的基本内容

国内噪声环境影响评价的基本内容有六个方面。

①根据拟建项目多个方案的噪声预测结果和环境噪声评价标准，评述拟建项目各个方案在施工、运行阶段噪声的影响程度、影响范围和超标状况(以敏感区域或敏感点为主)。采用环境噪声影响指数对项目建设前和预测建设后的指数值进行比较，可以直观地判断影响的重大性。依据各个方案噪声影响的大小择优推荐。

②分析受噪声影响的人口分布(包括受超标和不超标噪声影响的人口分布)。可以通过以下两个途径估计评价范围内受噪声影响的人口：城市规划部门提供的某区域规划人口数；若无规划人口数，可以用现有人口数和当地人口增长率计算预测年限的人口数。

③分析拟建项目的噪声源和引起超标的主要噪声源及其主要原因。

④分析拟建项目的选址、设备布置和设备选型的合理性；分析建设项目设计中已有的噪声防治对策的适用性和效果。

⑤为了使拟建项目的噪声达标，评价必须提出需要增加的适用于该项目的噪声防治对

策，并分析其经济、技术的可行性。

⑥提出针对该拟建项目的有关噪声污染管理、噪声监测和城市规划方面的建议。

拟建项目对野生动物的影响有时很重要。例如，海洋石油勘探的噪声对海洋哺乳动物海豚、鲸等有影响；高压输电线通道的噪声刺激影响某些野生动物的繁殖；噪声也能影响鱼类听力。一般来说，噪声的后果是破坏野生动物的正常繁殖形式和使栖息地环境恶化。在靠近珍稀和濒危野生生物保护区边界有开发行动时，应注意评估噪声对其的影响。

二、噪声环境影响评价的工作程序

图9-4为建设项目噪声环境影响评价工作程序。

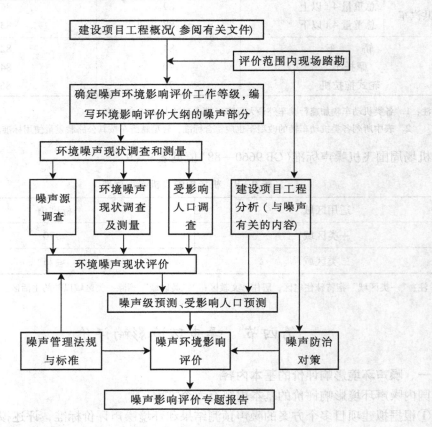

图 9-4 噪声影响评价的工作程序

噪声影响的主要对象是人群；但是，在邻近野生动物(包括飞禽和水生生物)栖息地应考虑噪声对野生动物生长繁殖以及候鸟迁徙的影响。

三、基础资料的收集、环境噪声现状调查与评价

1. 基础资料的收集

评价所需的基础资料包括工程概况、噪声源声学数据和自然环境条件三部分。

①工程概况　重点收集建设规模、产品方案、生产方式、设备类型及数量、机械化装备水平、自动化程度、占地面积、职工人数、运输方式及机动车流量等资料。

②噪声源声学数据　重点收集发声设备的声学参数，如声功率级。

③自然环境条件　重点了解社会经济结构及人口分布、交通、地理环境、气象条件等。

2．噪声现状调查

改扩建项目需调查现有车间和厂区的噪声现状，新建项目需调查厂界及评价区域内的噪声水平，一般可依据工业企业噪声测量规范、工业企业厂界噪声标准及测量方法、城市区域环境噪声测量方法进行。

（1）现有车间的噪声现状调查

重点调查处于 85 dB（A）以上的噪声源。调查方法按《工业企业噪声调查规程（草案）》的有关规定进行。测量仪器采用精密声级计或积分式声级计。

（2）厂区噪声水平调查

① 采用点阵法，每隔 10～50 m（大厂每隔 50～100 m）划分正方网格，每个网格的交点即为测点。若测点位置遇有建筑物、河沟等障碍时，可改到旁边的易测位置。

② 敏感点和声源附近的测点应加密。测量时间应安排在 8—12 时，14—18 时，22—6 时，并且要选择在生产正常阶段和无雨无雪的天气。测量时要把传声器放置到距地面 1.2 m高处。如果测量时的风力超过三级，应加防风罩，大风天气应停止测量。

③ 稳态噪声测量，将声级计置于慢挡，每个测点读取 5 个 A 声级，并以算术平均值作为代表值。非稳定态噪声应使用积分声级计测量 10 min 等效声级。在测量中若发现两个测点间的声级差大于 5 dB（A）时，应在其间增补测点。读数时要避免偶发性噪声干扰。

④ 所有测点的数据均应直接标记在厂区总平面布置图的方格网坐标交点的右上角，供数据处理使用。

（3）厂界噪声水平调查

测点布置也是采用点阵法。测点间距，中小项目取 50～110 m；大型项目取 100～300 m。对厂外可能造成重大影响的地段，应作为测量重点。如果厂界遇有围墙，则测点应选在法定厂界上，若厂界围墙紧靠厂内建筑物，或以建筑物墙体作围墙时，则测点位置应选在墙内 3.5 m 处（或在围墙以上）；测量时段和所用测量仪器、读数方法均与厂区调查相同。

（4）生活居住区噪声水平调查

将生活区按 250 m × 250 m 划分成网格，每个网格中心设噪声测点。若中心位置遇有建筑物、河流等障碍不易测量时，可将测点移至近旁可测位置。若生活区受交通噪声影响，则应在主要交通干线两侧和交通要道处的居住建筑物外 1 m 处增设若干测点，同时记录车流量（辆/h）。如果生活区属于特殊住宅或噪声敏感区，应进行昼夜 24 h 连续测量，给出昼夜等效噪声。

3．噪声现状调查数据统计处理

为了满足噪声影响预测和评价需要，所有背景噪声水平调查数据均应按上述有关评价量的公式进行数据统计计算和处理。所得结果可以表格的方式给出。

四、环境噪声现状评价方法

1．评价方法

对厂界噪声，其评价方法一般取厂界噪声的等效声级 L_{eq} 与 GB 12348—90《工业企业厂界噪声标准》中的标准值进行对比评价。根据工厂噪声污染源调查和工厂噪声对周围环境影响的调查，即可做出噪声环境质量现状评价的结论。如果噪声对周围环境有较大影响，必须要求工厂采取必要的措施，以达到环境噪声标准。

对于城市环境噪声的现状评价，评价方法一般采用监测值与评价标准值直接比较法。标准值采用 GB3096—93《城市区域环境噪声标准》。其测量点的选择，是把城市划分为 250 m × 250 m 的小网格，测量点选在网格的中心。如果中心位置不适宜测量（如房顶、河沟和街道中心等），可以移到附近适合测量的地方。网格的尺度也可按 500 m × 500 m 的面积来划分，但总网格数不能少于 100 个，否则将影响精确度。

对城市污染作综合评价时，可以预先确定等效 A 声级的一个基准值 L_b，把通过测量得到的平均等效 A 声级 L_{eq} 除以基准值 L_b，就能得出评价噪声质量的污染分指数 p_i，即

$$p_i = L_{eq}/L_b$$

对于区域环境质量评价，取 $L_b = 75$ dB(A) 是合适的。根据所得的 p_i 值，可对噪声环境质量进行分级（见表 9 – 10）。

表 9 – 10　噪声环境质量分级表

类　型	分级名称	p_i 范围	$\bar{L}_{eq}$(dB(A))
一	很好	小于 0.6	小于 45
二	好	0.60～0.67	45～50
三	一般	0.67～0.75	50～56
四	坏	0.75～1.0	56～75
五	恶化	大于 1.0	大于 75

一般的工业设备噪声见表 9 – 11。

表 9 – 11　工业设备噪声

声级(dB(A))	声　源
130	风铲、风铆、大型鼓风机、锅炉排气室
125	轧材热锯(峰值)、锻锤(峰值)、818 – No. 8 鼓风机
120	有齿锯锯钢材、大型球磨机、加压制砖机
115	柴油机试车、双水内冷发电机试车、振捣台、6500 抽风机、热风炉、鼓风机、震动筛、桥梁生产线
110	罗茨鼓风机、电锯、无齿锯
105	织布机、电刨、大螺杆压缩机、破碎机
100	织机、柴油发电机、大型鼓风机站、矿山开洞、电焊机
95	织带机、棉纺细纱车间，轮转印刷机、经纺机、纬纺机、梳棉机、空压机站、泵房、冷冻机房
90	轧钢车间，饼干成型、汽水封盖、柴油机、汽油机加工流水线
85	车床、铣床、刨床，凹印、铅印、平台印刷机，折页机、装订连动机、造纸机、切草机
80	织袜机、针织机、平印连动机、漆包线机、挤塑机
75	上胶机、过板机、蒸发机、电线成盘机、真空镀膜、复印机

2. 评价工作等级划分

（1）分级依据

噪声评价工作等级划分的依据：①按投资额划分拟建项目规模（大、中、小型建设项目）；②噪声源种类及数量；③项目建设前后噪声组的变化程度；④拟建项目噪声影响范围内的环境保护目标、环境噪声标准和人口分布。

（2）分级条件

① 一级评价　属于大、中型建设项目、位于规划区内的建设工程，或受噪声影响范围内有适用于《城市区域环境噪声标准》（GB 3096—93）规定的 0 类标准和需要特别安静的地区，以及对噪声有限制的保护区等噪声敏感目标；项目建设前后噪声级有显著增高（噪声级增高量达 5 ~ 10 dB（A）或以上）或受影响人口显著增多的情况，应按一级评价进行工作。

② 二级评价　对于新建、扩建及改建的大、中型建设项目，若其所在功能区属于适用于 GB 3096—93 规定的 1、2 类标准的地区，或项目建设前后噪声级有较明显增高（噪声级增高量达 3 ~ 5 dB（A））或受噪声影响人口增加较多的情况，应按二级评价进行工作。

③ 三级评价　对处在适用 GB 3096—93 规定的 3 类标准及以上的地区的中型建设项目和处在 GB 3096—93 规定的 1、2 类标准地区的小型建设项目，或者大、中型建设项目建设前后噪声级增加很小（噪声级增高量在 3 dB（A）以内）且受影响人口变化不大的情况，应按三级评价进行工作。

（3）不同评价等级的工作内容

一级评价的基本要求：

① 环境噪声现状应实测。

② 噪声预测要覆盖全部敏感目标，绘出等声级图并给出预测噪声级的误差范围。

③ 给出项目建成后各噪声级范围内受影响的人口分布、噪声超标的范围和程度。

④ 对噪声级变化可能出现几个阶段的情况（如建设期、投产后的近期、中期、远期），应分别给出其噪声级。

⑤ 项目可能引起的非项目本身的环境噪声增高（如城市通往机场的道路噪声可能因机场的建设而增高），也应给予分析。

⑥ 对评价中提出的不同选址方案、建设方案等对策所引起的声环境变化，应进行定量分析。

⑦ 必须针对建设项目工程特点提出噪声防治对策，并进行经济、技术可行性分析，得出最终降噪效果。

二级评价的基本要求：

① 环境噪声现状以实测为主，可适当利用当地已有的环境噪声监测资料。

② 噪声预测要给出等声级图，并给出预测噪声级的误差范围。

③ 描述项目建成后各噪声级范围内受影响的人口分布、噪声超标的范围和程度。

④ 对噪声级变化可能出现的几个阶段，选择噪声级最高的阶段进行详细预测，并适当分析其他阶段的噪声级。

⑤ 必须针对建设工程特点提出噪声防治措施并给出最终降噪效果。

三级评价的基本要求：

① 噪声现状调查可着重调查清楚现有噪声源种类和数量，其声级数据可参照已有资料。

② 预测以现有资料为主，对项目建成后噪声级分布做出分析，并给出受影响的范围和程度。

③ 要针对建设工程特点提出噪声防治措施。

3. 评价工作范围

噪声环境影响的评价范围一般根据评价工作等级确定。对于包含多个点声源性质的拟建项目(如工厂、港口、施工工地、铁路的站台等)，该项目边界往外 200 m 内的评价范围一般能满足一级评价的要求；相应的二级和三级评价的范围可根据实际情况适当缩小。若拟建项目周围较为空旷而较远处有敏感区域，则评价范围应适当放宽到敏感区附近。

对于呈线状声源性质的拟建项目(如铁路、公路)，线状声源两侧各 200 m 的评价范围一般可满足一级评价要求；二级和三级评价的范围可根据实际情况相应缩小。若拟建项目周围较空旷而较远处有敏感区，则评价范围应适当放宽到敏感区附近。

对于拟建机场，主要飞行航迹下离跑道两端各 15 km、侧向 20 km 内的评价范围一般能满足一级评价的要求；相应的二级和三级评价范围可根据实际情况适当缩小。

环境噪声影响评价的工作等级要求见表 9-12。

表 9-12　建设项目环境噪声影响评价的工作等级要求

建设项目	评价工作等级			
	敏感地区		非敏感地区	
	大中型	小型	大中型	小型
机场	一		一	
铁路	一		二	
高速公路	一		二	
公路干线	一	二	二	三
港口	一	二	二	三
工矿企业	一	二	二	三

五、环境噪声影响预测

1. 环境噪声预测模型

(1) 噪声在传播过程中的衰减

噪声从声源传播到受声点，因传播发散、空气吸收、阻挡物的反射和屏障等因素的影响，会使其产生衰减。为了保证噪声影响预测和评价的准确性，对于由上述各因素所引起的衰减值需认真考虑，不能任意忽略。

① 噪声随传播距离的衰减　噪声在传播过程中由于距离增加而引起的发散衰减与噪声固有的频率无关。

ⓐ 点声源随传播距离增加引起的衰减值

$$\Delta L_1 = 10\lg \frac{1}{4\pi r^2}$$

式中　ΔL——距离增加产生衰减值，dB；

　　　r——点声源至受声点的距离，m。

距离点声源 r_1 至 r_2 处的衰减值

$$\Delta L_1 = 20 \lg \frac{r_1}{r_2}$$

当 $r_2 = 2r_1$ 时，$\Delta L_1 = -6$ dB，即点声源声传播距离增加 1 倍，衰减值是 6 dB。

ⓑ 线声源随传播距离增加引起的衰减值

$$\Delta L_1 = 10 \lg \frac{l}{4\pi r^2}$$

式中　ΔL_1——距离衰减值，dB；

　　　r——线声源至受声点的距离，m；

　　　l——线声源的长度，m。

当 $\frac{r}{l} < \frac{1}{10}$ 时，可视为无限长线声源。此时，距离线声源 r_1 至 r_2 处的衰减值为

$$\Delta L_1 = 10 \lg \frac{r_1}{r_2}$$

当 $r_2 = r_1$ 时，由上式可计算出 $\Delta L_1 = -3$ dB，即线声源声传播距离增加 1 倍，衰减值是 3 dB。

当 $\frac{r}{l} \geq 1$ 时，可视为点声源。

ⓒ 面声源随传播距离的增加引起的衰减值　设面声源短边是 a，长边是 b，随着距离的增加，引起的衰减值与距离关系：

当 $r < \frac{a}{\pi}$，在 r 处 $\Delta L_1 = 0$；

当 $\frac{b}{\pi} > r > \frac{a}{\pi}$，在 r 处距离每增加 1 倍，$\Delta L_1 = -(0 \sim 3)$；

当 $b > r > \frac{b}{\pi}$，在 r 处距离每增加 1 倍，$\Delta L_1 = -(3 \sim 6)$；

当 $r > b$，在 r 处距离每增加 1 倍，$\Delta L_1 = -6$。

② 噪声被空气吸收的衰减　空气吸收声波而引起声衰减与声波频率、大气压、温度、湿度有关，被空气吸收的衰减值可由下式计算

$$\Delta L_2 = \alpha_0 \cdot r$$

式中　ΔL_2——空气吸收造成的衰减值，dB；

　　　α_0——空气吸声系数；

　　　r——声波传播距离，m。

当 $r < 200$ m 时，ΔL_2 近似为零。

在实际评价工作中，为了简化计算常把距离衰减和空气吸收衰减两项合并，并用下列公式计算（声源位于硬平面上）

$$\Delta L_2 = 20 \lg r + 6 \times 10^{-6} f \cdot r + 8$$

式中　f——噪声的倍频带几何平均频率，Hz；

r——噪声源与受声点的距离，m；

$6 \times 10^{-6} f \cdot r$——由空气吸收而引起的衰减值，dB。

③ 墙壁屏障效应　室内混响声对建筑物的墙壁隔声影响十分明显，其总隔声量 TL 可用下列公式进行计算

$$TL = L_{p1} - L_{p2} + 10\lg\left(\frac{1}{4} + \frac{S}{A}\right)$$

所以，受墙壁阻挡的噪声衰减值为

$$\Delta L_3 = TL - 10\lg\left(\frac{1}{4} + \frac{S}{A}\right)$$

式中　ΔL_3——墙壁阻隔产生的衰减值，dB。

（2）噪声衰减的计算

噪声从噪声源发出后向外传播，在传播过程中，经过距离衰减、空气吸收、构筑物围护结构（门、窗、墙）的屏蔽及树木的吸收后，到达受声点。根据有关资料介绍，在满足一定工程精度的前提下，为了保证一定的安全系数，只考虑了距离的衰减、有声源的厂房围护结构及空气吸收等衰减因子，不考虑无声源的建、构筑物的屏蔽效应及树木的吸声，有下面计算公式

$$L_{pn} = L_{Wi} - TL + 10\lg\left(\frac{Q}{4\pi r_{ni}^2}\right) - M \cdot \frac{r_{ni}}{100}$$

式中　L_{pn}——第 n 个受声点的声级，dB(A)；

L_{Wi}——第 i 个噪声源的声功率级，dB(A)；

TL——厂房围护结构的隔声量，dB(A)；

r_{ni}——第 i 个噪声源到第 n 个受声点的距离，m；

Q——声源指向性因数；

M——声波在大气中的衰减值，dB(A)/100 m。

上式中，每一种设备的声功率级的确定有一定困难，有相当一部分设备的声学参数无法收集。而且，一般工厂厂房中的噪声源不是孤立的，其坐标也难于确定。同时，隔声量的确定也会有一定的误差。如果将构筑物作为一个声源，可根据上式求得噪声源在传播途径上任意两点的声压级为

$$L_{pn1} = L_{Wi} - TL + 10\lg\left(\frac{Q}{4\pi r_{ni1}^2}\right) - M_1 \cdot \frac{r_{ni1}}{100}$$

$$L_{pn2} = L_{Wi} - TL + 10\lg\left(\frac{Q}{4\pi r_{ni2}^2}\right) - M_2 \cdot \frac{r_{ni2}}{100}$$

当 $M_1 = M_2$ 时

$$L_{pn2} - L_{pn1} = -20\lg\frac{r_{n2}}{r_{n1}} - M\frac{r_{n2} - r_{n1}}{100}$$

$$L_{pn2} = L_{pn1} - 20\lg\frac{r_{n2}}{r_{n1}} - M\frac{r_{n2} - r_{n1}}{100}$$

由上两式可知，在同一环境下只要测得 L_{p1}、r_1，就可计算任意一点的声压级 L_{p2}。上两式 M 值的确定见表 9 - 13。

表 9 - 13　大气中声波衰减量　　　　　　　dB/100 m

温度（℃）	1/3 倍频程的中心频率（Hz）	相对湿度（%）					
		40	50	60	70	80	90
15	125	0.037	0.034	0.032	0.030	0.029	0.027
	250	0.081	0.075	0.070	0.066	0.063	0.060
	500	0.193	0.178	0.167	0.157	0.150	0.143
	1000	0.472	0.435	0.406	0.382	0.365	0.351
	2000	1.206	1.070	1.004	0.953	0.910	0.873
	4000	3.884	3.106	2.653	2.418	2.265	2.181
20	125	0.036	0.033	0.031	0.029	0.028	0.026
	250	0.079	0.073	0.068	0.064	0.061	0.059
	500	0.190	0.175	0.164	0.155	0.148	0.141
	1000	0.462	0.422	0.397	0.376	0.358	0.343
	2000	1.126	1.042	0.979	0.924	0.876	0.843
	4000	3.116	2.653	2.435	2.314	2.217	2.136
25	125	0.035	0.032	0.030	0.027	0.025	0.024
	250	0.079	0.072	0.068	0.064	0.061	0.057
	500	0.084	0.170	0.159	0.150	0.143	0.137
	1000	0.448	0.414	0.388	0.367	0.350	0.336
	2000	1.117	1.032	0.960	0.911	0.872	0.838
	4000	2.791	2.555	2.407	2.288	2.186	2.095
30	125	0.034	0.031	0.028	0.026	0.024	0.022
	250	0.079	0.073	0.068	0.063	0.059	0.056
	500	0.181	0.166	0.156	0.147	0.140	0.133
	1000	0.444	0.409	0.383	0.364	0.346	0.331
	2000	1.088	1.001	0.942	0.893	0.851	0.819
	4000	2.720	2.532	2.380	2.249	2.149	2.071

2. 工业企业生产噪声预测

工矿企业中的噪声源可以分成室内声源和室外声源两种，其噪声影响预测应分别对待。

（1）室外声源

① 计算第 i 个噪声源在第 j 个预测点的倍频带声压级 $L_{oct_{ij}}(r)$ 为

$$L_{oct_{ij}}(r) = L_{oct_i}(r_0) - (A_{div} + A_{bar} + A_{atm} + A_{exe})$$

式中　$L_{oct_i}(r_0)$ ——第 i 个噪声源在参考位置 r_0 处的倍频带声压级，dB

A_{div} ——发散衰减量，dB；

A_{bar}——屏障衰减量，dB；

A_{atm}——空气吸收衰减量，dB；

A_{exe}——附加衰减量，dB。

如果已知噪声源的倍频带声功率级为 L_{Wioct}，并假设声源位于地面上（半自由场），则

$$L_{oct_i}(r_0) = L_{Wioct} - 20lgr_0 - 8$$

② 把①计算出来的倍频带声压级合成为 A 声级

$$L_{Aij}(out) = L_{Ai}(r_0) - (A_{div} + A_{bar} + A_{atm} + A_{exe})$$

如果已知该噪声源的 A 声功率级为 L_{WAi}，则

$$L_{Ai}(r_0) = L_{WAi} - 20lgr_0 - 8$$

（2）室内声源

假如某厂房内共有 k 个噪声源，对预测点的影响可看作是相当于若干个等效室外声源。其计算步骤如下：

① 计算厂房内第 i 个声源在室内靠近围护结构处的声级 L_{pil}

$$L_{pil} = L_{Wi} + 10lg\left(\frac{Q}{4\pi r_i} + \frac{4}{R}\right)$$

式中　L_{Wi}——该厂房内第 i 个声源的声功率级；

Q——声源的方向性因数，在一般情况下，位于地面上声源的 Q 值等于2；

r_i——室内点距声源的距离；

R——房间常数。

② 计算厂房内 k 个声源在室内靠近围护结构处的声级 L_{p1}

$$L_{p1} = 10lg\left(\sum_{i=1}^{k} 10^{0.1L_{pil}}\right)$$

③ 计算厂房外靠近围护结构处的声级 L_{p2}

$$L_{p2} = L_{p1} - (TL + 6)$$

式中，TL 为围护结构的传声损失。

④ 把围护结构当作等效室外声源，再根据声级 L_{p2} 和围护结构（一般为门、窗）的面积，计算等效室外声源的声功率级。

⑤ 按照上述室外声源的计算方法，计算该等效室外 k 个声源在第 j 个预测点的声级 $L_{Akj}(in)$。如果室外声源有 n 个，等效室外声源为 m 个，则第 j 个预测点的总声级为

$$L_{Aj} = 10lg\left[\sum_{i=1}^{n} 10^{0.1L_{Aij}(out)} + \sum_{k=1}^{m} 10^{0.1L_{Akj}(in)}\right]$$

3．工程施工噪声预测

施工过程发生的噪声与其他重要的噪声源不同，其一是噪声由许多不同种类的设备发出的；其二是这些设备的运作是间歇性的，因此所发噪声也是间歇性和短暂的；其三是一般规定施工应在白天进行，因此对睡眠干扰较少。在做施工噪声影响评价时应充分考虑上述特点。预测和评价施工噪声影响的步骤如下。

①应用表9-14确定各类工程在各个施工阶段场地上发出的等效声级 L_{eq}。

表 9-14　施工场地上的能量等效声级［dB(A)］的典型范围

工程类型	住房建设		办公建筑、旅馆、学校、医院、公用建筑		工业小区、停车场、宗教、娱乐、休息、商店、服务中心		公共工程、道路与公路、下水道和管沟	
施工阶段	I①	II②	I	II	I	II	I	II
场地清理	83	83	84	84	84	83	84	84
开挖	88	75	89	79	89	71	88	78
基础	81	81	78	78	77	77	88	88
上层建筑	81	65	87	75	84	72	79	78
完工	88	72	89	75	89	74	84	84

注：① I——所有重要的施工设备都在现场；

　　② II——只有极少数必需的设备在现场。

②用下式确定整个施工过程中的场地上的 L_{eq}

$$L_{eq} = 10\lg \frac{1}{T} \sum_{i=1}^{N} T_i 10^{L_i/10}$$

式中　L_i——第 i 阶段的 L_{eq}；

　　　T_i——第 i 阶段延续的总时间；

　　　T——从开始阶段($i=1$)到施工结束($i=2$)的总延续时间；

　　　N——施工阶段数。

③在离施工场地 x 距离处的 $L_{eq(x)}$ 的修正系数为

$$ADJ = -20\lg\left(\frac{x}{0.328} + 250\right) + 48$$

式中　x——离场地边界的距离，m。

　　则　　　　　　　　　　　$L_{eq(x)} = L_{eq} - ADJ$

④在适当的地图上画出场地周围 L_{eq} 的轮廓线。

4. 公路噪声影响预测

公路噪声影响评价是很复杂的，这里介绍常用于预测等效声级 L_{eq} 的噪声模型。由于 L_{eq} 是指能量平均的噪声级，不依赖交通流量统计。而 L_{10}、L_{50} 和 L_{90} 等噪声指标对交通流量很敏感，难以建模。作为示例，这里把公路看成是无限长线源。因为有限长公路噪声模型预测计算较复杂，故在此处略。

本法是先计算出每小时的 L_{eq}，再预测昼夜噪声级 L_{dn}。每小时的 L_{eq} 是由各种类型车辆如汽车、卡车、重型卡车造成的，故

$$L_{eqi} = \overline{L}_{eoi} + 10\lg\left(\frac{N_i}{S_i T}\right) + 10\lg\left(\frac{15}{d}\right)^{1+\alpha} + B_s - 13 \tag{9-1}$$

式中　L_{eqi}——第 i 种车辆在 h 小时的 L_{eq} 值；

　　　$\overline{L}_{eoi}$——第 i 种车辆发射的参考平均能量级(通过实测或文献中公布的数据确定的噪声发射级，如表 9-15 所示)；

　　　N_i——在时间 T 内通过的 i 种车辆数，这里指 1 h 的交通量；

S_i——第 i 种车辆的平均速度，km/h；

T——L_{eq} 的持续时间，即通过车数 N_i 的时间，通常指 1h；

d——测量时受影响的人离道路中心线的距离，m；

α——受影响的人到道路中心线之间地面覆盖物吸收特性因子，其值参考表 9-16；

B_s——噪声屏障因子，见以下讨论。

表 9-15　几种车辆发射的参考平均能量级　　　　　参考距离为 15 m

车　种	车速（km/h）										
	50	55	60	65	70	75	80	85	90	95	100
汽车（A）	62.4	63.8	65.2	66.8	67.9	69.0	70.0	71.0	71.9	72.7	73.5
卡车（MT）	72.4	74.3	76.0	77.5	78.8	80.0	81.1	81.9	82.5	82.8	82.9
重型卡车（HT）	80.5	81.4	82.5	83.2	84.0	84.6	85.2	85.8	86.3	86.7	86.8

注：卡车指载重量 5～10t 或六轮车，重型卡车指载重量超过 10 t 以上卡车。

表 9-16　距离加倍时噪声减少量及相应的 α 值

条　件	减少量（dB）	α
声源或受声者高出地面 3 m（或视线平均高大于 3 m）	3	0
声源或受声者高度超过障碍高 3 m	3	0
视线[①]与地面距离小于 3 m 且地面是硬的；受声者与道路间无建筑物，能清楚看见公路[②]	3	0
地面松软或有植被覆盖，视线被建筑物、灌木或散树林阻挡	4.5	0.5

注：① 视线是指噪声源与受声者间的直线。

② 如果道路与受声者之间地面软硬相杂，则可分步计算相应各地段的噪声级。

用式（9-1）分别计算汽车、卡车、重型卡车的等效声级 $L_{eq,A}$（汽车）、$L_{eq,MT}$（卡车）、$L_{eq,HT}$（重型卡车），再用式（9-2）求出总的等效声级 $L_{eq,dn}$：

$$L_{eq,dn} = 10\lg \left[10^{0.1L_{eq,A}} + 10^{0.1L_{eq,MT}} + 10^{0.1L_{eq,HT}} \right] \tag{9-2}$$

隔声因子 B_s 是经验数据，其值取决于受声者和道路周围环境是否有声障。常见的情况如下：

① 硬质地面：车辆和受声者距离为 30 m 时衰减 $B_s = 3$ dB；如为软质土地面或有植被覆盖，则 $B_s = 4.5$ dB；如果中间为等于或大于 5 m 高的风景林，则 $B_s = 5～10$ dB。

② 由多排房屋造成的附加衰减取决于其密度，如果第一排房屋的面积占车辆与受声者间的地面面积的 40%～60%，则 $B_s = 3$ dB；如占 70%～90%，则 $B_s = 5$ dB。然后每增加一排可得 1.5 dB 的附加衰减，但总衰减不超过 10 dB。

③ 如果道路两侧有声障，其计算方法可查有关文献。

5. 机场噪声预测

机场的活动产生两类噪声：飞机起降运作噪声和地勤噪声。地勤噪声主要由机械和车辆运行产生，其预测类似于工业建设项目的施工噪声。这里介绍预测飞机噪声的一种经验方法。

飞机噪声主要是喷气发动机排气或螺旋桨旋转发生的。飞机飞越天空和在地面上运行的噪声是不同的。在同样距离内，同样速度的飞机在地面上或离地面近处运动发出的噪声，因被地面部分地吸收而比在空中飞行发出的噪声小。飞机在地面滑行或起降的延续时间只有几分钟，而从一个点上飞越的噪声则是瞬间和脉冲的，所产生的一次脉冲事件的最大暴露声级(SEL)更高，因此，暴露于机场操作的总量是所有飞机在所有飞行线(地面和空中)操作的总和。勾画机场噪声廓线的步骤如下：

① 确定飞行操作的平均次数和时间。

② 应用下式确定所有飞机操作的有效次数

$$N_e = d + 16.7n$$

式中　N_e——有效操作次数；

d——白天操作的次数 (07:00—22:00)；

n——夜间操作的次数 (22:00—07:00)。

这里的"一次有效操作"是指一次起飞或降落。上式是假设白天的起飞和降落次数与夜间相等。如果飞机全部在白天起飞，而在夜间降落，则应考虑全部是白天的操作。

③ 用表9-17确定区域廓线。

表9-17中1表示从跑道中心线到廓线边缘的距离；2表示跑道末端至廓线尖端的距离(见图9-5)。

表9-17　机场操作的 L_{dn} 廓线距离　　　　　　　　　　　　　m

操作的有效次数	至65L_{dn}廓线的距离		至75L_{dn}廓线的距离	
	1	2	1	2
0～50	150	914	0	0
51～100	305	1600	0	0
101～200	456	2400	125	914
201～400	609	3200	305	1600
401～1000	1600	3200	609	2400
>1000	1600	4000	914	2400

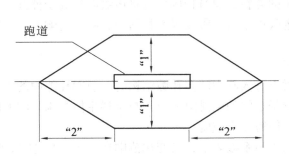

图9-5　机场噪声区域廓线示意

六、减少噪声的产生与控制噪声的措施

(1) 在机器设备的选型中采用低噪声的或无噪声的设备。

(2) 控制噪声的传播。

① 总体设计上必须布局合理　将声音嘈杂的生产车间与相对安静的车间分开设置，并且具有合适的距离。在符合工艺流程布局的条件下，生产车间内部噪声较大的设备应当与普通设备分隔设置。产生强烈噪声的同类设备（空气压缩机、真空泵，大型鼓风机等）尽量集中设置在某一区域，既能够减小噪声的影响范围，又便于统一采用治理措施。例如，造纸车间设计时，将产生强烈噪声的多台真空泵、空气压缩机集中设置，就是采用的这种处理方式。

② 利用噪声随距离衰减的特性　对于产生球面波的点声源，当声源辐射的噪声功率一定时，其强度随着距离的平方而衰减，因此，在工艺流程合理的条件下，将噪声较大的生产车间设置在厂区比较偏僻的区域。操作岗位和控制室的位置要尽量远离产生强烈噪声的设备，最大限度地利用噪声随着距离增加而自然衰减的特性。

③ 利用屏障阻止噪声的传播　厂区的布置和建设，可以采取设置足够高度的阻隔围墙等措施，阻隔和屏蔽部分噪声的传播。厂区内生产车间之间种植一定宽度和密度的树木，不仅美化了环境，减少了空气污染，同时也能有效地吸收和衰减噪声。

④ 利用声源的方向性降低环境噪声　强噪声源对周围环境的影响，在一定程度上具有传播的方向性，利用这种特性，合理安排设备产生噪声部位的取向，也会取得显著减少噪声的效果。例如，制浆造纸厂的蒸煮器在喷放时，经常产生高频强噪声，通过合理地设置高压废气排出口方向，可以取得降低噪声 5 ～ 10 dB 的效果；碱回收车间以及动力车间的设备在设置时，都可以充分利用这一特性。

（3）劳动者采取使用各种护耳器材（如耳塞、耳罩、头盔等）；采取轮班作业，缩短在噪声环境中的工作时间等。

七、噪声控制技术

1. 吸声处理

声波入射到物体表面时，部分能量被物体表面吸收，转变为其他形式的能量，这种现象称为吸声。同样的设备，安装在室内运转时的噪声远远大于室外。这是由于在室内不仅能听到通过空气直接传来的声响，同时还有声波接触墙面、天花板及其他物体表面时，多次反射形成的叠加声波，称为混响声。坚硬平滑的物体表面能够很好地发射声波，从而增强混响声。由于混响声的存在，建筑物内部的噪声级明显高于外部。显然，如果建筑物采用吸声设计，包括设置吸声结构、敷设吸声材料等，吸收混响声，就能够明显降低室内的噪声。

（1）利用材料吸声

当声波透过吸声材料进入其中的多孔隙结构时，引起孔隙中的空气和材料的主体结构发生振动，由于空气分子之间的粘滞阻力及其与材料主体结构之间的摩擦作用，部分振动的能量转变成为热能，使得噪声减弱。

材料的吸声效果以吸声系数表示，其变化范围在 0.2 ～ 1 之间。吸声系数愈大，材料的吸声效果愈好。工业毛毡的厚度在 4 cm 以上时，高频吸声系数为 0.6 以上；玻璃棉、矿渣棉的厚度在 4 cm 以上时，高频吸声系数为 0.85 ～ 0.94。吸声材料的吸声系数与声波频率密切相关，某种材料的吸声系数必须标明对应的频率。同一种吸声材料对于不同频率的噪声，吸声效果是不同的，通常对于中频和高频噪声具有很好的吸声效果，对于低频噪声的吸声作用较差。因此，对于低频噪声通常采用共振吸声结构来降低噪声的影响。此外，空气湿度增大时，吸声材料的孔隙中充满了水汽，也会导致吸声功能下降。

常用的吸声材料分为纤维类、泡沫类和颗粒类三种类型。纤维类吸声材料有玻璃纤维、纤维板材、矿渣棉和毛毡等；泡沫类吸声材料有多种高分子泡沫塑料等；颗粒类吸声材料有微孔吸声砖和膨胀珍珠岩等。

（2）吸声结构

① 薄板吸声结构　薄板吸声结构由不钻孔的薄板与其后面的封闭空气层组成。当声波作用于薄板时，薄板在声波交变压力作用下产生振动弯曲，由于薄板内部的摩擦损耗使得部分声能转化成为热能。这种结构吸收噪声的频率范围较窄，适宜于低频噪声的场所，在噪声波长远大于薄板之后空气层厚度时，具有良好的降噪效果。

② 共振吸声结构　共振吸声结构由腔体和孔颈组成，每个腔体通过孔颈与大气相通，声波传播到达时，孔颈部位和腔体内部空气之间的摩擦和阻尼作用，使得噪声的部分能量转化成为热能，噪声得到衰减。也就是说，当外部声波到达时，会引起孔颈部位空气的振动，空腔内部的空气可以吸收和抵消孔颈部位空气压力的变化，从而衰减声波能量。入射声波的频率与共振吸声结构的固有频率一致时，孔颈部位空气柱的运动速度最大，噪声能量得到最大的吸收。共振吸声结构的吸声作用区间位于低频范围，而且对于频率的选择性较强，在共振频率附近具有很好的吸声效果，偏离共振频率时吸声效果明显变差。实际应用中，常常在同一降噪设施上设计数种不同规格的共振吸声结构，以求在较宽的低频范围获得良好的降噪效果。

③ 孔板吸声结构　孔板吸声结构通常是在金属板或者薄木板上钻一定数量的小孔，并在其后设置空腔，每个小孔及其对应的部分空腔就构成了共振器，每个共振器都具有一定的固有共振频率，它决定于板厚、孔径和空腔深度。当外来声波的频率与吸声结构共振腔的固有共振频率相同时，就会产生共振。通常，孔板的厚度为 2～10 mm，孔径为 2～15 mm，开孔率为 0.5%～5%。如果在孔板后面设置吸声材料，可以增加吸声的频率范围，提高降噪效果。

（4）微孔孔板吸声结构　普通孔板吸声结构在共振频率附近具有显著的吸声效果，但是对于较宽频带的降噪效果较差。这时采用微孔孔板吸声结构，即由微孔孔板和空腔构成的复合结构，板厚和孔径均在 1 mm 以下，开孔率为 1%～3%，这种结构既可以反射部分声能，又能够消耗声能，具有较大的吸声系数和较宽的吸声频带。实际应用中，常常采用两层不同开孔率的微孔孔板，形成前后两个不同深度的空腔，以取得更好的降噪效果。

2. 隔声措施

应用隔声结构，阻挡噪声通过空气的直接传播，使得噪声环境与周围环境分隔。例如隔声墙、隔声室、隔声罩、隔声屏等等。

对于均匀的墙体，单位体积的墙体质量愈大，声波传播到墙体时，遇到的惯性阻力愈大，愈难引起振动，隔声能力愈好。隔声墙对于高频噪声的阻隔效果较好，对于低频噪声的阻隔效果较差。双层砌筑的墙体，隔声效果比单层墙体更好。

隔声操作室内表面的吸声性能愈好，室内面积愈小，隔声效果愈好。隔声室墙体材料、门窗结构直接影响着隔声效果，一般墙体的隔声能力较大，薄弱环节在于门窗。为此，隔声操作室的门窗常常设计制造为双层或者多层结构。

隔声罩通常由罩壳、阻尼涂料和内衬吸声材料构成，适用于分置的强噪声源，具有体积小、费用低、效果好的特点。在隔声罩的设计中，结构形式、材料规格以及与振动设备的连接方式，都是影响隔声效果的关键因素。制造罩体通常采用的是轻型板材，大多具有较高的固有振动频率。当声源发出声波的频率与罩体的固有振动频率相同时，就会发生共振，隔声效果大为降低，甚至反而扩大了噪声，这是隔声罩设计时必须注意避免的。设计中应当尽量减少罩体的噪声辐射面积，在罩壳上设置筋条、装设阻尼材料，以及采用与设备或者基础的弹性连接等措施，以求得到最好的隔声效果。

隔声屏是设置在声源一侧的障板，用以阻挡通过空气直接传播的噪声，适用于难以设置隔声罩、隔声操作室封闭噪声的场所。隔声屏对于高频噪声的阻隔效果优于低频噪声。如果在隔声屏朝向声源的一侧敷设吸声材料，可以提高其隔声效果。

3. 消声装置

隔声间内的机器设备要散热，操作和维修人员要正常工作，因此必须具有通风设施。伴随着空气的进出，不可避免产生噪声的泄漏，消声装置就是既能容许气流通过又能有效阻止噪声传播的装置。根据消声原理，消声装置分为阻性消声装置、抗性消声装置以及建立在两者基础上的阻抗复合消声装置。

消声装置性能的评价指标主要有三项：消声量、消声频率范围和气流阻力损失。对消声装置的基本要求是体积小、结构简单、便于加工和安装，具有足够的结构强度以防止受激振动产生再生噪声。某些应用场所要求消声装置能够耐高温、抗腐蚀。

设计和选用消声装置时，以气体动力性噪声的峰值频率特性作为依据，确定需要的消声量和有效频率范围。考虑消声量时，应当同时考虑随着距离的自然衰减，以及管道弯头、分路、截面改变的影响。

（1）阻性消声装置

阻性消声装置利用吸声材料降低噪声的特性，在气流通道内壁或者管道中间，排列设置吸声材料，构成阻性消声器。当声波进入消声器之后，由于摩擦阻力和粘滞阻力的作用，部分能量转化成为热能散失，起到消声作用，因此称为阻性消声装置。这类消声装置的有效作用频率范围较宽，对于高频和中频噪声具有较好的降噪效果，对于低频噪声的处理效果较差。

阻性消声装置的基本结构如图9-6所示。最简单的是直管式阻性消声装置，即在管道内壁衬附复合玻璃棉、复合矿渣棉、多孔纤维板等吸声材料。片型和蜂窝型阻性消声装置是将气流通道分为数个或者多个由吸声材料隔成的小通道，由于吸声层表面积增大，消声频率范围变宽，消声量相应提高。声流式阻性消声装置的气流通道由厚度连续变化的吸声材料层构成，这种结构能够显著降低阻力损失，改善对中频和低频噪声的消声效果。迷宫式阻性消声装置通常由吸声砖砌筑而成，声波在其中多次反射并产生干涉而导致衰减，但是由于阻力损失很大，体积也大，仅适用于气流速度较低、容许阻力损失较大的情形。

（2）抗性消声装置

噪声经过截面积突然变化(扩张或者收缩)的管道时，部分声波在截面积突变区域发生反射和干涉，从而抵消部分声波的传播。利用这种特性设计制作的扩张消声器、共振消声器、干涉消声器以及管道内部设置的障板和孔板，都属于抗性消声装置。抗性消声装置的性能与管道结构形状密切相关，选择性较强，对于中频尤其是低频噪声具有较好的降噪效果。这类消声装置的结构简单，能够在温度高、脉动大的气流环境下有效工作，并且耐

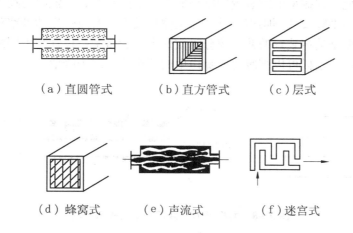

（a）直圆管式　　　（b）直方管式　　　（c）层式

（d）蜂窝式　　　（e）声流式　　　（f）迷宫式

图9-6　阻性消声装置的基本类型

受气体侵蚀。

　　① 扩张型消声装置　扩张型消声装置的基本结构是扩张室和接管的组合，如图9-7所示。声波进入扩张型消声装置时，向前传播的声波和遇到装置内部不同界面反射的声波，振幅相等，相位相反，因而产生干涉，衰减了向外传播的噪声。扩张型消声装置的消声量主要取决于扩张比（即扩张室截面积和进排气管截面积的比值），以及扩张室的数量。增加扩张比和扩张室数量可以提高消声量，改变扩张室内的接管长度可以调整消声的有效频率范围。选择较大的扩张比和多段扩张室时，可以得到显著的消声效果，消声量达到30 dB以上，尤其在中频和低频范围，具有较好的消声效果，有效作用频率范围较宽，但是对于高频噪声的消声效果较差。

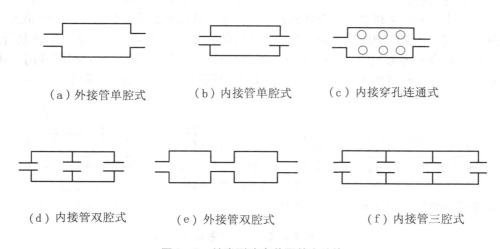

（a）外接管单腔式　　　（b）内接管单腔式　　　（c）内接穿孔连通式

（d）内接管双腔式　　　（e）外接管双腔式　　　（f）内接管三腔式

图9-7　扩张型消声装置基本结构

　　② 共振型消声装置　共振型消声装置的基本结构如图9-8所示。扩张室内部接管的管壁上钻出若干小孔，与管外密闭的扩张室相通，小孔和密闭的空腔构成了共振吸声结构，当入射声波的频率与共振吸声结构的固有频率一致时，空气的振动速度最大，噪声能

量得到最大的消耗。共振型消声装置的结构简单，消声量大，气流阻力损失小，适用于消除较窄频率范围的中频及低频噪声。其缺点是体积较大，有效作用的频率范围较窄。实际应用中可以将共振型消声装置的共振腔分隔成两个或者多个，设计为不同的尺寸，使其具有不同的共振频率，这样可以衰减传入噪声中的两个或者多个峰值。

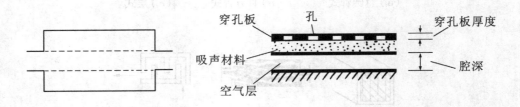

图9-8　共振型消声装置基本结构示意图

③ 干涉型消声装置　干涉型消声装置的基本结构如图9-9所示。基于声波干涉的原理，在气流通道中设置旁通管道，旁通管道的长度设计成比气流通道长出噪声半波长的奇数倍。这样，当声波沿着通道和旁通管道两条不同途径在末端汇合时，由于相位相反而互相干涉，使得噪声衰减。这种类型的消声装置适用于频率稳定的噪声，有效作用频率范围很窄。

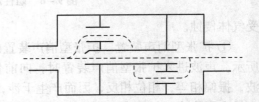

图9-9　干涉型消声装置基本结构示意图

（3）阻抗复合消声装置

阻抗复合消声装置的基本结构如图9-10所示。这种消声装置综合了阻性消声装置和抗性消声装置两者的特点，从而在较宽的频率范围内具有良好的降噪效果。通常，阻抗复合消声装置中既有吸声材料，又有共振器、扩张室、孔板等滤波部件，其消声效果大，使用频率范围宽，在实际中应用十分广泛。常用的阻抗复合消声装置有扩张-阻性复合式、共振-阻性复合式等形式。由于阻抗复合消声装置含有吸声材料，因而在温度高、速度快、湿度大并且具有腐蚀性气体存在的噪声场所应用时，使用寿命受到限制。

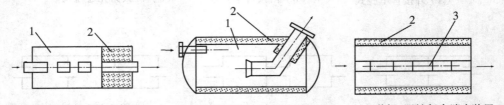

（a）扩张-阻性复合消声装置（一）（b）扩张-阻性复合消声装置（二）（c）共振-阻性复合消声装置

图9-10　几种阻抗复合消声装置基本结构示意图
1—扩张室　2—多孔吸声材料　3—共振腔

4. 隔振与减振阻尼

按照噪声的传播方式，可以分为空气传声和固体传声。振源直接激发空气振动并且通过空气形成的声波辐射，称为空气传声；振源直接激发固体构件振动，传递到与空气接触的界面形成的声波辐射，称为固体传声。通常，大多数噪声的传播是两类传播方式的组合。因此，阻隔和衰减振动在固体构件中的传递，是控制噪声传播的关键环节，也是最直接的方法。

（1）隔振

隔振就是用弹性连接取代刚性连接，防止振动的能量从振源传递出去。采用的隔振措施分为积极隔振和消极隔振两种形式。积极隔振措施主要用于产生振动的机械设备，在机械设备与基础之间装设隔振垫层，或者以弹性连接取代刚性连接，降低振源通过基础传递的固体传声。消极隔振措施用于需要防振的精密仪器设备，在基础与仪器设备之间装设隔振垫层，减弱通过基础传递到仪器设备的振动。

隔振装置的基本形式由弹性部件（支承装置）和能量消耗装置构成，常用的类型分为金属弹簧隔振器、橡胶隔振器以及两者组合的隔振器。软木、矿渣棉和玻璃纤维等也是常用的隔振材料。

金属弹簧隔振器的承载能力高、变形量大、弹性良好，而且造价低廉，不受温度和油污的影响。但是，其阻尼因数小（0.01～0.05），冲击力在共振频率范围时，被隔振的设备位移较大，并且易于晃动。这种形式的隔振装置通常用于消极隔振和产生强烈振动设备的积极隔振，但不适合精密仪器的隔振保护。

橡胶隔振器的阻尼因数较大（0.1～0.3），易于加工成各种形状，能够选择不同方向的刚度，适应受压、剪切或者剪压结合的隔振环境。但是，橡胶隔振器的承载能力较低，普通橡胶在高温和油污环境下容易老化，应当使用丁腈橡胶和其他性能良好的橡胶。这种形式的隔振装置通常用于产生振动设备的积极隔振。

橡胶部件与金属弹簧结合使用的组合隔振器，可以综合两者的特点，应用于高频振动情况下的效果更好。

机械设备产生的振动可以通过基础以弹性波的形式传递到房屋结构，使得房屋结构产生振动及其噪声辐射。在这种情况下，除了在机器与基础之间安装隔振装置之外，在设备基础和地基之间，房屋钢架、承重柱梁与墙体之间也应当设置减振结构等，使得大部分振动被吸收，减少噪声的扩散。

（2）阻尼

运动阻尼就是阻碍物体的相对运动，将振动能量转化成为热能的一种作用。金属板材制造的隔声罩、通风管道以及设备的薄型壳体，容易受激振动而辐射噪声。阻尼减振就是利用内摩擦损耗大的材料，涂敷在构件表面，当板体弯曲振动时，阻尼层受到拉伸和压缩的交替作用，阻尼材料内部分子发生相对位移，使得部分振动能量由于摩擦转化为热能，从而损耗噪声的部分能量。同时，涂敷的阻尼层也抗阻着板面的弯曲，使得振动受到抑制。

阻尼材料主要是橡胶（氯丁橡胶、丁腈橡胶等）。阻尼涂料由高分子材料（氯丁橡胶、丁腈橡胶、沥青等）、添加材料（蛭石粉、石棉绒、炭黑、膨胀珍珠岩等）和溶剂（二甲苯、汽油等）配制而成。各种阻尼涂料的配方可参阅有关资料。

阻尼层与金属板面结合的方式分为两类：一种是将阻尼材料涂布和粘贴在板的一面或者两面，称为自由阻尼层；一种是在自由阻尼层外面再装设一层极薄的金属片，称为约束阻尼层。受到弯曲振动时，由于约束阻尼层与板体的阻滞作用，增加了阻尼结构对于振动的衰减。

厚度一定的金属板体，阻尼层的减振效果与涂层厚度相关，涂层厚度在一定范围内增加，衰减振动的能力增加。实际应用中，阻尼层厚度通常为金属板厚的 3～4 倍。一般来说，厚度在 3 mm 以下的金属壳体，采用阻尼涂层的减振效果最为明显；厚度超过 5 mm 以上则减振效果降低。

八、噪声环境影响评价报告编写提纲

噪声环境影响评价报告一般应有下列内容。

（1）总论：包括编制依据、有关噪声标准及保护目标、噪声评价工作等级、评价范围等。

（2）工程概述：主要论述与噪声有关的内容。

（3）环境噪声现状调查与评价：包括调查与测量范围、测量方法、测量仪器以及测量结果、受影响人口分布、相邻的各功能区噪声，建设项目边界噪声的超标情况和主要噪声源等。

（4）噪声环境影响预测和评价：包括预测时段、预测基础资料、预测方法（类比预测法、模式计算法及其参数选择、预测模式验证等）、声源数据、预测结果、受影响人口预测、超标情况和主要噪声源等。

（5）噪声防治措施与控制技术：包括替代方案的噪声影响降低情况、防治噪声超标的措施和控制技术、各种措施的投资估算等。

（6）噪声污染管理、噪声监测计划建议。

（7）噪声环境影响评价结论的编写内容。噪声环境影响评价结论一般应包括下列内容：

① 环境噪声现状概述，包括现有噪声源、功能区噪声超标情况和受噪声影响的人口。

② 简要说明建设项目的噪声级预测和影响评价结果，包括功能区噪声超标情况、主要噪声源和受噪声影响的人口及分布。

③ 着重说明评价过程中提出的噪声防治对策。

④ 对环境噪声管理和监测以及城市规划方面的建议。

习 题

1. 噪声源分哪几种？

2. 声压级与声强级、声功率级有何关系？

3. 简述噪声环境影响评价工作等级的划分依据。

4. 简述噪声环境影响评价工作等级划分的基本原则。

5. 简述一级噪声环境影响评价工作的基本要求。

6. 简述环境噪声现状调查的主要内容。

7. 如何布设环境噪声现状测量点？

8. 环境噪声现状评价的基本内容是什么？

9. 简述噪声预测的范围和预测点的布置原则。

10. 简述噪声环境影响评价的基本内容。

11. 在噪声的防治对策中，应从哪些途径考虑降低噪声？

参考文献

［1］桑岚. 环境评价概论［M］. 北京：化学工业出版社，2001.

［2］史宝忠. 建设项目环境影响评价［M］. 修订版. 北京：中国环境科学出版社，1999.

［3］叶文虎，栾基胜. 环境质量评价学［M］. 北京：高等教育出版社，1994.

［4］彭应登. 区域开发环境影响评价［M］. 北京：中国环境科学出版社，1999.

［5］郜凤淘. 建设项目环境保护条例释义［M］. 北京：中国法制出版社，1999.

［6］刘绮，潘伟斌. 环境监测［M］. 广州：华南理工大学出版社，2005.

第十章 环境风险评价

第一节 概 述

一、环境风险的特点及其分类

"风险"一词在字典中的定义是:"生命与财产损失或损伤的可能性"。有的作者定义风险为:"用事故可能性与损失或损伤的幅度来表达的经济损失与人员伤害的度量";也有定义风险为"不确定危害的度量"。比较通用与严格的定义如下:风险 R 是事故发生概率 P 与事故造成的环境(或健康)后果 C 的乘积,即

$$R[危害/单位时间] = P[事故/单位时间] \times C[危害/事故] \qquad (10-1)$$

环境风险有两个主要特点,即不确定性和危害性。不确定性是指人们对事件发生的时间、地点、强度等事先难以预料;危害性指对事件的后果而言,具有风险的事件对其承受者会造成威胁,并且一旦事件发生,就会对风险的承受者造成损失或危害,包括对人身健康、经济财产、社会福利乃至生态系统等带来程度不同的危害。

环境风险广泛存在于人们的生产和其他活动之中,而且表现方式纷繁复杂。根据产生原因的差异,将环境风险分为化学风险、物理风险以及自然灾害引发的风险。化学风险是指对人类、动物和植物能发生毒害或其他不利作用的化学物品的排放、泄露,或者是易燃、易爆材料的泄漏而引发的风险;物理风险是指机械设备或机械结构的故障所引发的风险。显然,自然灾害引发的风险具有综合的特点。

另外,也可根据危害性事件承受对象的差异,将风险分为三类,即人群风险、设施风险以及生态风险。人群风险是指因危害性事件而致人病、伤、死、残等损失的概率;设施风险是指危害性事件对人类社会的经济活动的依托——设施,如水库大坝、房屋等造成破坏的概率;生态风险是指危害性事件对生态系统中的某些要素或生态系统本身造成破坏的可能性,对生态系统的破坏作用可以使某种群数量减少,乃至绝灭,导致生态系统的结构、功能发生异变。

二、环境风险评价内容与程序

环境风险评价,广义上讲是指对某建设项目的兴建、运转,或是区域开发行为所引发的或面临的灾害(包括自然灾害)对人体健康、社会经济发展、生态系统等所造成的风险可能带来的损失进行评估;狭义上讲是指对有毒化学物质危害人体健康的可能程度进行概率评估,并提出减少环境风险的方案。

环境风险评价包括三个主要步骤,一是环境风险识别;二是环境风险度量与估算;三是降低环境风险的对策和管理。图 10-1 表明风险定量分析的通用程序,图 10-2 为美国国家环境保护局采用的环境风险评价框图,图 10-3 为亚洲开发银行建议的环境风险评价程序框图。

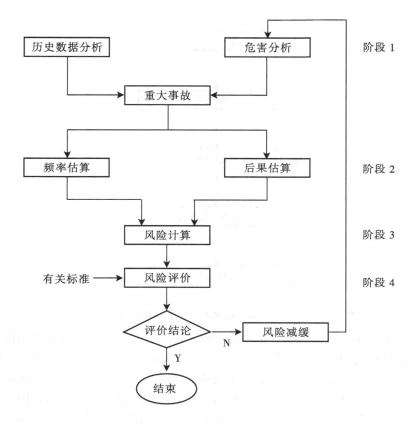

图 10-1 风险定量分析通用程序

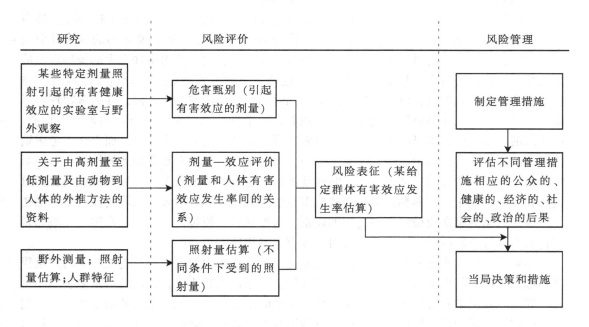

图 10-2 美国国家环保局采用的环境风险评价框图

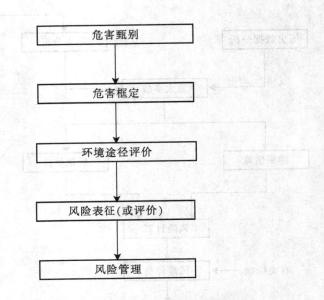

图 10-3　亚洲开发银行建议的环境风险评价程序框图

　　环境风险识别，又称危险识别，是进行环境风险评价时首先进行的基础工作，这主要是因为形成环境风险的因素很多，其严重程度各异；同时，环境系统中各个因素间又错综复杂。因此，忽略或遗漏某些重要因素对于决策的科学化是很不全面的，但面面俱到地考虑每个因素又会使问题复杂化。环境风险识别不仅是根据因果分析的原则，用筛选、监控和诊断的方法，把系统中可能给人们健康、社会与生态系统等带来风险的因素进行识别的过程，而且它将对引起这些环境风险的主要原因等问题作出回答。

　　环境风险估计，或称环境风险度量，是指对环境风险的大小以及事件的后果（包括事件涉及的时空范围、强度等）进行测量。在环境风险识别中已回答了要遇到的风险及引发的因素是什么，在环境风险估计时就应回答这个风险有多大，给出事件发生的概率以及后果的性质。在回答这个问题之前，必须先确定风险事件危害的范围，分析环境风险的途径。确定环境风险的危害范围，应该从空间和时间两方面考虑。一方面，在大多数环境风险评价中，从空间来讲有国界就足够了。例如，一个新的杀虫剂厂需进口某种有毒物质，在该国的环境风险评价过程中空间范围将限于码头以及国内的运输途径，而不必去考虑别的国家加工以及在出海中运输的风险。另一方面，某些污染物有重要的区域性或全球性影响，空间范围的边界就应适当放宽。时间范围的限定对评价也很重要，如难降解的有毒重金属物质在环境中的积累和富集，将造成潜在的重大风险。分析环境风险的途径是考虑初始事件对人类健康造成最终影响之间的联系。这种联系一般包括：大气、水体、土壤和食物；人类通过皮肤接触、咽下或吸入对人体有害的物质。

　　环境风险估计常常采用定量化的方式估计不利事件发生的概率以及造成后果的严重程度，如在单位时间内不希望出现的后果或某种损失超过正常值或背景值的增量来表示。

　　环境风险决策和管理是根据风险分析、评估的结果，结合风险事件的承受者的承受能力，确定风险是否可以被接受，并根据具体情况采取减小风险的措施和行动，如工程技术措施等等。

在环境风险管理和环境风险识别之间存在一个反馈环(见图 10 -4)，这表明环境风险评价是一个动态过程，是一个可以迭代的过程。初始阶段可能把环境风险范围限定得相当小，在风险管理、决策阶段，便可修正系统边界以及风险表达式。

目前，根据环境风险评价的内容，可以将环境风险评价分为两类，即各种化学物品的环境风险评价和建设项目的环境风险评价。

建设项目的环境风险评价是针对建设项目本身引起的风险进行评价。它所考虑的是建设项目引发的、具有不确定性的危害事件发生的概率及其危害后果，主要包括：① 工程项目在建设和运行阶段所产生的各种事故及其引发的短期急性和长期慢性危害；② 人为事故、自然灾害等外界因素对工程项目的破坏而引发的各种事故及短期、长期危害；③ 工程项目投产后正常运行产生的长期危害。建设项目的环境风险评价主要应用于核工业、化学工业、

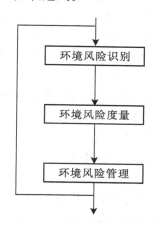

图 10-4　环境风险管理与环境风险识别的关系

石油加工业、有害物质运输、水库、大坝等建设项目，其中以核工业建设项目的环境风险评价比较成熟。

总之，环境风险评价主要是考虑具有不确定性的危害事件的发生概率以及后果的严重性。这里主要讨论建设项目的环境风险评价。

在实际工作中，常遇到环境影响评价和环境风险评价，两者有什么区别和联系呢？

环境影响评价和环境风险评价之间最根本的区别，就在于环境影响评价所考虑的影响是建设项目引起的相对确定的事件，而且其影响程度的测量和预测也相对较容易；而环境风险评价是考虑建设项目引起的不确定性的危害事件，或者说考虑潜在的危险事件，这类事件的发生具有概率特征，危害后果发生的时间、范围、强度等都难以事先准确预测。例如，对燃煤电厂而言，环境影响评价主要集中讨论正常工作条件下，其排放的 SO_2、NO_x 和粉尘对人群以及周围环境的影响，而环境风险评价则不考虑正常运转条件下的影响，而只考虑火灾、爆炸、泄漏等意外事故而导致对环境的严重影响。

环境风险评价与环境影响评价又有一定的联系，环境风险评价不是一个孤立的评价，它是在环境影响评价确定了某些重大的危险因素的基础上，所做的进一步分析。

第二节　环境风险识别

环境风险识别是指运用因果分析的原则，采用一定的方法(筛选、监控、诊断等)从纷繁复杂的环境系统中找出具有风险的因素的过程。因此，环境风险评价的第一项工作就是环境风险识别。

环境风险识别主要回答下列问题：

①有哪些风险是重大的并需要进行评价。

②引起这些风险的主要因素是什么。

在某个建设项目实施时，能引起什么样的风险事件，存在许多不确定性。环境风险识别就是要合理地减少这种不确定性。

一、物质危险性识别

在工业生产过程中，要使用不同的材料制成的设备，要使用、储存和运输各种不同原料、中间产品、副产品、产品和废弃物。这些物质具有不同的物理和化学性质及毒理特性，其中不少物质属于易燃、易爆和有毒物质，具有潜在的危险性。

1. 易燃易爆物质

具有火灾爆炸危险性物质可分为爆炸性物质，如氧化剂、可燃气体、自燃性物质、遇水燃烧物质、易燃与可燃液体、易燃与可燃固体等类。

（1）爆炸性物质

爆炸性物质是指凡受到高热、摩擦、撞击或受到一定物质激发能瞬间发生急剧的物理、化学变化，且伴有能量快速释放，急剧转化为强压缩能，强压缩能急剧对外作功，引起被作用介质的变形、移动和破坏的物质。

爆炸性物质的爆炸具有三个显著特点：① 变化速度非常快，爆炸反应一般在 $10^{-1} \sim 10^{-6}$ s 间完成，爆炸传播速度一般在 $2\,000 \sim 9\,000$ m/s 之间；② 反应中释放出大量的热或快速吸收热量，反应热一般在 $3\,000 \sim 6\,300$ J/kg 之间；③ 生成大量的气体产物（1 kg 炸药爆炸时能产生 $700 \sim 1\,000$ L 气体），压力达数万兆帕，使周围介质受压缩或破坏。

爆炸性物质按组分分为爆炸化合物和爆炸混合物两大类。前者其分子中含有不稳定的爆炸基团，这种基团容易被活化，在外界能量作用下其化学键易破裂，引起爆炸反应。这类化合物包括硝基化合物、硝酸酯、硝胺、叠氮化合物、重氮化合物、雷酸盐、乙炔化合物、过氧化物和氮氧化物、氮的卤化物、氯酸盐和高氯酸盐等。后者通常由两种或两种以上的爆炸组分和非爆炸组分经机械混合而成。这类混合物主要有硝铵炸药等。

（2）氧化剂

氧化剂具有较强的氧化性能，能发生分解反应并引起燃烧或爆炸，其分解温度均在500℃以下。氧化剂分为无机氧化剂和有机氧化剂，其分类如表 10-1。氧化剂的危险性在于其遇酸碱、潮湿、强热、摩擦、撞击，或与易燃物、还原剂等接触时，发生分解反应放出氧，有些反应急剧，引起燃烧和爆炸。

表 10-1　氧化剂分类及其危险性

类　　别	级　　别	举　　例	危险性
无机氧化剂	一级　能引起燃烧和爆炸	碱金属或碱土金属的过氧化物和盐类 ·过氧化物类 ·含氯酸及其盐类 ·硝酸盐类 ·高锰酸盐类等	·本身不燃不爆（大多数） ·受热、受撞击、摩擦易分解出氧 ·接触易燃物、有机物引起燃烧爆炸 ·有些氧化剂在遇酸、遇水时引起剧烈反应，引起燃烧或爆炸
	二级　能引起燃烧	除一级以外的无机氧化剂	

类 别	级 别	举 例	危 险 性
有机氧化剂	一级 能引起燃烧和爆炸	·有机过氧化物,如过氧化苯甲酰、过氧化二叔丁醇等 ·有机硝酸盐类,如硝酸胍、硝酸脲等	·本身是氧化剂,同时具有燃烧和爆炸性 ·为过氧化物,能进行自身氧化 - 还原反应,反应生成气体,反应迅速时引起燃烧、爆炸
	二级 能引起燃烧	除一级以外的有机氧化剂	

（3）可燃气体

可燃气体指遇火、受热或与氧化剂接触能引起燃烧或爆炸的气体。可燃气体分为一级和二级可燃气体,凡着火（爆炸）浓度下限≤10%的为一级可燃气体,下限>10%的为二级可燃气体。

可燃气体的危险性主要为其燃烧性、爆炸性和自燃性,同时由于其具有高度的化学活泼性,易与氧化剂等物质起反应,引起火灾爆炸。当其比空气轻时,可逸散在空气中无限制扩散,易与空气形成爆炸性化合物;当其比空气重时,聚集于地表和管沟不散,遇火源时燃烧或爆炸。有些可燃气体同时具有腐蚀性、毒性、带电性。

可燃气体的燃烧爆炸性以其燃烧（爆炸）极限表征。在一定的温度和压力下,可燃气体与空气混合,形成混合气体,当其中可燃气体浓度达到一定范围时在遇火源情况下发生燃烧或爆炸。这个可燃气体的浓度范围即该可燃气体的燃烧（爆炸）极限。通常以可燃气体在空气中的体积分数表示。燃烧极限的下限即着火下限,燃烧极限的上限即着火上限。

可燃气体的燃烧爆炸危险度 H 的计算式为

$$H = \frac{R - L}{L}$$

式中　R——燃烧（爆炸）上限;

　　　L——燃烧（爆炸）下限;

　　　H——危险度。

可燃气体的危险度 H 值越大,表示其危险性越大,表 10 - 2 列出了部分可燃气体的危险度。

可燃气体受热到一定温度,可发生自燃,能发生自燃的最低温度即为该气体的自燃点。自燃点越低,自燃的危险性越大。自燃点与压力、密度、容器直径、体积分数等因素有关。表 10 - 2 还列出了部分可燃气体的自燃点。

表 10 - 2　可燃气体、蒸气、液体的性质

分类		可燃气体	分子式	分子质量 m	自燃点 ℃	爆炸极限 体积分数(%)		爆炸极限 (mg/L)		危险度 H
						下限 X_1	上限 X_2	下限 Y_1	上限 Y_2	
无机化合物		氢	H_2	2.0	585	4.0	75	3.3	63	17.7
		二硫化碳	CS_2	76.1	100	1.25	44	40	1400	34.3
		硫化氢	H_2S	34.1	260	4.3	45	61	640	9.5
		氰化氢	HCN	27.0	538	6.0	41	68	460	5.8
		氨	NH_3	17.0	651	15.0	28	106	200	0.9
		一氧化碳	CO	28.0	651	12.5	74	146	860	4.9
		硫氧化碳	COS	60.1	—	12.0	29	300	725	1.4
碳氢化合物	不饱和	乙炔	C_2H_2	26.0	335	2.5	81	27	880	31.4
		乙烯	C_2H_4	28.0	450	3.1	32	36	370	9.3
		丙烯	C_3H_6	42.1	498	2.4	10.3	42	180	3.3
	饱和	甲烷	CH_4	16.0	537	5.3	14	35	93	1.7
		乙烷	C_2H_6	30.1	510	3.0	12.5	38	156	3.2
		丙烷	C_3H_8	44.4	467	2.2	9.5	40	174	3.3
		丁烷	C_4H_{10}	58.1	430	1.9	8.5	46	206	3.5
		戊烷	C_5H_{12}	72.1	309	1.5	7.8	45	234	4.2
		己烷	C_6H_{14}	86.1	260	1.2	7.5	43	270	5.2
		庚烷	C_7H_{16}	100.1	233	1.2	6.7	50	280	4.6
		辛烷	C_8H_{18}	114.1	232	1.0	—	48		—
	环状	苯	C_6H_6	78.1	538	1.4	7.1	46	230	4.1
		甲苯	C_7H_8	92.1	552	1.4	6.7	54	260	3.8
		二甲苯	C_8H_{10}	106.1	482	1.0	6.0	44	265	5.0
		环己烷	C_6H_{12}	82.1	268	1.3	8.0	44	270	5.1

分类		可燃气体	分子式	分子质量 m	自燃点 ℃	爆炸极限 体积分数(%)		爆炸极限 (mg/L)		危险度 H
						下限 X_1	上限 X_2	下限 Y_1	上限 Y_2	
碳氢化合物以外的有机化合物	含氧	环氧乙烷	C_2H_4O	44.1	429	3.0	80	55	1467	25.6
		乙醚	$(C_2H_5)_2O$	74.1	180	1.9	48	59	1480	24.2
		乙醛	CH_3CHO	44.0	185	4.1	55	75	1000	12.5
		糠醛	C_4H_3OCHO	96.0	316	2.1	—	84	—	—
		丙酮	$(CH_3)_2CO$	58.1	538	3.0	11	72	270	2.7
		酒精	C_2H_5OH	46.1	423	4.3	19	82	360	2.7
		甲醇	CH_3OH	32.0	464	7.3	36	97	480	3.9
		醋酸戊酯	$CH_3CO_2C_5H_{11}$	130.1	399	1.1	—	60	—	—
		醋酸乙烯	$CH_3CO_2C_2H_3$	86.1	427	2.6	13.4	93	480	4.2
		醋酸乙酯	$CH_3CO_2C_2H_5$	88.1	427	2.5	9	92	330	2.6
		醋酸	CH_3COOH	60.0	427	5.4	—	135		
	含氮	吡啶	C_5H_5N	79.1	482	1.8	12.4	59	410	5.9
		甲胺	CH_3NH_3	31.1	430	4.9	20.7	63	270	3.2
		二甲基胺	$(CH_3)_2NH$	45.1	—	2.8	14.4	52	270	4.1
		三甲胺	$(CH_3)_3N$	59.1	—	2.0	11.6	49	285	4.8
		丙烯腈	CH_2CHCN	53.0	481	3.0	17.0	66	380	4.7
	含氯	氯乙烯	C_2H_3Cl	62.5	—	4.0	22	104	570	4.5
		氯乙烷	C_2H_5Cl	64.5	519	3.8	15.4	102	410	3.1
		氯甲烷	CH_3Cl	50.5	632	10.7	17.4	225	370	0.6
		二氯乙烯	$C_2H_2Cl_2$	99.0	414	6.2	16.0	256	660	1.6
		溴甲烷	CH_3Br	94.9	537	13.5	14.5	534	573	0.07

（4）自燃性物质

自燃性物质即不需要明火作用，由于本身受空气氧化或外界温度影响发热达到自燃点而发生自行燃烧的物质。

自燃性物质分为一、二两级。一级物质在空气中能发生剧烈氧化，自燃点低，易于自燃，而且燃烧猛烈，危险性大。如黄磷、三乙基铝、硝化棉、铝铁熔剂等。二级物质在空气中氧化比较缓慢，自燃点较低，在积热不散的条件下能够自燃，如油脂等物质。

影响自燃性物质自燃的因素包括：① 热量的积累，如导热率、堆积状态、空气的流通等；② 热量发生率，如温度、发热量、湿度、表面积、催化剂等；③ 压力，压力越高，自燃点越低；④ 分子结构；⑤ 粒度，粒径越细，自燃点越低。

（5）遇水燃烧物质

遇水燃烧物质指凡遇水或潮湿空气能分解产生可燃气体，并放出热量而引起燃烧或爆炸的物质。通常分为一、二级物质。一级物质遇水后发生剧烈反应，产生易燃易爆气体，放出大量热，容易引起自燃或爆炸。这类物质主要为锂、钾等金属及其氢化物和硼烷等。

遇水燃烧物质在遇酸或氧化剂亦发生反应，反应剧烈。

（6）易燃与可燃液体

易燃与可燃液体指凡遇火、受热或与氧化剂接触能燃烧和爆炸的液体、溶液、乳状液或悬浮液等燃烧液体。

燃烧液体的分类，不同地区和目的（运输、消防）不同，分类亦有差异，一般而言，凡闪点≤61℃的燃烧液体均属易燃与可燃液体。

易燃和可燃液体具有：① 易挥发性，在任何温度下都会蒸发，当加热到沸点时，迅速变为气体；② 易燃性，其挥发性蒸气与空气的混合物一旦接触火源即易于着火燃烧；③ 易燃液体通常具有毒性；④ 大部分易燃液体密度小于水的密度。

（7）易燃与可燃固体

易燃与可燃固体指燃点低，对热、撞击、摩擦敏感及与氧化剂接触能着火燃烧的固体。可分为一、二级两级。一级易燃固体燃点低，易于燃烧和爆炸，燃烧速度快，并能放出剧毒的气体，如磷及含磷的化合物、硝基化合物等。二级易燃固体较一级易燃固体的燃烧性能差，速度慢，如各种金属粉末、碱金属氨基化合物等。

2. 毒性物质

毒性物质指物质进入机体后，累积达一定的量，能与体液和组织发生生物化学作用或生物物理变化，扰乱或破坏机体的正常生理功能，引起暂时性或持久性的病理状态，甚至危及生命的物质。在工业生产中有些原料如苯和氯，有些中间体或副产物如硝基苯，有些产品如氨、有机磷农药，有些辅助原料如做溶剂的汽油，有些废弃物如硫化氢等，均为工业毒物。

毒物的毒性表征毒物的剂量与反应之间的关系，其单位一般以化学物质引起实验动物某种毒性反应所需剂量表示。毒性反应通常是动物的死亡。采用的指标有：

① 绝对致死量或浓度（LD_{100} 或 LC_{100}），即全组染毒动物全部死亡的最小剂量或浓度。

② 半数致死量或浓度（LD_{50} 或 LC_{50}），即染毒动物半数死亡的剂量或浓度。

③ 最小致死量或浓度（MLD 或 MLC），即全组染毒动物中个别动物死亡的剂量或浓度。

④ 最大耐受量或浓度（LD_0 或 LC_0），即全组染毒动物全部存活的最大剂量或浓度。

对毒物的摄入分为三种：经呼吸道吸收；经皮肤吸收；经消化道吸收。

毒物危害程度分级以急性毒性、急性中毒发病情况、慢性中毒患病情况、慢性中毒后果、致癌性和最高容许浓度等六项指标为基础，分为极度危害、高度危害、中度危害和轻度危害四级(表 10 – 3)。

表 10 – 3　毒物危害程度分级

分　级			
Ⅰ(极度危害)	Ⅱ(高度危害)	Ⅲ(中度危害)	Ⅳ(轻度危害)
生产中易发生中毒，后果严重	生产中可发生中毒，预后良好	偶可发生中毒	迄今未见急性中毒，但有急性影响
患病率高 （≥5%）	患病率较高(≤5%)或症状发生率高（≥20%）	偶有中毒病例发生或症状发生率较高（≥10%）	无慢性中毒而有慢性影响

二、环境风险识别的方法

这里主要介绍环境影响识别的三种方法：专家调查法、幕景分析法与故障树分析法。

1. 专家调查法

在环境风险识别阶段的主要任务是找出各种潜在的危险并做出对其后果的定性估量，但不要求做定量分析；有些危险因素不可能在短时间内用统计方法、实验分析的方法或因果论证的方法得到证实，如河流污染对附近居民的癌症发病率的影响等。在这种情况下，人们用于环境风险识别的常用方法是专家调查法。所谓专家调查法是一种由专家按照规定程序对有关问题进行调查的方法，它能够尽量准确地反映出专家们的主观估计能力，是经验调查法中的一种比较可靠、具有一定科学性的方法。专家调查法不仅用于环境风险识别中，也常用于其他方面。

（1）智力激励法

这是一种刺激创造性、产生新思想的方法。它可以由单个人完成，然后将各个单个人的意见汇集起来，参加的人数一般为 10 人左右。如果将此法运用于环境风险识别中，就应提出类似于以下的问题：实施某项目，将会遇到哪些危险？其导致各个方面危害的程度如何？为避免重复，提高效率，应首先将已进行的分析结果向有关方面说明，使人们不必在一些简单问题上花费过多的时间和精力。这样，可使环境风险识别者打开思路，寻求危害事件。使用这种方法时应注意如下规则：

① 对风险识别人员所发表的思想不得有任何非难。

② 应将参与人所提的意见进行分类、组合以及合理的改进。对风险识别提的意见愈多，数量愈大，出现有价值的意见的概率也就愈大。

参加风险识别的人员应由环境风险评价的专家、某个相应专业领域的专家和工程项目的设计者组成。这种方法适用于所研究或探讨的问题比较单纯，目标也比较明确的情况。如果问题牵涉面较广，包含因素太多，就应首先进行一定原则下的分解，然后再采用此法。

（2）特尔菲法

该方法在应用于环境风险识别时有以下几个主要用途：

① 明确一些可以产生环境风险的因素。这些因素有人为的，也有自然的；有物理的，也有化学的；有技术性的，也有非技术性的。

② 对环境风险的实现及其时间做概率估计。

③ 利用专家评价环境风险的时间进程。

④ 检查某一危险在既定条件下的可能性。

⑤ 缺乏客观数据和资料时，对工程项目引发的环境风险做出主观定量测量。

2．幕景分析法

幕景分析方法是一种能帮助识别关键因素的方法。其研究的重点是：当某种能够引起环境风险的因素发生变化时，会有什么危险发生，对整个工程项目又会发生什么作用。这正如电影上一幕又一幕的场景，供人们研究和比较。这种方法有以下用途：

① 提醒决策者注意某种措施可能引发的风险或危险性后果。

② 提供需要进行监控的风险的范围。

③ 研究某些关键性因素对环境以及未来的影响。

④ 处理各种互相矛盾的情形。

幕景分析方法具体应用的筛选、监测和诊断常常用于环境风险识别之中。筛选是用某种程序将具有潜在性危险的产品进行分类选择的风险识别过程；监测是对应于某种危险及其后果进行观测、记录和分析的过程；诊断则是根据征兆或其后果，找出可疑的起因，并进行仔细分析和检查。

筛选、监测和诊断是紧密相连的，它们分别从不同侧面进行环境风险的识别。古德曼（GoodMan）提出一个描述筛选、监测和诊断关系的风险识别各元素的序列图（见图10－5）。他认为三种过程均使用相同的元素——疑因估计、仔细检查和征兆鉴别，只是各过程顺序不尽相同：

筛选：仔细检查—征兆鉴别—疑因估计；

监测：疑因估计—仔细检查—征兆鉴别；

诊断：征兆鉴别—疑因估计—仔细检查。

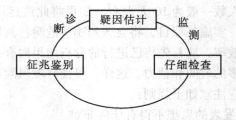

图10-5　风险识别三元素的顺序图

（1）筛选

建设项目的环境风险的筛选是指找出项目具有哪些可能的危害，需要进行什么类型的风险评价。一般来说，根据建设项目可能存在的环境影响，可以把建设项目分为需要进行环境风险评价的项目和不需要进行环境风险评价的项目两类。对于前者，首先进行初步筛选，其目的是为了挑选出那些需要进行环境风险评价的项目，如杀虫剂、石化产品、合成有机化合物的生产、加工，石油、天然气和有害废物的处理、存储和运输，核电站、水库及大坝的兴建等等，然后再进一步做化学风险筛选和物理性风险筛选。物理性风险的筛选主要包括：

① 交通风险　指有害、有毒化学物品、易燃品和易爆品的运输过程中发生泄漏、扩散等事故所造成的风险。对于工业项目而言，要考虑其原材料和产品的运输过程中是否可能发生事故，如拟建项目是否会引起局部或区域性的公路、铁路、水路以及空中运输量的大量增加，要使用的交通路线是否有反常的事故发生，交通系统是否受到拟建项目的不利影响等。

② 水库和大坝项目中的洪水风险　主要包括水坝和水库的建筑失事所引发的水灾风险。

③ 自然灾害引发的环境风险　主要包括地震、台风和洪水等对建设项目造成破坏而引发的环境风险。

④ 工程项目面临的风险因素或条件　该项目是否使用高气压、高电压、高温、微波辐射、离子辐射等；该项目的流程是否错综复杂，任何一部分的失事都将引发一系列的事故；该项目是否需要工作人员执行潜在的危险性任务，操作人员的失误将产生不利后果。

图 10-6 示出了化学性风险的筛选过程。

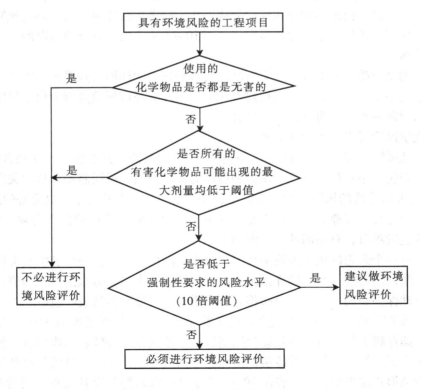

图 10-6　化学性风险筛选框图

（2）监测

这里所说的监测是事故性监测，其特定目的是将监测技术用于建设项目和大型设备中的事故、危险等的识别。

① 优先监测　优先监测的因素是：对环境和人体健康危害极大的污染物；已有可靠方法并能获得准确数据的污染物；对环境和人体健康的影响具有一定阈值的污染物。

② 现场监测　为确保有效遏制灾害，有效救灾，需配备现场事故监测系统和设施，及时准确发现灾情，了解灾难，并预测发展趋势。监测措施包括配备正常运行的事故监测报警系统、事故现场移动式或便携式监测装置及分析室分析检测装置。

（3）诊断

依据因果关系，从不利事件的后果中分析产生不利事件的原因。

目前使用的化学性风险筛选过程实际上是一种诊断的筛选方式。由于某些化学物品所造成的后果是比较明确的，有些手册给出了有毒有害化学品的清单，只要根据手册中给出的阈值，就可将某些产生环境风险的因素筛选出来。

诊断作为环境风险识别的一种方式，在环境风险管理过程中也是很有用的，可根据风险可能造成的后果查找产生的原因，制定减缓风险的措施。由于是逐步向初级查找，因此最终制定的减缓措施带有根本性。

3. 故障树分析法

故障树分析法就是利用图解的形式将大的故障分解成各种小的故障，并对各种引起故障的原因进行分解。由于图的形状像树分枝一样，故得名故障树。这是环境风险分析的有力工具，常用于直接经验很少的风险识别。图 10 - 7 所示的是有毒物质泄漏到大气中的事件追踪故障树。

分解原则是故障树分析法的基本原则，它是将复杂的环境风险系统分解成比较简单的容易被识别的小系统。例如，可以把建设化肥厂引发的环境风险分解为化学风险、物理风险等。然后对每一种风险再做进一步的分析。

例如化学风险可以分解为如下两个方面。

① 易燃易爆、有毒有害材料加工、存储等方面的风险。其中包括设计是否符合标准，这些标准是否包括中心控制系统、压力和温度的极限控制、泄漏监测和自动关闭等方面。

② 人为失误造成的风险。如工人们是否经过培训，是否有操作类似设备的经验。

化学风险是化学工业、石油加工业、有害材料运输业的建设项目所必须考虑的因素。对于不同的建设项目，有不同的分解内容。

下面通过一个假想的例子来说明故障树分析法的使用。为使一个容纳有毒物质的储存罐不发生泄漏，需通过一个水循环系统制冷，当储存罐中的压力超过某一阈值，储存罐的安全阀起自动保护作用，通过安全阀将有毒物质引入充满水体的吸收池内。在此例中，我们将有毒物质泄漏到大气中作为最严重的危险事件。有毒物质泄漏到大气中有两种可能性，一种是储存罐破裂，另一种是保险控制失效。造成储存罐破裂的原因有正常操作条件下的破裂和非正常操作条件下的破裂，而保险控制失效主要是由于自动制冷系统失灵。

如果借助形式逻辑的符号，将图 10 - 7 的事件追踪故障树重新绘制成符号故障树（图 10 - 8），会更有助于环境风险的识别以及环境风险度量。图 10 - 8 附有几种常见的形式逻辑符号。

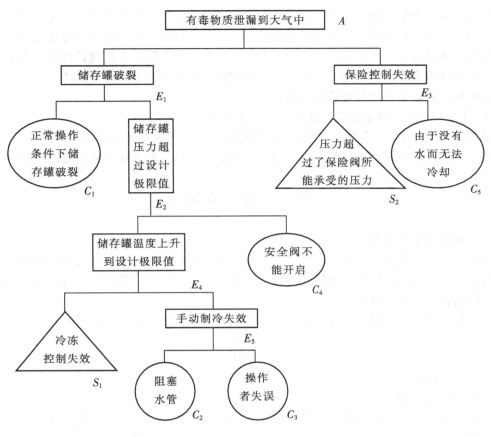

图 10-7　事件追踪故障树

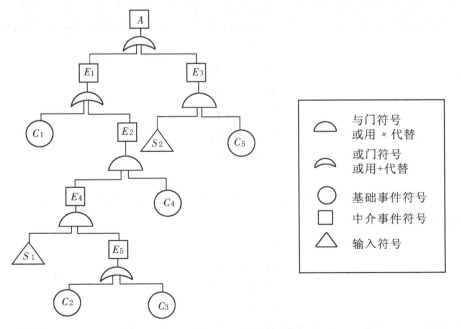

图 10-8　符号故障树

环境风险识别的理论，实质上是关于环境危害的推断和搜索的理论，它是一个统计分类的过程。例如，研究海洋污染引起的风险时，要将各种进入海洋的物质分成危险、安全和需要进一步研究三大类，这是一个典型的分类问题，为此需要进行统计推断。由于环境风险辨识中要考虑的因素很多，有很大的不确定性，有些因素难以定量描述。因此，在环境风险识别中有以下两个问题值得注意：

① 可靠性问题，即是否有严重的危险未被发现。

② 成本问题，即为了环境风险识别而进行的收集数据和监测所消耗的费用。盲目扩大监测范围，一味追求高新技术，不能充分利用监测数据，都是造成成本提高的原因。

第三节　环境风险的度量

一、风险度量的概念

环境风险的度量是对风险进行定量的测量，它包括事件出现概率的大小和后果严重程度的估计。如果说环境风险所回答的问题是工程项目引发的风险是什么，则环境风险度量所回答的问题是这风险有多大。

风险度是将风险的概率特性进行量化的表示方式。其常用的量化公式是

$$FD = \frac{\sigma}{M_x}$$

式中　σ——标准差；

　　　M_x——期望值。

风险度越大，就表示对将来越没有把握，风险也就越大，这应当成为决策时一个重要考虑因素。

现以第二节的有毒物质泄漏到大气环境中的风险为例，说明如何度量这一风险。根据图 10 – 8 故障树中的与门、或门的关系，我们可以得到一系列的有显著不同的事件集：

$$A = E_1 + E_3$$
$$E_1 = C_1 + E_2$$
$$E_3 = S_2 \times C_5$$
$$E_2 = E_4 \times C_4$$
$$E_4 = S_1 \times E_5$$
$$E_5 = C_2 + C_3$$

可以得到

$$A = C_1 + (S_1 \times C_2 \times C_4) + (S_1 \times C_3 \times C_4) + (S_2 \times C_5)$$

由此看出，在事件集

$$C_1$$
$$S_1 \times C_2 \times C_4$$
$$S_1 \times C_3 \times C_4$$
$$S_2 \times C_5$$

中，任何一个发生，都将导致有毒物质泄漏到大气中去。从故障树上切割下来的这类事件

222

集称为最小切割集。

每一个最小切割集发生的概率，是根据概率理论计算的。如最小切割集 $S_1 \times C_2 \times C_4$ 发生的概率为

$$P(S_1 \times C_2 \times C_4) = P(S_1) \times P(C_2) \times P(C_4)$$

为了进一步说明环境风险的概率特性，可以设想一个由特尔菲法得到的各单元事件发生的概率（见表 10-4、表 10-5）。

表 10-4　各单元发生事件概率表

事件名称	P
C_1 储存罐破裂	1×10^{-7}
C_2 水管堵塞	5×10^{-3}
C_3 操作者无反应	4×10^{-3}
C_4 安全阀未开启	1×10^{-5}
C_5 没有水	1×10^{-2}
S_1 制冷系统失败	1×10^{-4}
S_2 压力控制系统失效	1×10^{-5}

注：表中的概率均为假设，不可直接应用。

表 10-5　最小切割集发生概率

最小切割集	发生概率	所占全部事件的比重
C_1	$100\,000 \times 10^{-12}$	17%
$S_1 \times C_2 \times C_4$	5×10^{-12}	~0
$S_1 \times C_3 \times C_4$	4×10^{-12}	~0
$S_2 \times C_5$	$500\,000 \times 10^{-12}$	83%

在上述条件下，一年工作日的泄漏事件概率为最小切割集概率之和。

$$P(A) = 600\,009 \times 10^{-12}$$

由表 10-5 中可见，压力控制系统失控 S_2 和吸收池无水 C_5 而使保险控制失效造成泄漏事件的可能性最大，占全部风险的 83%，因此对决策者来说，要减少泄漏事件的风险，应加强 S_2 和 C_5 的管理。

关于概率的计算，一般根据大量试验所取得的足够多的信息用统计方法进行。用这种方法得到的概率数值是客观的，不依计算者或决策者的意志而转移，故称为客观概率。但在环境风险评价中，经常不可能获得足够多的信息，如核电站的泄漏事故不可能做大量的试验，又因危险事件是将来发生的，因而很难计算客观概率。但由于决策的需要，要求对事件出现的可能性作出估计，只好由决策者或专家对事件出现的概率做出一个主观估计，这就是主观概率。主观概率是用较少信息量做出估计的一种方法。

223

下面对主观估计的量化做一个实例分析。近年来由于氟碳化合物（CFC）的影响，臭氧层遭到破坏，紫外线透射增强，对皮肤癌的发病率有直接影响。关于影响大小问题的研究，可以用统计方法、相关分析和生理分析等方法，但所需时间、经费、人力都较多，为了适应某种急需，可以使用主观估计法。例如：

设在我们所研究范围内皮肤癌发病人数增长率与紫外线照射强度增长率之间成线性关系

$$\Delta U / U = \alpha \Delta C / C$$

式中　ΔU——皮肤癌病人增长数；

　　　U——皮肤癌病人数；

　　　ΔC——紫外线照射强度增长数；

　　　C——紫外线照射强度；

　　　α——比例系数。

由该式提出的问题，对比例系数 α 作出估计，拟采用专家调查的方法，要求被调查的专家 A、B、C、D、E（被调查人的代号）对有关环境风险的度量的知识有了解，根据他们的长期经验和观察，对于 α 取值范围也有一个大致估计，因此需要制定如表 10－6 形式的调查，表中将积累概率分为 5 个档次：

表 10－6　被调查人代号×××

累积概率	1%	25%	50%	75%	99%
α 值					
说明					

1%，是可能的最小值，说明 α 值小于该值的可能性仅有 1%；

25%，是 50% 与最小值之间的中间集；

50%，是最大和最小的中间值，说明 α 值大于或小于该数值的可能性各占 50%；

75%，是 50% 与最大值之间的中间值；

99%，是可能的最大数值，说明 α 值小于或等于该值的可能性占 99%。

这样用不断将各区间分成两半的做法进行下去即可取得许多数值。用这种方法是为了让被调查人便于思考和回答。

二、危害的估计

环境风险的另一个特征就是所造成后果的严重程度。在分析了有害物质泄漏后会造成什么样的不利事件之后，就需要定量地分析有害物质会造成多大的影响。

1. 有害物质泄漏量的计算

有害物质的泄漏主要分为有害液体的泄漏和有害气体的泄漏。

根据伯努利流量方程计算有害液体从容器中排放的速率 Q，有

$$Q = C_d A_r \rho_1 \sqrt{\frac{2(p_1 - p_0)}{\rho_1} + 2gh}$$

式中　C_d——排放系数，取决于孔的形状和流动状态，对于液体流动，一般取 0.6 ～
　　　　 0.64；

A_r——泄漏孔所对着的有效的开阔区域（或称释放面积），m^2；

ρ_1——有害液体的密度，kg/m^3；

g——重力加速度，m/s^2；

h——流体的静力势差（高度差），m；

p_1——容器内部压力，N/m^3；

p_0——大气压力，N/m^3。

上式假定储存有害液体的容器或者管道的长度与泄漏孔的直径比值很小（<12），那么通过小孔排出的流体在排放时保持液态，不会挥发成气态。该式只适用于计算瞬间排放速率，而不适用于随着排放时间的延续而压力和液面势差下降的情况。

对于有害气体排放的速率计算，是在假设理想气体的绝热可逆膨胀过程的条件下进行的。根据格林提供的公式计算排放速率，即

$$Q = Y C_d A_r p_1 \sqrt{\left[\frac{m\gamma}{RT_i}\right] \cdot \left[\frac{2}{r+1}\right]^{\frac{r+1}{r-1}}}$$

当 $p_2 < p_1 \left[\frac{2}{r+1}\right]^{\frac{r+1}{r-1}}$ 时，$Y = 1 \sim 0$；

式中 Q——有害气体排放速率，m^3/h；

Y——泄漏系数；

T_1——液体的温度，K；

R——摩尔气体常数，$J/(mol \cdot K)$；

m——有害气体的量，mol；

γ——热辐射率。

其他符号同前式。此公式适用于大储存容器或管道中的有害气体排放。

2. 有害物质泄漏后的扩散估算

有害液体泄漏后会迅速漫延到地面，如果没有人工阻界，如堤岸、围墙，它会一直漫延直至达到最小的厚度不能再漫延为止，或者是直至液体的蒸发率与排放率相等使积累的液体量不再增加。为了进行计算，必须研究有害液体扩散（漫延）过程，找出漫延半径随时间变化的函数关系。对此，沙（Shaw）和伯瑞斯考（Briscoe）提出了圆形积块的传播公式

$$r = \left[\frac{t}{\beta}\right]^{\frac{1}{2}} \qquad \beta = \left[\frac{\pi\rho_1}{8gm}\right]^{\frac{1}{2}}$$

对于连续现象，有

$$r = \left[\frac{t}{\beta}\right]^{\frac{3}{4}} \qquad \beta = \left[\frac{\pi\rho_1}{32gm}\right]^{\frac{1}{2}}$$

式中 m——质量，kg；

ρ_1——液体的密度，kg/m^3；

r——扩散半径，m；

t——时间，s。

其他符号同前。

$$D = D_0 \sqrt{\rho_{a2}/\rho_{a1}}$$

式中 D_0——泄漏孔的直径，m；

ρ_{a2}——喷射情况下，相对于周围空气的瞬时密度，kg/m^3；

ρ_{a1}——常温下，相对于周围空气的密度，kg/m^3。

距孔源 x 处，喷射轴上的浓度为

$$C = \left[\frac{\dfrac{b_1 + b_2}{b_1}}{0.32\dfrac{x}{D}\cdot\dfrac{\rho_{a1}}{(\rho_{a2})^{1/2}} + 1 - \rho_1}\right]$$

b_1、b_2 是形态常数，有

$$b_1 = 50.5 + 48.2\rho_1 - 9.95\rho_1^2$$

$$b_2 = 23.0 + 41.0\rho_1$$

该公式可以估算蒸气高速喷射的扩散行为，但对于有毒气体的排放需用其他模式计算。

有害物质在大气中扩散的问题，近十几年来引起人们广泛的重视，因而发展了许多不同扩散模式。随着对有毒物质分析的发展，人们开始注意到有害物质与空气的扩散行为有明显的不同。在环境风险分析中，通常认为比空气密度大的烟雾最重要，因为此烟雾将下沉而造成危害。因此，这里将主要介绍高密度气体扩散模式。在该模式中，认为瞬间泄漏的烟雾形成半径为 R、高为 h 的圆柱体，在重力作用下扩散，这些烟雾从中心沿半径方向扩散，其中心又随风移动，同时又在夹卷作用和热力传递作用下改变烟雾体积。

在重力作用下的扩散速率 Q 的计算公式为

$$Q = \frac{dR}{dt} = \left[Kgh(\rho_2 - 1)\right]^{\frac{1}{2}}$$

$$Q_e = \gamma\frac{dR}{dt}\quad（从烟雾的四周夹卷）$$

$$U_e = \frac{\alpha u_1}{Re}\quad（从烟雾的顶部夹卷）$$

式中 γ——边缘夹卷系数，取 0.6；

Re——雷诺数；

α——顶部夹卷系数，取 0.1；

u_1——风速，m/s；

K——实验值，取 1.0。

热量传递作用主要是因为烟雾与地表的温差很大，地表的热量传递到烟雾中，使烟雾的体积发生变化。热传递量的公式为

$$q_n = h_n(T_c - T_g)^{4/3}$$

式中 q_n——热传递量，$J/(m^2 \cdot s)$；

h_n——传导系数，取 2.7；

T_c——烟体温度，K；

T_g——地面温度，K。

需要指出，当湍流引起的扩散速率大于重力扩散速率时，高密度的扩散模型不再适

用，过渡条件为

$$Q = \frac{\mathrm{d}R}{\mathrm{d}t} = \frac{\mathrm{d}\sigma_y}{\mathrm{d}t} = \frac{\mathrm{d}\sigma_y}{\mathrm{d}x} \cdot u$$

σ_y 及以下的 σ_x、σ_z 为大气扩散参数，见本书第六章第五节。

3. 有毒物质泄漏的影响

有毒物质泄漏引起的影响程度，取决于暴露时间、暴露浓度和物质的毒性。但是，有毒物质对人体影响的资料大部分是通过动物实验获得的，这些实验结果用到人体上不一定适合。另一方面，不同人群的易损伤性也是不同的。因此，毒性影响表达式中的人群数只能表明某一特定人群所受的影响。

极限阈值浓度在给定暴露时间内不产生危害的极限接触浓度，一般应指出正常工作条件下的极限值浓度和紧急暴露极限浓度。

有毒气体的浓度一般采用有风点源扩散模式（见本书第六章第六节），即连续排放时的地面浓度计算公式为

$$C(x, y, 0) = \frac{C_i Q}{\pi u \sigma_y \sigma_z} \exp\left(-\frac{y^2}{2\sigma_y^2} - \frac{H_e^2}{2\sigma_z^2} \right)$$

式中　C_i——有害气体的排放效率系数，与温度、光照有关；

　　　Q——泄漏率；

其他符号同 Gauss 模式。

在一定时间内接触的毒性影响可用概率公式计算，概率为

$$y = A_t + B_t \ln(C^n t_e)$$

式中　C——接触浓度，$\mathrm{mg/m^3}$；

　　　t_e——接触时间，min；

　　　A_t、B_t、n——与有毒物质的性质有关的参数。

如果死亡率 50% 的概率 $y = 5$，对于连续排放源，有

$$\exp\left[\frac{5 - A_t}{B_t} \right] = C^n t_e$$

4. 爆炸的影响

爆炸是突然释放出大量热量产生的冲波。常发生的爆炸有：

① 易燃气体扩散时产生的爆炸性燃烧或缓慢性燃烧，这就是常说的自由烟气爆炸。

② 在一个有限空间内易燃混合物的爆炸。

③ 加压容器由于泄漏反应或其他异常过程而引起的爆炸。

④ 加压容器内物质不发生化学反应的燃烧引起的爆炸。

前三种爆炸释放出化学能量，后一种爆炸释放出物理能量。物理性爆炸的影响只局限在某处，而化学性爆炸会产生广泛的影响。因此，对爆炸及其危害性的研究多数集中在化学爆炸上。

根据爆炸能量与产生危害之间的关系，可以估算爆炸的影响。下面给出一个直接估计爆炸危害程度的公式，此公式可用于预测伤害半径 R，有

$$R = C \cdot (NE_e)^{\frac{1}{3}}$$

式中　C——实验常数，用来定义伤害程度（常数 C 和伤害程度的关系见表 10–7）；

E_e——爆炸的总能量，等于燃烧物质单位质量上释放的热量乘以燃烧物质的总质量，J；

N——冲击波产生的能量占爆炸总能量 E_e 的百分数。

表 10 −7　常数 C 和伤害程度的关系

C	危害性	
	对设备	对　人
0.03	对建筑物及设备产生重大危害	1% 的人死于冲击波的伤害，50% 以上的人耳膜破裂，50% 以上的人受到爆炸飞片严重伤害
0.06	对建筑物造成可修复的损坏	1% 的人耳膜破裂，1% 的人受到爆炸飞片的严重伤害
0.15	玻璃破裂	受到爆炸飞片的轻微伤害
0.4	10% 的玻璃受损	

第四节　环境风险评价与管理

一、环境风险评价的目的、内容与范围

1. 环境风险评价的目的

环境风险评价的最终目的是评判环境风险的概率及其后果可接受程度。

将本章第一节开头对风险定义的公式简化，可得环境风险值之表达式如下

$$R = f(P \times C)$$

式中　P——事件发生的概率；

C——事件发生后果的严重程度。

从上式可以看出，有了 P 和 C 值，就不难计算风险值的大小。风险值函数关系式的确定要具备可比性，否则无法判断风险的大小，也就不能决定风险能否被接受。

环境风险能否被接受，通常采用比较的办法。在环境风险评价中，有以下几种常用的比较方式：

① 与自然背景风险进行比较。

② 将减缓风险措施所需的费用与其效益进行比较　为了减少风险，就需要采取措施而付出代价。把采取减缓风险措施的费用与效益进行比较是要找出最有效的、所需费用最低的措施。

③ 与承受风险所带来的好处进行比较　因为承担了风险就应该有效益。一般地说，风险愈大，效益愈高。例如，建设的水坝用于发电和灌溉，那么洪水的风险可与增加农作物产量和发电带来的好处进行比较。

④ 与某些风险评价的标准进行比较。

有以下标准可供比较：

ⓐ 补偿极限标准　补偿极限标准随着减少风险措施投资的增加，年事故发生率会下降。但当达到某点时，如果继续增加投资，从减少事故损失中得到的补偿甚微，即达到了

补偿的极限，此时的风险度可作为风险评价的标准。

② 人群可接受的风险标准 普通人受自然灾害的危害或从事某种职业造成伤亡的概率是客观存在的。例如，有毒气体的化学工业，在一年内由于化学品泄漏事故引起 10 人死亡的概率为 10^{-3}，引起 100 人死亡的概率为 10^{-6}。因此，存在某一概率是社会所能接受的。这样的风险度可作为环境风险的评价标准。对于从事某一单一危险行业的成组人群而言，经常采用的标准是致死人数超过某个确定的突发死亡数的事件概率（见图 10 – 9）。

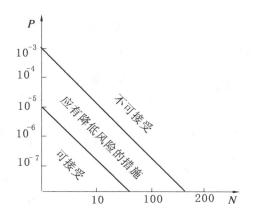

图 10 – 9 人群死亡概率的可接受程度

图 10 – 9 中两条斜率线是限定在概率降低两个数量级，死亡人数增加 10 人的条件下。这种限定看起来十分严格，但是同一组人群可能接受到许多如此的风险。因此，任一单一行业的风险必须降低，以使环境风险总和仍可接受。应该强调指出，仅用死亡率作为风险可接受性的单一指标是不可取的。这是因为，死亡率仅是诸多社会、经济效应中的一种思考方法（单一指标只能缩小在环境中实际存在的不确定性的变化范围）。

做出环境风险是否被接受的判断或决策，还涉及经济、生态等因素。因此，通过各事件发生的概率和各种后果的严重程度给出定性环境风险评价的形式也是必要的。下面通过国外一个实例，进一步理解此种方法（如表 10 – 8）。

2. 环境风险评价的内容与范围

环境风险的可接受性，除了表现人的心理因素外，还表现风险涉及的时空范围。因此，环境风险评价的深度要依据可接受性的程度来确定。

（1）风险评价的边界

风险评价的边界一般从以下六个方面来确定：

① 根据引起危害事件的类型来确定。危害事件的类型有项目正常运行引起的不利事件；项目非正常状态下的事件；自然灾害等外界因素对工程项目的破坏而引发的危害事件。

② 根据接受风险的人群来判断。主要有项目的工作人员（职业性风险）、一般的公众、特殊敏感人群。

③ 根据工程材料流程的不同阶段来确定。因为有些危险物品除在其自身边界附近引起风险外，还会因为另一些有关的行动引起风险，如基本生产阶段、深加工阶段、存储阶段、运输阶段、产品使用阶段和废物处理。

表 10 - 8　国外的一个综合判断环境风险可接受程度的实例

发生概率	经常且反复	应 有 降 低 环 境 风 险 的 措 施　　不 可 承 受 的 环 境 风 险		
	可能、经常	可 以 接 受 的 环 境 风 险		
	偶尔或有时			
	极少			
		后果及破坏的范围、大小		
		可忽略的(较小)	有限的	严重的	灾难性的
工业和公共设施	破坏	恢复期 < 1 d	维修设施需要几天时间	一个月以上设备不能使用	财产大量破坏,一些设备丧失
	财政	< 10 万元的损失	损失在 10 万元至 100 万元之间	损失达到 1000 万元	大于 1000 万元的财产损失
人身健康和安全		轻微病伤不能工作的时间 ≤ 12 工作时/月	因病或伤不能工作的时间 > 12 工作时/月	发生死亡或严重疾病 ≥ 1 人	死亡人数 > 10 人,严重疾病 > 100 人
生态系统污染损害		对生态系统中某些物种有轻微的可恢复的破坏	暂时的、可恢复到早期阶段的破坏	关键物种消失,大量居地破坏	影响范围内的所有生命不可恢复的破坏

④ 根据评价的地理边界来确定。一个建设项目的材料流程可以延伸到距场址很远的地方,甚至跨国界。因此,适当确定评价的地理边界是很重要的。

⑤ 根据项目进行的不同阶段来确定。包括规划、施工、调试、运营、保养等阶段。原苏联切尔诺贝利核电站事故就是在调试阶段发生的。

⑥ 根据风险存在的可能时间来确定。有些建设项目产生的有毒物质被认为在环境中能无限循环下去,因此,若把评价时间范围局限在使用期内是不合事理的。另外,还应注意采用什么样的风险评价指标等。

二、环境风险评价的管理

1. 环境风险管理的概念

环境风险管理就是提出减缓或控制环境风险的措施或决策,达到既要满足人类活动的基本需要又不超出当前社会对环境风险的接受水平。这个概念包括以下三方面的内容:

(1)提出减缓或控制环境风险的措施或决策。其实质就是采用技术的、经济的、法律的、教育的、政策的和行政的各种手段对人类的行动实施控制性的影响,使人们按生态规律、自然规律和经济规律办事。

(2)人类的需要应与环境相协调。人类的需要必须与社会发展水平相协调,包括对自然资源、环境资源的合理利用,因此,人类活动的基本需要必须与环境相协调。

(3)以环境风险制约人类的活动。人类要生存、要发展就必须承担环境风险。但环境风险的可接受性又与各种因素有关,因此,在制定人类活动方案时要充分考虑各种可能产生的环境风险。

2. 风险评价的深度

根据环境风险的可接受程度和环境风险管理的不同要求，评价的深度可以不同。一般可分为微观性风险评价、系统性风险评价和宏观性风险评价。

① 微观性风险评价是针对建设项目产生的一种或几种污染物的风险评价。典型的例子是美国国家环保局采用的方式，经常以化学品致癌表示风险。虽然微观性风险评价有一定局限性，但可以提供许多可靠的数据资料。

② 系统性风险评价考虑一系列行为以及不同阶段的不同风险，一般通过系统性评价可获得较全面的结论。

③ 宏观性风险评价是在经济和社会领域中进行的风险评价。一个工程建设项目处在某一系统中，它能在某些方面引起风险，而在另一些方面能降低风险。采用宏观性风险评价可以较好地解决这一问题，能较全面地反映风险的可接受性。

3. 环境风险的控制方式

环境风险是可以预测的，也是可以控制的，控制措施的方式如下：

① 减轻环境风险。通过改革生产工艺或改进生产设备使环境风险降低。

② 转移环境风险。利用迁移厂址、迁出居民等措施使环境风险转移。

③ 替代环境风险。通过改变生产原料或改变产品品种可以达到用另一种较小的环境风险替代原有的环境风险。

④ 避免环境风险。要想真正避免某一种环境风险，只有关闭造成这一环境风险的工厂或生产线。

对于上述提到的四种控制措施，可以在风险生产的全过程实施，图 10 – 10 表示的是一种因果关系的风险管理方式。

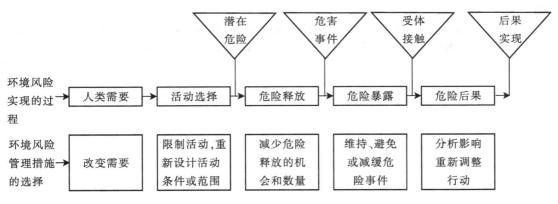

图 10–10　因果关系风险管理方式框图

需指出的是，图 10 – 10 提出的这种因果关系的环境风险管理方法，控制措施应从右端开始，随着时间或环境风险可接受的程度逐渐移向左端。

4. 进行环境风险评价应注意的问题

环境风险是社会发展产生的一种必然现象，环境风险评价是为了了解环境风险并提出降低风险的措施和方法，它实际上是将社会收益、经济收益与环境风险进行比较，寻找出社会经济发展的最佳途径。环境风险评价有如下一些特点：

① 各种环境风险是相互联系的，降低一种风险可能引起另一种风险。因此，要求评价主体应具有比较风险的能力，要做出是否能接受的判断。

② 环境风险是与社会效益、经济效益相联系的。通常是风险愈大，效益愈高，降低一种环境风险意味着降低该风险带来的社会效益，因此必须予以合理协调。

③ 环境风险评价与不确定性相联系。环境风险本身是由于各种不确定性因素形成的，而识别环境风险、度量环境风险又存在着不确定性，因而环境风险不可能被精确地衡量出来，它只能是一种估计。

④ 环境风险评价与评价主体的风险观相联系。对于同一种环境风险，不同的风险观可以有不同的评价结论。

习 题

1. 什么是风险？风险评价有哪些特点？
2. 环境风险评价的内容是什么？环境风险评价应注意哪些问题？
3. 环境风险评价和环境影响评价有哪些不同？
4. 环境风险识别有哪些常用方法？
5. 如何控制环境风险？
6. 环境风险管理的内容和环境风险管理应遵循的原则是什么？

参考文献

[1] 张永春，林玉锁，孙勤芳. 有害废物生态风险评价 [M]. 北京：中国环境科学出版社，2002.

[2] 胡二邦. 环境风险评价实用技术和方法 [M]. 北京：中国环境科学出版社，2000.

[3] 国家环境保护总局监督管理司. 中国环境影响评价培训教材 [M]. 北京：化学工业出版社，2000.

[4] 国家环境保护局计划司. 环境规划指南 [M]. 北京：清华大学出版社，1994.

[5] 徐新阳. 环境保护与可持续发展 [M]. 沈阳：辽宁民族出版社，2001.

第十一章 环境-经济损益分析与评价

　　环境-经济损益分析是环境影响评价的一项重要工作内容，其主要任务是衡量建设项目需要的环保投资和所能收到的环境保护效果。进行环境影响经济损益分析，是对建设项目进行决策的重要依据。常用的环境-经济损益分析方法有直接估算法、费用函数法、市场价值法、调查评价法等。

一、简易分析法

　　建设项目环评报告书均应有环境-经济损益分析专题内容。但是，对于项目不太大或项目污染不严重的环评报告书来说，只需做出简易的环境-经济损益分析。简易分析的主要内容为环保投资估算、投资比例及环境效益分析。

　　以下以湖北某油脂项目环境影响评价为例具体说明简易分析的各项内容。

　　1. 环保投资估算及投资比例

　　首先阐明拟建工程环保设施的划分结果。不同的行业对环保设施的划分有不同规定，如石化行业对环保设施的划分在 SHJ24—90 中做了原则性划分。该项目环保投资估算见表 11 - 1。

表 11 - 1　环保治理项目投资一览表

项　　目	内容说明	投资估算（万元）	相对比例（%）
废水处理	二级污水处理站	234.98	51.46
锅炉烟气	二级处理	98.61	21.60
粉尘治理	吸尘与通风	28.0	6.13
噪声治理	消声器	18.0	3.94
实验室建设	监测仪器与药品	32.0	7.01
厂区绿化	树苗及花草	45.0	9.86
总　　计		456.59	100.0

　　从表 11 - 1 中可见：① 环保治理投资最大的项目是废水治理，占 51.46%；其次是锅炉烟气治理，占 21.6%；② 环保治理投资占固定资产总投资（1 535.13 万元）的 2.97%，与国内同类的项目相比较，其环保投资额度不高。

　　2. 污染治理环境效益分析

　　① 厂区废水经过治理后排放，可减少 COD 排放量 212 220 kg/a、BOD 排放量 112 050 kg/a、植物油排放量 17 940 kg/a，废水排放浓度低于 GB 8978—1996 规定的一级标准值。

　　② 锅炉烟气经过治理后，粉尘去除率为 97% 左右，SO_2 去除率为 10% 左右，每年可减少粉尘排放量 1 289.45 t/a、SO_2 排放量 20.47 t/a，烟气粉尘和 CO_2 浓度低于 GB 13271—91 表 2 的二类区标准值。

　　③ 最初清除的含尘废气和菜籽冷饼机废气经治理后除尘效率可达到 99.5%，年回收

和减少粉尘排放量 541.60 t/a，粉尘排放浓度低于国家排放标准。

④ 生产设备噪声经治理后，可使厂房内噪声值达到 GBJ87—85 标准的要求。衰减后厂界与环境噪声叠加后低于 GB12348—90 规定的Ⅲ类标准值。

3．污染治理运行费用分析

污染治理设施总投资 411.59 万元（不含绿化费），管理和维护人员按 6 个人计算。

① 折旧费：折旧年限为 15 年，残值取 5%，则年折旧费为

$$[411.59-(411.59\times5\%)]\div15=26.07\text{（万元）}$$

② 维修费：按折旧费的 40% 计取为 10.43 万元。

③ 人工工资及福利费 6×0.684＝4.10 万元。

④ 原材料及辅助材料费用：18.48 万元。

⑤ 电费：37.14 万元。

⑥ 可减征排污费（COD_{Cr}、SO_2、粉尘）：23.00 万元。

⑦ 回收产品产值（粉尘）：27.05 万元。

上述各项费用中可分为：

固定成本＝①＋②＋③＝40.6（万元）

运行费用＝④＋⑤＝55.62　（万元）

治理产生的经济效益＝⑥＋⑦＝50.05（万元）

污染治理总成本＝治理产生经济效益－（固定成本＋运行费用）

污染治理总成本为 －46.17 万元，表示为经济负效益。

与项目建成投产后生产成本相比较，污染治理固定成本可归入生产固定成本，污染治理运行费用和治理产生的经济效益可计入生产变动成本。由计算可知，污染治理总成本占生产总成本（97650 万元）的 0.047%，占生产固定成本（3651 万元）的 1.112%，占生产变动成本（93999 万元）的 0.00541%，比例很小。

二、关于不同治理方案的效益比较

环境评价报告中，常需要对不同治理方案从环境效益和经济效益角度进行分析比较。下面以两个电解铝厂的环评报告为例予以说明。电解铝的电解烟气有干法与湿法两种治理方法，分别采用干法和湿法治理的两个厂的经济效益分析比较见表 11－2。

表 11－2　干法与湿法治理投资与运转费用的比较

治理方法（厂家）	每吨 A1 治理投资（元）	每吨 A1 运转费用（元）	备　注
干法（兰州铝厂）	513.61（一次性）	392.56	理论计算
湿法（安陆铝厂）	406.25（一次性）	700	实际费用

由表 11－2 可见：① 干法治理投资是湿法的 0.26 倍[（513.61÷406.25）－1]；运转费用则湿法是干法的 0.78 倍[（700/392.56）－1]；② 如果将干法与湿法治理的运行费用视为相对利润，则采用干法治理超过湿法治理一次性投资的超额部分的回收年限可采用下式计算

$$n=\frac{\text{干法投资}-\text{湿法投资}}{\text{湿法运行}-\text{干法运行}}$$

则

$$n=\frac{513.61-406.25}{700.00-392.56}=\frac{107.36}{307.44}=0.35$$

即 0.35 年即可将干法多于湿法的一次性投资收回。因此，采用干法治理从经济上计算是合理的。

三、环境-经济效益的分析计算方法

在环境影响评价中，对建设项目的环保费用与工业生产总值基建投资等进行比较，在环境影响评价中有重要的参考价值。

1. 环保费用与工业生产总值的比较分析

环保费用与工业生产总值比例（HZ）为

$$HZ = \frac{T + Y + G}{GE} \times 100\%$$

式中　T——环保投资费用；

Y——环保运行费用；

G——环保日常费用；

GE——工业生产总值。

2. 环保费用与建设投资的比较分析

环保费用与基建投资比例（HJ）为

$$HJ = \frac{T + Y + G}{JT} \times 100\%$$

式中　JT——基建投资，其他符号意义同上。

3. 环保费用与污染损失的比较分析

环保费用与污染损失的比例（HS）为

$$HS = \frac{T + Y + G}{WS} \times 100\%$$

式中　WS——污染损失。

4. 环保设施基建投资的总经济效果分析

环保设施基建投资的总经济效果（SZ）为

$$SZ = \frac{\sum\limits_{i=1}^{n} \sum\limits_{j=1}^{m} TS_{ij}}{ZT}$$

式中　TS_{ij}——环保投资的 j 个项目（$j = 1$，2，3，…，m），防止（减少）损失的 i 类（$i = 1$，2，3，…，n）的经济效益。

ZT——环保设施基建投资。

通过对 SZ 和 HJ 两项比例关系的计算，并与国内同行业进行比较，可反映出某项目环保投资效益是否适当。通过对 HS 的估算，可以看出环保投资是否必要、是否合理。

四、费用-效益分析方法与费用-有效性分析方法

1. 费用-效益分析方法

费用-效益分析方法用于环境保护，主要是用于确定环境保护投资和环境保护目标。该方法与投入-产出最优化分析等联用，一般不需建立模型，而着重于费用与效益两方面的分别计算，然后加以互相比较。环境保护措施的费用-效益分析，包含环境和社会的费用，涉及生态和社会的环境目标、环境质量标准、技术和经济可行性等各个方面，有的能够定量计算，有的则无法以数量来表示。

目前对自然环境，如土地、森林、湖泊等价值的确定，尚未建立统一的方法和尺度，但可采用不同方法进行换算。例如，在矿区周围可以用环境机能评价方法进行评价，其步骤是分别计算环境各种机能的价值，然后再求环境的总价值，如矿区周围的湖泊水体，可分别求取其渔业收益、娱乐价值、对污染物质的环境容量、对洪水的调节功能，以及它在自然保护中的价值等。这样便可根据湖泊的上述种种功能的价值，计算出每亩水面的最高价值和平均价值。

2. 关于费用和效益的确定

（1）开发建设项目费用

开发建设项目的费用应包括三个部分：

① 基本费用：指投资和运行费用，即建设该项目和投产后维持运转所必须投入的资源。

② 辅助费用：为充分发挥该项目效益的有关费用。

③ 社会费用：如建设一个化工厂所造成的污染损失，即可计为它的社会费用。

例如污水处理厂建设费用，可用下列函数表示

$$C = 652.4Q^{0.7878} + 2083.8Q^{0.7878}\eta^{1.234}$$

式中　C——污水处理厂建设费用，万元；

　　　Q——处理量，$10^4 \text{ m}^3/\text{d}$；

　　　η——处理效率。

龙腾锐、王圃在长江、嘉陵江重庆城区段水污染控制方案费用估算中，根据《城市基础设施工程投资估算指标排水工程》一书中一系列处理量与费用对应值，回归处理得到一、二级城市污水处理厂费用函数。

一级污水处理的基建费用：

$$C = 0.133Q^{0.83}$$

二级污水处理的基建费用：

$$C = 1.223Q^{0.72}$$

式中　C——建设费用，万元；

　　　Q——污水处理厂日处理量，$10^4 \text{ m}^3/\text{d}$。

当费用函数用于线性规划时，需要将其分段线性化。线性函数的一般形式为

$$C = a + b \times Q$$

清华大学在"上海市污水处理系统规划"研究中，结合上海实际情况，建立的分段线性函数如表 11-3。

表 11-3　城市污水处理厂投资费用分段线性化方程（上海）

编　号	类　别	处理范围	费用方程
1	一级污水处理厂	$0 < Q \leqslant 5$	$C = 110Q$
		$Q > 5$	$C = 50 + 100Q$
2	二级污水处理厂	$0 < Q \leqslant 5$	$C = 350Q$
		$5 < Q \leqslant 20$	$C = 250 + 300Q$
		$Q > 20$	$C = 1250 + 250Q$

注：Q 为污水处理厂日处理量，$10^4 \text{ m}^3/\text{d}$；$C$ 为污水处理厂建设费用，万元。

上述社会影响和社会效益一般是不能数量化的，也难以估算，因此在计算中偏重于基本费用和直接效益两项。

（2）开发建设项目效益

开发建设项目的收益，它与开发建设项目的费用相似，也包括三个部分：

① 直接效益：指该项目直接提供的产品或服务的价值；

② 间接效益：指有关派生活动所增加的效益；

③ 社会效益：如建设一个水库对改善局部气候和美化社会环境的效益。

（3）计算费用和效益的货币值

在计算费用和效益时，可采取以下办法对不同的环境影响估计其货币值：

① 环境影响涉及生产性资源（土地、渔场、水库）的损害时，可通过对这些资源产出的减少作一项估算，如农作物减产、捕鱼量下降、灌溉及发电量减少等，大体上计算出损失的数量值。

② 环境影响涉及人体健康和安全的损害时，进行经济上的评价往往比较困难，一般可根据因环境污染而影响的工人发病率和过早死亡率，以及使劳动生产率下降或丧失劳动能力所造成的经济损失进行估算。

③ 环境影响涉及游览和娱乐方面的损失时，要通过两种方法进行计算：一是通过调查，估算出人们在游览和娱乐方面的开支，作为游览娱乐价值的间接计算方法；二是对已被污染与尚未污染的地区的地产价值作比较，并用来推算因环境恶化造成游览娱乐价值损失的费用。

（4）环境影响费用–收益评价方法

在环境影响的费用–收益分析中，最常用的评价方法是收益－费用比值法，其计算公式为

$$经济效果\ E = \frac{收益\ B}{费用\ C}$$

从上式可见，经济效果与收益成正比，与费用成反比。因此，衡量经济效果好坏的标准是

$$E = \frac{B}{C} \rightarrow \max$$

评价经济效果最基本的条件应该是

$$E = \frac{B}{C} \geq 1$$

收益必须大于等于费用，即比值至少是 1，否则该方案从经济上来说是不合理的。如果在计算中考虑到贴现率，上式可写成

$$\frac{B}{C} = \frac{\sum\limits_{i=0}^{n} B_t (1+d)^t}{\sum\limits_{i=0}^{n} C_t (1+d)^t}$$

式中 $\dfrac{B}{C}$——收益–费用比值；

B_t——t 年的工程年效益；

C_t——t 年的工程年费用；

d——贴现率。

环境经济效益可以根据直接计算方法计算或按防止污染影响的环保费用计算。后者是作为一种补充方法，当不能应用直接计算方法来确定效益时可采用此法。

在实践中，从经济意义上评价环境质量改善和效益是非常困难的，大多数环境问题的经济效益很难用货币来表示其影响。同时，效益的计量不是单纯的计算技术的问题，而是一个概念问题，不同的人对环境效益常有不同的理解和使用不同的计算方法。因此，在实际分析中可采用另一类似费用－收益分析的方法，即费用－有效性分析。

3．费用－有效性分析法

费用－有效性分析不用对效益进行换算，就可对不同治理方案进行比较。费用－有效性分析方法的基本思想是，任何效果都是表示特定活动预期目标的实现程度，所以，对同一目标的活动，其效果是可比的。这种比较可以有三种方式：

① 在费用相同的条件下，比较它们效果的大小；

② 在效果相同的条件下，比较它们费用的多少；

③ 比较它们的费用对效果或效果对费用的比率，即所谓费用的有效性。

如果活动的规模不变，一般采用第一种方式或第二种方式就可以解决经济评价问题。如果经济活动的规模是变动的，就要采用第三种方式。

五、环境污染经济损失的计算方法

环境污染的结果往往以经济形式反映出来。由"三废"排放对环境污染所造成的经济损失的量化，可以进行以下的计算。

1．资源和能源流失量的价值计算

资源和能源流失量的价值，即各种物质没有进入产品或被吸收到农作物中而被流失的价值。计算这一项污染的经济损失，其公式为

$$A = \sum_{i=1}^{n} Q_i \cdot P_i \quad (i = 1, 2, 3, \cdots, n)$$

式中　A——资源和能源流失量的价值；

　　　Q_i——"三废"排放物的历年累计总量；

　　　P_i——排放物按产品量计算的不变价值；

　　　i——品种。

2．污染物对周围环境造成损失的费用计算

污染物对周围环境造成损失的费用，是指各种污染物质或其转换为其他物质后，对周围环境中的生产和对人们的生活造成的损失费用，计算公式为

$$B = \sum_{i=1}^{n} C_i \quad (i = 1, 2, 3, \cdots, n)$$

式中　B——污染物对周围环境造成损失的费用；

　　　C_i——生产和生活资料的各种损失，包括工业、农业、渔业，生活物品及建筑物
　　　　　等。

3．各种污染物质对人类健康影响的价值计算

各种污染物质对人类健康的影响及其所造成的劳动能力丧失的价值计算式为

$$C = \sum_{i=1}^{n} L_i + \sum_{i=1}^{n} B_i + \sum_{i=1}^{n} F_i \quad (i = 1,\ 2,\ 3,\ \cdots,\ n)$$

式中　L_i——由于环境污染引起的疾病，劳动者在患病期间净产值的损失；

　　　B_i——由环境污染引起的疾病和死亡，由社会福利基金支付的金额；

　　　F_i——医疗保健部门用于治疗因环境污染而患病的人的开支；

　　　i——污染物质的种类。

4. 大气污染所造成的社会经济损失

大气污染所造成的社会经济损失的计算模式为

$$y = y_\varepsilon + y_k + y_n + y_c + y_\lambda$$

式中　y_ε——人体健康损失；

　　　y_k——公共事业损失；

　　　y_n——工业损失；

　　　y_c——农业损失；

　　　y_λ——林业损失。

在大气污染损失计算中，对人体健康和公共文化卫生事业方面损失的计算最复杂，在原苏联一般是凭经验进行估算，尚未见有详细的计算公式，现介绍如下：

（1）大气污染对工业企业造成损失的计算

$$y_n = y_{n_1} + y_{n_2} + y_{n_3} + y_{n_4} + y_{n_5}$$

式中　y_{n_1}——基本生产资料（厂房、机器设备等）日常维修费用增加造成的损失；

　　　y_{n_2}——由于大气污染增加机器大修造成的损失；

　　　y_{n_3}——提前抵消折旧的损失；

　　　y_{n_4}——计划外停工修理、产品减少的损失；

　　　y_{n_5}——附加损失。

（2）大气污染对农业造成损失的计算

$$y_c = \sum_{i=1}^{n} P_i C_i$$

式中　P_i——污染区 1 hm² i 作物的经济损失（$i = 1,\ 2,\ \cdots,\ n$）；

　　　C_i——污染区 i 作物播种面积（$i = 1,\ 2,\ \cdots,\ n$）；

　　　n——污染区播种的作物种类数。

（3）大气对林业造成损失 y_λ 的计算

$$y_\lambda = \sum_{i=1}^{10} y_i$$

式中　y_1——木材产率降低造成的损失；

　　　y_2——清林工作量增加造成的损失；

　　　y_3——增加复种量造成的损失；

　　　y_4——森林副产品资源储备减少造成的损失；

　　　y_5——森林护田功能降低造成的损失；

　　　y_6——森林保土功能降低造成的损失；

　　　y_7——森林保水功能降低造成的损失；

y_8——护路林带破坏造成的损失；

y_9——森林卫生保健功能降低造成的损失；

y_{10}——林木破坏、撂荒造成的损失。

5. 水体污染所造成的社会经济损失

水体污染所造成的社会经济损失，是对工业、农业、畜牧业、渔业、林业和公共事业等部门造成损失的总和，其计算方法分别介绍如下。

（1）水体污染对工业造成的损失 Y_λ

水体污染生产设备计划外修理造成的损失 $Y_{\lambda1}$

$$Y_{\lambda1} = \sum_{i=1}^{n} \varepsilon_i k_i$$

式中　ε_i——i 设备一次修理费（按预算计）；

　　　k_i——计划外修理次数；

　　　n——受害设备种类数。

（2）水体污染使设备计划外停工造成减产的损失 $Y_{\lambda2}$

$$Y_{\lambda2} = \sum_{i=1}^{n} \sum_{j=1}^{p} \mu_j N_i t_i$$

式中　μ_j——i 设备生产的 j 产品的价格；

　　　N_i——停工的 i 设备生产能力；

　　　t_i——i 设备停工时间；

　　　n——设备种类数；

　　　p——产品种类数。

（3）设备提前损坏造成的损失 $Y_{\lambda3}$

$$Y_{\lambda3} = \sum_{i=1}^{n} \sum_{j=1}^{p} \mu_j N_i (T_{ti} - T_i)$$

式中　T_{ti}，T_i——i 设备额定的和实际的使用期限。

（4）水体污染使产品质量下降造成的损失 $Y_{\lambda4}$

$$Y_{\lambda4} = \sum_{j=1}^{p} \Delta\mu_j N_i$$

式中　$\Delta\mu_j = \mu_j - \mu'_j$，$\mu_j$ 和 μ'_j 分别为使用污染水前后 j 种产品的单价；

　　　μ_j——低质量 j 种产品的数量；

　　　p——低质量产品的种类数。

（5）水体污染造成出废品的损失 $Y_{\lambda5}$

$$Y_{\lambda5} = \sum_{i=1}^{p} (d - \mu_{otx}) N'_j$$

式中　d——废品出售的 j 产品单价；

　　　μ_{otx}——废弃物出售的 j 产品价格；

　　　p——该类产品的种类数；

　　　N'_j——可出售废弃物的数量。

（6）水体污染对农业造成的损失

水体污染对农业造成的损失也包括产量减少和质量降低两个基本因素。此外，由于减

产使具体地区农产品生产平衡遭到破坏，国家需增加费用补偿，也应计算在损失之中，因此

$$Y_C = \sum_{\beta=1}^{d} \mu'_\beta (U'_\beta - U_\beta) S_\beta + \sum_{z=1}^{f} \mu_z U_z$$

式中　d——使用污水地区减产的作物种类数；

　　　f——使用污水地区受害的作物种类数；

　　　U'_β，U_β——作物污染前、后的产量；

　　　μ'_β——产量从 U'_β 降为 U_β 地区 β 作物价格；

　　　$\mu_z U_z$——为补偿该地区农作物破坏或减产，必须从外地运进的农作物的数量和价格。

（7）水体污染对畜牧业造成的损失

① 牲畜死亡损失 Y_{xi}

$$Y_{xi} = \sum_{i=1}^{s} \mu_i C_i$$

式中　s——死亡牲畜种类总数；

　　　μ_i——第 i 种牲畜批发价；

　　　C_i——第 i 种牲畜死亡数量。

② 仔畜减少的损失（考虑死亡母畜数及仔畜再生系数）Y_{x2}

$$Y_{x2} = \sum_{t=1}^{\alpha} \mu'_t C'_t K_t X_t$$

式中　α——死亡牲畜种数；

　　　K_t——母畜死亡数；

　　　X_t——仔畜再生系数；

　　　μ'_t——仔畜肉价格；

　　　C'_t——仔畜平均重量。

（8）水体污染对公共事业造成的损失

$$Y_k = \sum_{q=1}^{\gamma} Q_q C_q + \Delta\varepsilon_k$$

式中　γ——供水方法种类数；

　　　Q_q——原取水源停止使用后，以 q 方式的供水量；

　　　C_q——以 q 方式供水的成本；

　　　$\Delta\varepsilon_k$——公共系统新取水口预防性维护增加的费用。

（9）水体污染对林业造成的损失

水体污染对林业造成的损失，在国外按树木死亡损失计算。

关于水体污染造成疗养、旅游地的损失按直接用于消除污染影响的费用计算，若污水排放影响了附近浴场、公园等，除计算其消除污染增加的费用外，还需计算它们停止使用期间收入减少的损失费用。

习　题

1. 费用和效益的确定要考虑哪些因素?
2. 系统地说明环境污染经济损失的计算方法。
3. 以实例说明简易分析法应具有哪些要素。

参考文献

[1] 曾贤刚. 环境影响经济评价 [M]. 北京:化学工业出版社, 2003.

[2] 国家环境保护总局开发监督司. 环境影响评价技术原则与方法 [M]. 北京:北京大学出版社, 1992.

[3] 国家环境保护总局华南环境科学研究所. 环境影响评价经济分析指南 [M]. 北京:中国环境科学出版社, 1992.

下编 建设项目环境影响评价实例

第十二章 建设项目环境影响评价实例

实例 Ⅰ 北京化工四厂新建 7×10^4 t/a 丁辛醇生产工程项目环境影响评价*

一、项目简介

（一）工程意义

经化工部相关专家组论证，计划在北京化工四厂乙烯工程中安装一套 7×10^4 t/a 丁辛醇装置（以下简称"丁辛醇工程"）。安装一套 7×10^4 t/a 丁辛醇装置的目的是满足国内市场的需求。

丁辛醇是重要的有机化工原料，最大的用途是与各种有机酸缩合制成酯类，这些酯类是塑料、合成橡胶的优良增塑剂，也是涂料和清漆等的重要配料。另外，正丁醇在医药、香料、油脂等工业中也有重要用途。丁辛醇也是一种溶剂，可用于油漆、涂料、照相、造纸、纺织等行业。

（二）工程概况

1. 现状

北京化工四厂目前有金属钠车间、聚丙烯车间、发泡壁纸车间、军工药板车间、香水车间和锅炉房。丁辛醇工程建成后，除保留香水车间外，其余全部下马。

2. 拟建工程情况

丁辛醇生产过程可分为两个系统，即重油造气装置与丁辛醇装置。拟建工程中的重油造气部分，采用德士古技术以重油部分氧化法制合成气及氢气，该项技术先进、可靠。气化炉的开工率高；对原料的适应范围广；操作负荷允许波动范围大；热量回收方法灵活。特别是气化过程中的炭黑可全部返回气化炉等特点有利于控制污染、保护环境。

丁辛醇装置将采用目前世界上最先进和可靠的第二代低压羰基合成技术，即低压液相循环工艺路线，它不仅具有反应器容积小、产品损失少、丙烯利用率高等特点，而且还具有三废排放少、对环境污染小的特点。另外，全厂设置 3 台 35 t/h 锅炉，在保证工艺用蒸汽的前提下，可发电 3 000 kW。

全厂供水系统中，尽可能使用循环水，并设有废水处理系统。

3. 生产工艺流程简介

（1）重油造气装置　合成气拟采用重油气化制取原料气的方案，焦炭造气为备用方案。重油是将石油加工到 350 ℃以上所保留馏分，重油、渣油及各种深度加工所得残渣油习惯上都统称为"重油"，它是以烷烃、环烷烃及芳香烃为主的混合物。重油造气是将重

---

* 摘自北京市环境保护科学院编. 环境影响评价典型实例. 北京：化学工业出版社，2002

油、氧和蒸汽在特殊的喷油装置中均匀混合，并成雾状喷入汽化炉进行部分燃烧，由于反应放出的热量使部分碳氢化合物发生热裂化以及裂化产物的重整反应，最终获得以 H_2 和 CO 为主，并有少量 CO_2 和 CH_4 的合成气。

（2）丁辛醇装置　丙烯、一氧化碳和氢气经羰基合成反应生成丁醛，丁醛加氢生成丁醇，经精制即得丁醇产品。正丁醛在碱液作用下发生缩合反应生成 2 - 乙基己烯醛（EPA），加氢生成 2 - 乙基己醇（辛醇），经精制即得辛醇产品。其化学反应方程式表示如下。

① 丁醇生产部分

羰基合成反应

$$CH_3CH=CH_2 + CO + H_2 \longrightarrow CH_3CH_2CH_2CHO$$
正丁醛

$$CH_3CH=CH_2 + CO + H_2 \longrightarrow CH_3-\underset{\underset{CHO}{|}}{CH}-CH_3$$
异丁醛

加氢反应

$$CH_3CH_2CH_2CHO + H_2 \xrightarrow{催化剂} CH_3CH_2CH_2CH_2OH$$
正丁醇

$$\underset{\underset{CHO}{|}}{CH_3CHCH_3} + H_2 \xrightarrow{催化剂} \underset{\underset{CH_2OH}{|}}{CH_3CHCH_3}$$
异丁醇

② 辛醇生产部分

缩合反应

$$2CH_3CH_2CH_2CHO \xrightarrow{NaOH} CH_3CH_2CH_2\underset{\underset{CH_2CH_3}{|}}{\overset{\overset{OH}{|}}{CH}CHCHO} \xrightarrow{-H_2O}$$

$$CH_3CH_2CH_2CH=\underset{\underset{CH_2CH_3}{|}}{C}CHO + H_2O$$

加氢反应

$$CH_3CH_2CH_2CH=\underset{\underset{CH_2CH_3}{|}}{C}CHO + 2H_2 \xrightarrow{催化剂} CH_3CH_2CH_2CH_2\underset{\underset{CH_2CH_3}{|}}{CH}CH_2OH$$
2 - 乙基己醇（辛醇）

（三）周边环境

1. 地理位置

北京化工四厂位于北京市房山区京周公路旁的马各庄村南，距房山城关镇 2.5 km，东距天安门 40 km，西距京原铁路 2 km。东靠大石河，南邻东沙河。

2. 环境特点

项目所在地区地貌为山前洪积平原及低山丘陵，化工四厂位于大石河一级阶地，地势西北高、东南低，地面坡度 0.5‰～3.2‰，厂区海拔高 43.5 m。

评价区地处燕山石化工业区，本地区工业污染源除燕山石化公司各化工厂以外，还有房山区办、乡办企业，如拖拉机配件厂、酿造厂、饲料公司等。项目所在地土地利用以农业用地为主，有部分工业及居住地。

3. 环境保护目标

大气环境保护目标主要是马各庄、瓜市、饶乐府等自然村，地面水保护目标是大石河，地下水保护目标是苏村、夏村水源地及下游地区，见图Ⅰ－1。

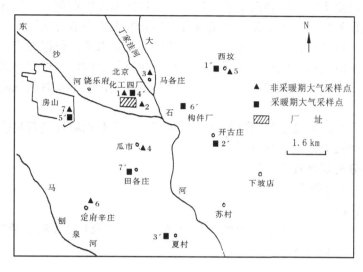

图Ⅰ－1　北京化工四厂地理位置及大气监测点位置图

二、评价思路

（一）本项目特点分析

（1）本工程的原料是重油和丙烯，产品和中间产品是正丁醇、辛醇、异丁醇、正丁醛。其中正丁醇有使人难忍的恶臭，正丁醛有窒息性醛味，正丁醇和正丁醛对呼吸道粘膜有刺激作用。丙烯、异丁醇、辛醇均有臭味或特殊气味。

（2）水污染源较复杂，装置区共7股废水，其中重油造气装置排2股废水，即废热锅炉排水和废水收集槽排水；丁辛醇装置有3股废水和2股废液，即合成气洗涤塔排水、水汽提塔排水、EPA层析器排水、催化剂系统排出的TPP残液，分批蒸馏塔釜废液。

除了水污染源复杂外，有些废水中污染物浓度很高，如EPA层析器排水COD将近10 000 mg/L。

（3）国内有同类型生产装置，该装置为大庆石化公司化工二厂丁辛醇车间。

（二）评价重点

项目拟建地北面有马各庄（1540人）、南面有瓜市（1274人），这两个较大村庄与其距离分别为350 m和700 m。项目拟建地南4～5 km有水源地苏村和夏村。大石河支流东沙河于拟建地南侧由西向东流过，是该工程污水受纳水体。该地区地貌类型为冲洪积扇上部，地表渗透性强。因此，环境影响评价重点是大气、地表水、地下水。大气评价要突出恶臭环境影响分析。

（三）评价工作技术路线及方法

本评价工作的特点是对同类型生产装置大庆石化公司化工二厂丁辛醇车间进行类比调查、测试。

大气污染源调查中，在丁辛醇装置区下风向20 m、40 m、60 m按扇形布设8～10个监测点，取样分析主要污染物的地面浓度值，并根据当时的气象条件，采用地面浓度反推法，确定出本装置无组织排放源的源强。

水污染源调查中，对装置区各分排口及总排口排水水质取样分析，并对总排口水质作色－质联用分析及微生物降解静态实验；根据测试数据和大庆石化二厂与齐鲁石化总厂的经验，对污水的预处理及二级生化处理装置各种污染物去除率进行估算，对废水中主要污染物的可生化性进行分析，从而确定出污水处理场的出水水质；根据大庆石化二厂丁辛醇装置目前由生产丁醇转换为生产辛醇产品切换状况和目前国内污水处理场活性炭吸附中存在的问题，确定出由生产丁醇转换为生产辛醇时及活性炭再生不及时出现的事故排放废水源强。

臭味调查中，在装置区下风向进行现场臭味辨别，并布点取样进行臭味稀释倍数的分析，以了解臭味的污染范围和臭气强度。

三、污染源分析及治理措施评述

（一）污染源类比调查

1. 类比厂情况简介

大庆石化公司化工二厂丁辛醇车间主要有两套工艺装置（造气和丁辛醇）。此外还有铑浓缩、污水预处理和罐区。

2. 调查结果

本次调查以废水为重点，对废气进行了部分环境监测且着重对异味进行分析。

（1）废气污染物浓度

丁辛醇车间正常生产的废气在该厂区内可分为4部分，即合成气装置、丁辛醇装置、污水预处理装置和罐区。

在监测中将有组织排放与设备泄漏、液体挥发等无组织排放一起作为面源处理，在装置下风向布点监测，布点呈扇状分布，距离排放源20 m、40 m、60 m布设12个监测点，监测项目为总烃、硫化氢、一氧化碳、甲烷、丁醛、丁醇、辛醇。监测结果见表Ⅰ-1、表Ⅰ-2、表Ⅰ-3。监测点位置见图Ⅰ-2、图Ⅰ-3。

表Ⅰ-1　丁辛醇车间大气监测结果（监测点位置见附图）　　　　mg/m³

测点	污染物				
	总烃	硫化氢	丁醛	丁醇	辛醇
1	12.42		未检出	未检出	3.19
2	4.54		未检出	未检出	未检出
3	5.10		未检出	未检出	未检出
4	5.56		未检出	未检出	1.92
5	5.00		未检出	未检出	0.87
6	4.54		未检出	未检出	未检出
7	4.26		未检出	未检出	未检出
8	4.63		未检出	未检出	未检出
9	3.71		未检出	未检出	1.02
10	2.87		未检出	未检出	未检出
11		未检出			
12		未检出			

注：采样时间：1991年8月10日14:00。

表 I -2 丁辛醇车间大气监测结果　　　　　　　　　　mg/m³

测点	污染物			测点	污染物		
	一氧化碳	甲烷	总烃		一氧化碳	甲烷	总烃
1	4.81	0.75	4.39	5	6.25	0.75	4.49
2	5.29	0.75	2.35	6			
3	5.77	0.90	4.49	7	4.81	0.75	2.50
4	5.58	0.90	3.04	8	5.0	1.13	5.07

注：采样时间：1991 年 8 月 10 日 18:00。

表 I -3 丁辛醇车间大气监测结果　　　　　　　　　　mg/m³

测点	污染物			
	总烃	丁醛	丁醇	辛醇
1	5.00	未检出	2.69	未检出
2	4.68	未检出	5.14	未检出
3	4.80	未检出	2.23	未检出

注：采样时间：1991 年 8 月 10 日 9:00。

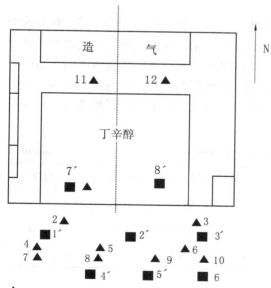

▲ 8月10日14时测点位置。风向NNE，风速1.5 m/s；
■ 8月10日18时测点位置。风向N，风速1.0 m/s。

图 I -2 丁辛醇车间大气监测布点示意图

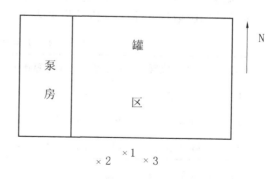

8月12日9时测点位置。风向N，风速2.0 m/s

图 I -3 丁辛醇车间大气监测布点示意图

大气污染物类比调查结果分析如下：

① 在丁辛醇装置和罐区的下风向均未有丁醛检出。

② 监测期间车间生产辛醇，丁醇在装置下风向未检出，而罐区下风向却有检出且均超标，最大达 5.14 mg/m³，超标达 17 倍。生产辛醇时蒸汽喷射泵有约 0.5 m³/h 的丁醇蒸气排放，下风向 60 m 处有丁醇检出，查此原因可能是含丁醇贮罐泄漏所致，属非正常排放。

③ 罐区下风向辛醇未检出，装置下风向 10 个采样点中有辛醇检出的为 4 个，最大 3.91 mg/m³，最小 0.87 mg/m³，有 6 个测点在检出线以下，最大超标倍数 26 倍。辛醇主要来自于无组织排放，如泵房厂房泄漏、隔油池泄漏成品等。

④ 装置下风向 H₂S 未检出。

④ 装置下风向 H_2S 未检出。

⑤ 装置下风向 CO 均可检出，最大 6.25 mg/m³，最小 4.81 mg/m³，平均 5.36 mg/m³，未超标。

⑥ 总烃浓度在所监测的 18 个点，除 1 个样品漏气未分析外，17 个气样中有 14 个超标，超标率达 82.4%，最大达 12.42 mg/m³，最小为 2.35 mg/m³，平均 4.64 mg/m³，平均超标 4.6 倍。由表 I -1 可见，随着测点与装置距离的加大，总烃浓度值有减小趋势。由于丁辛醇车间处于大庆化工二厂中部，周围有机化工装置较多，又逢各装置初开车阶段，因此，距离车间 60 m 远总烃浓度可代表大庆石化总厂背景浓度，分析数据可说明总烃浓度在该装置区的变化趋势。

⑦ 对于丁辛醇装置有无丙烯排放，因路途远携带气体量少，未能得到数据。

⑧ 火炬位于化工二厂厂区外，距丁辛醇装置约 200～300 m，正常生产时基本上看不到火焰，在车间监控室红外监测器内可看到火焰燃烧情况较好。

（2）恶臭

对大庆化工二厂丁辛醇车间的类比调查，其中一个重点是异味的影响范围，对异味的类比调查采用下风向不同距离用无异味袋取样。请嗅觉员确定样品的稀释倍数以确定异味扩散距离。通过现场闻味，确定丁醛泵房、罐区、隔油池为污染源。在装置区的泵房内可感觉到使人极不愉快的醛味，并对眼睛有一定刺激。装置区露天亦可明显闻到异味，装置的上风向及侧风向闻不到异味，距装置下风向 200 m 之外，基本上闻不到特殊气味。在装置区及其周围取样 6 个，分析结果见表 I -4。

表 I -4　丁辛醇车间异味监测结果 mg/m³

采样点号	采样点位置	异味浓度	气味	醇味浓度	采样点号	采样点位置	异味浓度	气味	醇味浓度
1	上风向	0			4	下风向 5 m	6.5	醇味	2
2	罐区中心	65	醇味	3	5	下风向 50 m	1.5	醇味	1
3	隔油池旁	132	醇味	4	6	丁辛醇泵房	6.5	醇味	2

注：采样时风向：北风，风速 1 m/s。

由分析结果可以看出，在污染源中，以隔油池旁异味浓度最大，达 132 倍，相当于异味感觉强度的四级；距装置 5 m、50 m 处，感觉到有气味。由此可见，异味浓度随距离的增加衰减较快。

（3）废水

丁辛醇车间正常废水、废液产生来自于 3 个部分：合成气装置、丁辛醇装置及其他厂房。

① 合成气装置　合成气装置产生废水共两处。

ⓐ 来自 1119 废物收集罐，为清洗排污水，来自 5 个部分，即 1110 酸性气体分离罐的排水、1106 石脑油缓冲罐排水、1113 最终气体分离罐排水、1102 喷射器罐底排水、1107 水闪蒸槽回用水部分外排。该处废水正常排量为 1.3 t/h，最大 2.5 t/h，排出温度 40 ℃，压力 1.38 kPa，主要污染物为硫化物（127×10^{-6}）、氨（1166×10^{-6}）、甲酸盐（1750×10^{-6}）、氰化物（17.5×10^{-6}）、砷（1×10^{-6}）、H_2S（17.5×10^{-6}）、DEA（4×10^{-6}），为连续排放，年操作时间 8 000 h。

ⓑ 来自 1118 废热锅炉排污罐的排污水，正常排量为 0.71 t/h，最大 2.4 t/h，为连续排放，年操作时间 8 000 h。两部分废液分别进入 1119、1118 污水管线预处理。

本次监测分别对 1119 及 1118 两处废水进行了检测，其结果见表 I−5、表 I−6。

表 I−5　丁辛醇车间废水监测结果（1119 排放液）　　　mg/L（pH 除外）

测样时间	pH	石油类	硫化物	挥发酚	COD_{Cr}	SS	CN^-	A_5	总盐	BOD_5
8.9	8.85	1.0	33.16	0.93	698	56	5.78	0.27	28.0	30.39
8.12	9.23	0.9	18.91	2.00	218	30	13.76	0.27	27.0	30.59
平均	9.04	0.95	26.04	1.46	458	43	9.77	0.27	27.5	30.49

表 I−6　丁辛醇车间废水监测结果（1118 排放液）　　　mg/L（pH 除外）

测样时间	pH	COD	SS	总盐	BOD_5
8.9	10.44	39	108	88	5.79

② 丁辛醇装置　依据设计资料，丁辛醇装置的废水废液来自于 5 个部分。

ⓐ 合成气洗涤塔，为洗涤水，排放量为 2 t/h，其中含 NH_3 30×10^{-6}，为连续排放，操作时间为 8 000 h，设计中进入总厂水循环系统，本次取样时此股水排入 11 线。

ⓑ 废碱液产生于缩合系统中缩合反应器，排入量为 1.4 t/h，其中含 EPA 0.5%，NaOH 1.8%～2.0%（COD 设计为 9000 mg/L），为连续排放，操作时间为 5360 h，排至 12 线，该部分废水是丁辛醇装置的惟一工艺排水，产生于醇醛缩合物脱水生成辛烯醛的反应中，约 8 000 t/a。

ⓒ 水汽提塔排放液，来源于 1160 密封罐，1159 水汽提塔层析器，1150 预精馏塔层析器，1157 分批蒸馏层析器及 1170 火炬分离罐的废液进入水汽提塔，轻组分回用，下层水部分排放。排放量为 0.7 t/h(生产辛醇时)、0.2 t/h(生产丁醇时)，为间断排放，累计操作时间 4000 h 左右，排至 11 线。

以上 3 处均属废水排放，进入废水处理系统。

ⓓ Rh−cat 浓缩残液来自于铑催化剂浓缩回收系统，产生最大量为 50 t/a，其中含三聚物 50%～70%，二酯/二醇 30%～40%，TPP 及含 P 化合物 5%～20%，设计中作为燃料烧掉。

ⓔ 产生于正丁醛塔及分批蒸馏塔的重组分液，产生量约 0.6 t/h，其中含丁醛、丁醇

60%，C_8 以上有机物 15%，其他残液组分 20%，其余为水。该处废液，设计做燃料烧掉，实际外售回收利用。

以上两种属废液，均可回收利用。

本次类比调查对装置内产生的两部分废水废碱液及水汽提塔排水进行了监测，监测结果见表 I −7。

表 I −7 丁辛醇车间废水监测结果
（废碱液及水汽提塔排放液）　　　　　　　　　　　　mg/L（pH 除外）

取样时间	监测地点	pH	石油类	COD_{cr}	BOD_5	BAL	EPA	SS
8.9	废碱液	13.0	8000	>15000	900.4			
8.12	废碱液	21.69	3250	>15000		1.9	50.9	
	平均	12.84	5625	>15000	900.4	1.9	50.9	
8.9	水汽提塔排水	7.04	11.9	116	27.79			85
8.12	水汽提塔排水	6.5	3.6	38	23.09			167
	平均	6.77	7.75	77	5.44			126

③ 污水预处理系统　丁辛醇车间设有污水预处理系统，共分两套装置，称为 11 线与 12 线。

ⓐ 11 线　11 线污水处理装置是 1976 年丁辛醇装置投产后建设的 1 套中和隔油装置。该装置设计处理能力为 38 m^3/h，共由 10 个池子相连组成。车间各装置污水首先经地漏进入调节池均化，而后由泵提升到配水池进入斜管隔油池。浮油进入集油池装桶外售，水进入集水池后加酸中和，然后进入脱有机物池用蒸汽加热，再流经配水池进入滤池，上层浮油进入集油池装桶或回流至调节池，下层水进入中和池调节 pH 值后排放。

类比调查期间，对 11 线出水进行了 4 次检测，结果见表 I −8。

表 I −8 丁辛醇车间废水监测结果（11 线出水）　　mg/L（pH 除外）

时间	pH	油	S^{2-}	COD	SS	NH_3-N	BOD_5	总盐	BAL	$n-BuOH$	$i-BuOH$	EPA	2−EH
8.9	9.05	270	0.17	1957	28	72.8		227					80.8
8.12	9.13	120	0.15	671	78	97.1	274.1	140	23.9	25.3	5.9	38.7	80.8
8.20	10.57	380	0.48	5628	33	82.8		1323	13.3	61.4	8.8		155.5
8.21	8.93	170	0.59	2117	9	83.1		4833	25.6	230.8	15.0		96.3
平均	9.42	235	0.35	2593	37	83.9	274.1	1630	20.6	105.8	9.9	38.7	110.9

调查中了解到，在未建此装置前，总厂污水处理装置受到本车间排水冲击，建 11 线以后，污水处理厂运行正常，基本上不受本车间排水的影响。

ⓑ 12 线　12 线污水处理装置是该厂 1990 年初设计建成的一套废碱液浓缩回收系统，其目的是回用废碱液，设计处理能力 200 m^3/h。缩合废水经预热后进入污水处理塔。在塔

内，轻组分由塔顶进入回流罐，上层溢流进入 11 线除油，下层回流至塔内；塔底重组分进入再沸器后一部分回至塔内，一部分由再沸器底部流回缩合系统。这一部分碱液浓度可由原来的 1.8%～2.0% 浓缩至 5.29%～8.02%。回流罐上层溢流液 COD 由 $(3～4) \times 10^4$ 降至 $(0.4～0.6) \times 10^4$。丁辛醇车间于 1990 年 5 月曾开车试运行，数据见表 I-9 所示。

表 I-9　丁辛醇车间 12 线进出口 COD 值

进口 COD（mg/L）	31 636	34 040	34 441	32 509	47 057	平均 35 937
出口 COD（mg/L）	3 881	5 006	5 006	5 206	6 748	5 169
去除率（%）	87.7	85.3	85.5	84.0	85.6	85.6

由于浓缩后碱液中含有较多的高聚物，进入缩合反应系统可能会产生影响产品质量的物质，因此未正常使用，现停置。

废水调查结果分析如下：

① 水量在类比调查结果与设计上有着一定的差别，从设计中计算，设计水量为 7.0 m^3/h，而调查结果发现实际水量达 30 m^3/h 左右。而从工艺角度分析，设计中的各项排水点的排水量并没有增加，可见多出的水量来自于其他位置。在实际操作中发现水量增加原因为：

ⓐ 加氢反应器循环冷却水部分排放，该部分水量较大，无计量，直排 11 线。

ⓑ 设计中去循环水系统的合成气洗涤塔洗涤水，直排 11 线，设计水量为 2 m^3/h。

ⓒ 各种检验、监测取样点冷却水。

ⓓ 泵房开停泵导淋水排放。

ⓔ 车间的生活污水。

ⓕ 装置内未调查到的其他废水排放。

在大庆石化二厂水汽车间污水处理场的调查中，该厂技术人员称丁辛醇车间排水量为 30～35 m^3/h。

② 水质状况在类比调查与设计中亦存在一定差别。

ⓐ 对于合成气装置，废物收集罐内由于氨应呈碱性，与设计相吻合；硫化物含量较设计要少得多，仅为设计的 20%；氰化物含量也较设计数据低；COD 值依设计计算达 1400×10^{-6}，而实际小于 500 mg/L；As 含量较小；其他污染物含量也呈较低的水平。因此，可以看出，这套由美国德士古公司提供技术的制气装置，不仅很好地解决了炭黑回收的环境问题，且其他污染物排放亦较少，至少从环境角度看不失为一套成熟可靠的制气装置。

ⓑ 对于丁辛醇装置，产生于缩合反应器层析器的废碱溶液，其污染物排放与设计数据相差较远，成为该装置的最大污染源。分析简单的设计数据与类比调查的监测结果，以 COD 差别最大。实际数据中，COD 大于 15 000 mg/L，在 35 000 mg/L 左右，是设计数据 900 mg/L 的 3.9 倍。

ⓒ 水质差别最大处为丁辛醇车间总排水口即 11 线出口。对应于实际监测的各装置的排水口污水水量与水质，在经过 11 线的隔油中和后其总排水污染物水平仍较高，甚至大于设计数据中各水量完全混合后的数据。实测中，pH 值平均为 9.42，至少可以说明中和效果不好，实际上，由于设计及管理问题，中和设施可能未用。COD 平均高达 2593 mg/

L，油含量也高达 235 mg/L，尤其是丁醛＋辛烯醛之和达 59.6 mg/L，丁醇含量为 82.4 mg/L，辛醇含量为 110.9 mg/L，均与设计数据差距甚大。

综上所述，本次对大庆石化公司化工二厂丁辛醇车间类比调查工作做得比较详细，取得了一定的资料。这对北京化工四厂拟建工程的环境评价工作有较好的参考作用，但亦发现了不少的问题，如水量、水质的资料仍不是很详细，来源不清。在以后的工作中需再做调查分析。

（二）治理措施评述

1. 废水治理措施

（1）拟建工程废水治理措施的特点

丁辛醇生产废水的特点是生产丁醇时产生的废水比较容易处理，属一般化工污水，但生产辛醇时产生的废水为高浓度有机废水，此种废水对生化处理装置有较强的冲击性。其原因是，生产辛醇时有层析器废碱液排放。此股水为缩合反应中产生的工艺水，水中含有大量的中间产物，pH 值约 13 左右，含油 3 000 mg/L；设计中 COD 取 9 820 mg/L，经中和后含盐浓度 12 000 mg/L。由于此股水的影响，预处理装置入口废水中含油 1 400 ～ 1 500 mg/L。对此股废水，设计中拟在装置内进行中和、隔油、浮选等预处理。

根据丁辛醇生产废水的特点，设计中采用了如下的治理方法：进入预处理装置的废水有层析器废碱液和水汽提塔排水，废碱液含油 3 000 mg/L、含醛 2 000 mg/L，先经中和以降低水中物料的溶解度，再进行隔油、浮选去除水中的油类。水汽提塔排水含油 12 mg/L，当运行不正常时可能有物料泄漏，故需进行预处理。此两股废水混合后预处理水量 2.9 ～ 4.0 m³/h。预处理装置的进出水质见表 I － 10。

表 I － 10　预处理装置进、出水质　　　　　　　　　mg/L（pH 除外）

项　　目		COD$_{Cr}$	BOD$_5$	pH	石油类	醇类	醛
进水	一般量	4 885	2 443	6.5 ～ 8.5	1 454	51.7	966
	最大量	5 050	2 525	6.5 ～ 8.5	1 506	50	1 000
出水	一般量	4 397	2 198	6.5 ～ 8.5	145.4	51.7	773
	最大量	4 545	2 273	6.5 ～ 8.5	150.6	50	800

废水经预处理后出水入二级生化处理装置。当排水中 COD 过高、物料泄漏及停车检修时的排水进入事故池储存后缓慢进入预处理装置。

（2）对设计中废水治理方法的评述

含油废水处理流程是近 40 年逐步发展形成的，初期只是使用重力式隔油池，到 20 世纪 60 年代，发展成隔油→浮选→生化处理的“老三套”工艺。目前，活性炭吸附已成为石油化工废水深度处理的主要手段。

设计中考虑到废水特性，采用完全混合式活性污泥法后接接触氧化法，若经处理后 COD 高于 60 mg/L，即采用活性炭吸附。

生产丁辛醇时，正常情况下，进入污水场的水量为 25.8 ～ 47 m³/h，进水水质 COD 900 mg/L，BOD 446 mg/L，矿物油 52 mg/L。经生化处理、活性炭吸附后，排水中 COD 降到 60 mg/L，BOD 为 22 mg/L，矿物油 8 mg/L。

生产丁醇时，没有层析器废碱液排放，污水场进水水质 COD 为 444 mg/L，BOD 为 211 mg/L，经二级生化处理后合格水质经加 Cl_2 消毒去除水中残留微生物后排放。如 COD 高于 60 mg/L 时，出水经活性炭吸附后排放。

本装置拟自国外引进关键设备和技术，经处理后的水质可符合新建工程污水排放标准。

① 设计中采用的流程与目前国内石油化工废水采用的技术基本是一致的，在生化处理不受冲击的前提下能达到预期的处理效果。

② 本次评价赴大庆石化二厂对丁辛醇装置进行类比调查的内容之一，是将装置总排水稀释后在室温下进行静态实验，了解降解的难易。5 日后，辛醇与丁醇的去除率分别为 46% 和 60%。由此得出，丁辛醇废水的可生化性较强。

③ 污水处理场的设计规模为 75 m³/h，为设计水量中一般量的 3 倍，为最大量的 1.6 倍。

据对大庆石化二厂与齐鲁石化总厂两套装置的调查，大庆石化二厂丁辛醇装置排水量为 30～35 m³/h，实际排水量为设计水量的 3～4 倍，排水量大的原因是重复利用率低，部分水质很好、应回用的冷凝水也直接排放了。齐鲁石化总厂丁辛醇装置设计水量为 22～23 m³/h，实际排水量为 20～30 m³/h，实际排水量与设计水量差别不大。本装置设计排水量为 12.9～28.5 m³/h，因工艺较齐鲁又有所改进，所以可以认为实际排水量一般不会超过齐鲁丁辛醇装置的排水量，设计水量与实际排水量较接近，生产中的废水排放量不会超过污水场处理能力，但余量不大，当处理事故排放的高浓度废水时则显得能力不足。解决的方法，一是增加调节能力，二是加强预处理手段，降低污水场入水中 COD 的浓度。

④ 设计中给出的工艺排放数据与赴大庆类比测试和齐鲁石化总厂调查得到的数据基本吻合，了解到层析器废碱液比较难处理，这两套装置都未很好解决。齐鲁石化总厂是将废碱液经中和、隔油后排放，辛醇生产时，废碱液中和后 COD < 15 000 mg/L，其他生产废水 COD 平均小于 200 mg/L；生产丁醇时总排水 COD 平均值小于 100 mg/L。大庆石化二厂设有一套废碱液回收装置，但未使用，废碱液中含醛浓度过高时会影响微生物的生长。在大庆石化二厂了解到，该装置废碱液未经中和，直接进入隔油池，在开车阶段和事故排放时有高浓度废水排放，装置总排水中 COD > 10 000 mg/L。本设计中应对这一问题加以足够的重视。尤其当丁醇生产转为辛醇生产时，废水中 COD 浓度变化较大，对微生物有较大影响。COD 的变化使微生物要有一适应过程，1 周之内污染物的去除率将有所降低，估计去除率维持在 50%～60%，1 周后可恢复正常。丁辛醇装置每年从丁醇生产转为辛醇生产平均为 4 次。约有 30 天的时间，活性炭吸附装置要接纳较高浓度的废水，此时活性炭再生系统如果运行不正常，或再生不及时，将会造成严重的超标排放。

设计中对于产品转换时的排水水质变化如果考虑不足，则存在超标排放的隐患，因此应对废碱液进行深度处理。辛醇生产时降低污水装置入水水中 COD 的负荷，使产品的切换不影响污水处理装置。

2. 废气治理措施

（1）废气治理措施简述

造气装置的废气和丁辛醇装置部分废气均送入火炬燃烧处理。拟建火炬高 80 m。

各种原料罐、中间贮槽及成品罐均加氮封，防止有机物泄漏。

热电站锅炉烟尘拟采用双筒喷淋式水膜除尘器除尘，烟尘去除率95%，SO_2去除率15%，经治理后，排放烟气中各种污染物均达到排放标准。煤堆场及转运站安装袋式集尘器。

（2）对废气治理措施的评述

设计所采取的废气治理措施是必要的，技术上是可行的，经治理后排放的废气，均符合北京市废气排放标准。在大庆石化二厂看到丁辛醇的火炬燃烧状况良好，目测基本上看不到火焰，在红外监测器中可看到燃烧情况，可认为有机物燃烧比较彻底。

四、预测评价结论

类比调查、测试结果表明，丁辛醇装置正常生产状况下，臭气主要来自罐区、隔油池等低架排放源，而生产装置区臭气强度较低。当风速为 1～2 m/s 情况下，臭气影响范围为 200 m。北京化工四厂与最近的居民点马各庄相距 350 m，当地年平均风速为 2.1 m/s，如果按大庆石化二厂丁辛醇装置臭气现状类比，预计丁辛醇装置在正常生产情况下所产生的臭气对附近居民影响不大。

目前，北京化工四厂生产工艺落后，设备陈旧，污染物防治措施不完备，致使厂区内外环境受到较严重的污染，使当地环境质量较差。拟建的丁辛醇工程采用先进的技术路线，对其排放的废水如能采用三级处理设施，确保出水指标达到北京市水污染物排放标准；排放废水绕过苏村、夏村水源地并切实落实控制污染地下水其他各项措施；对贮槽、喷射泵放空等直排大气的污染源及无组织泄漏源采取切实有效的治理措施；严格控制丁醇、辛醇、丙烷等有机污染物的排放量及臭气强度，使污染物排放总量不超过现状。本工程在此地建设，从环境角度考虑基本可行。

五、小结

本评价的特点是注重类比调查测试，不仅通过类比调查测试验证污染源数据，而且也确定对环境的影响范围，例如恶臭影响范围。

类比调查是一种可靠的评价方法，结果直观，能直接说明问题，但要具备一定条件，即工程要有可比性，污染物质要有独特性。

实例 Ⅱ　广大制药厂环境影响评价*

一、项目简介

（一）项目建设的意义

北京市新技术产业开发试验区昌平园区（以下简称昌平科技园区）成立于 1991 年 11 月 9 日，1994 年 4 月 25 日被国家科委批准为国家级高新技术产业开发区。昌平科技园区的招商重点是发展生物工程、新医药、电子信息、新材料等高新技术产业。昌平科技园区隶属于北京中关村科技园区。中关村科技园区的规划建设对加快科技成果和创新知识的产业化，把丰富的智力资源转化为强大的生产力，对北京市调整产业结构，加快经济和社会发展具有重大意义。北京广大制药厂生产基地拟建于"昌平科技园区"的二期用地范围内。

---

* 摘自北京市环境保护科学院编. 环境影响评价典型实例. 北京：化学工业出版社. 2002

（二）工程基本情况

1. 建筑概况

项目总占地 43.5 亩，约 29 000 m²，东西长 165 m，南北宽 175 m。

总建筑面积 26 014 m²，其中生产厂房 17 375 m²，科研办公生活综合楼 7 420 m²，动力站建筑面积 1 075 m²，绿化花房 135 m²，门房两个各 21 m²。

生产厂房按药品生产"GMP"要求进行设计。

2. 产品名称和剂型

生产基地主要产品及生产规模见表 Ⅱ-1 所示。

表 Ⅱ-1 生产基地主要产品及生产规模

剂 型	产品名称	年产量（t/a）	包装数额
丸 剂（80t/a）	朝阳大蜜丸 朝阳水蜜丸 固肾安胎丸（小蜜丸） 益肾丸（水蜜丸）	8.0 32 8.0 32	约 267 万丸，26.7 万盒 约 1600 万袋，160 万盒 约 133 万袋 13.3 万盒 约 533 万袋 53.3 万盒
胶囊剂（30 t/a）	朝阳丹硬胶囊 益气增乳胶囊 其他胶囊	2.0 6.0 22.0	约 476.2 万粒，23.8 万盒 2000 万粒，100 万盒 7300 万粒，360 万盒
颗粒剂（200 t/a）	柴贯解热颗粒 其他颗粒剂	100 100	1000 万袋，100 万盒 1000 万袋，100 万盒
片 剂	待定	约 30	约 1 亿片
茶 剂	待定	约 3.0	约 60 万袋
合 计		343	

3. 设备生产能力

（1）中药前处理生产能力 设计年处理中药 2000 t，其中包括洗药、裁切、烘干、蒸煮、灭菌、打粉、炒药各生产工段。

（2）中药提取生产能力 中药提取年生产能力为 2000 t，提取浸提包括水提、醇提及蒸发浓缩、喷雾干燥生产线。

（3）中药制丸生产能力 年生产大蜜丸 2000 万粒、小蜜丸 1600 万袋，可同时进行 3～4 个品种生产。

（4）固体制剂生产能力 年产量（单班）2.1 亿粒、片，可同时生产颗粒冲剂、片剂糖衣、硬胶囊。

4. 全厂综合技术指标

全厂综合技术经济指标见表 Ⅱ-2 所示。

表Ⅱ-2　全厂综合技术经济指标

序号	指标名称	计算单位	设计指标	序号	指标名称	计算单位	设计指标
1	建筑面积	m²	26014	6	原材料	t/a	2189
2	厂区占地面积	m²	29021.6		水	m³/h	75.5
3	建筑系数	%	27.7		电	kW	4206
4	设计产品规模	t/a	343		蒸汽	t/h	15.8
5	全厂定员	人	237	7	建设投资	万元	11139.88

5. 全厂主要生产设备

药品生产工艺中所用设备近300余台、件，现将体现规模和水平的主要设备列表说明，见表Ⅱ-3。

表Ⅱ-3　全厂主要设备一览表

序号	设备名称	型号、规格	数量
1	蘑菇型多能提取罐	TQW-V4	3
2	蘑菇型多能提取罐	TQW-V3	4
3	单效外循环浓缩锅	XQZ-1000	2
4	外循环浓缩锅	EWN-1000	3
5	直筒式多能提取罐	TQW-V	1
6	减压真空浓缩装置		
7	减压蒸馏罐	$Q=2000$ L	2
8	板框压滤机	$Q=3$ t/h 400×400	2
9	大孔树脂吸附柱	Dg 600×2200	4
10	加热条	$Q=1000$ L，$p=0.1\sim0.3$ MPa	1
11	分馏塔	Dg 300×6000	1
12	高速离心喷雾干燥机	LPG-150	1
13	组合式粉碎机	FH-400	2
14	大蜜丸制丸机	DMW-1，7000～49000 丸/h	1
15	小蜜丸制丸机	NS-1，60～100 μg/h	1
16	糖衣机	BTZ-1000，50～70 kg/次	6

序号	设备名称	型号、规格	数量
17	小丸分筛机	SWF320	1
18	粉碎机	TGF - 200	3
19	三维运动高效混合机	SGH - 600、850	各1台
20	干式制粒机	GZ - 80, 30 ～ 80 kg/h	5
21	全自动胶囊充填机	NFP - 800, 800 粒/min	2
22	胶囊磨光机	PGJ - 100, 1 200 ～ 2 000 粒/min	2
23	药品包装生产线	DHPB, 240 次/min	2
24	高效包衣机	BGB - 150E, 150kg/批	1
25	旋转式压片机	EPW - 21, 15 000 ～ 45 000 片/h	1
26	自动包装机	DEDK80D, 55 ～ 80 袋/min	3

（三）周边环境

拟建广大制药厂位于北京市昌平科技园区二期工程用地范围内，昌平科技园区二期规划范围内包括昌平镇的凉水河、山峡、化庄3个村庄及白浮村的部分土地，占地为195.78 ha，农村总人口为1 700人，总户数700余户；另外，北京市第二毛纺厂宿舍居民有150 ～ 160 户，约450人。土地现状以农田和空地为主，现有建筑多为平房。

（四）工程污染源分析

1. 大气污染源分析

拟建中药厂不自建锅炉房，采暖用热及生产用蒸汽由昌平科技园区供给，该厂排放的废气主要来自生产工艺，主要是粉尘、乙醇及中草药气味。废气排放情况见表Ⅱ -4，粉尘排放情况见表Ⅱ -5。

表Ⅱ -4　拟建厂废气排放情况

序号	排放地点	污染物类别	排放方式	序号	排放地点	污染物类别	排放方式
1	粉碎机房	粉尘	连续	9	包衣间	乙醇	间歇
2	糖衣机	粉尘	间歇	10	提取工序	乙醇、中药气味	连续
3	粉碎配料	粉尘	间歇	11	树脂脱吸	乙醇	间歇
4	粉碎过筛	粉尘	间歇	12	乙醇回收塔装置	乙醇	间歇
5	干式造粒机	粉尘	间歇	13	浓缩工序	乙醇、中药气味	连续
6	旋转振动筛	粉尘	间歇	14	醇沉	乙醇	间歇
7	旋转式压片机	粉尘	间歇	15	减压真空浓缩	乙醇	连续
8	高效包衣机	粉尘	间歇	16	小试区	乙醇、中药气味	间歇

表Ⅱ-5　拟建厂粉尘排放情况

序号	排放地点	设备	除尘器		排放浓度（mg/m³）	排放高度（m）	排风量（m³/h）	排放速率（kg/h）
			型号	效率/%				
1	粉碎间	组合式粉碎机×2台	旋风布袋二级除尘	99	0.78～37.3	6.5	1500	0.02856
2	粉碎配料间	粉碎机 旋涡振动筛	DFT	99	5.51	22.5	1269	0.00699
3	制丸间	糖衣机	DFT	99	4～5.2	22.5	3402	0.01565
4	粉碎过筛间	粉碎机 旋涡振动筛	DFT	99	5.51	22.5	1269	0.00699
5	干压制粒间1	干压制粒机 旋涡振动筛	DFT	99	7.7	22.5	1196	0.00921
6	干压制粒间2	干压制粒机 旋涡振动筛	DFT	99	7.7	22.5	951	0.00732
7	压片间	旋转压片机×2台	DFT	99	4～4.7	22.5	2100	0.00914
8	包衣间及机房	高效包衣机	设备自带	95	2.7～5	22.5	3000	0.01155
9	合　计							0.9541

在中药提取工艺、树脂脱吸、乙醇回收装置、醇沉及真空浓缩等工序均有乙醇气味，但由于采取了密闭装置，乙醇挥发量不大，据类比厂调查，车间外下风向 10 m 处环境中乙醇浓度约 0.46 mg/m³，低于国家标准（周界外浓度最高点 4.0 mg/m³），对人体健康影响不大。

2. 废水污染源分析

（1）废水排放量

全厂用、排水量的平衡情况见图Ⅱ-1。

由平衡图可以看出，拟建厂每天排放污水 276.52 t/d，其中生产废水 203.2 t/d，生活污水（含淋浴污水）73.32 t/d。

生产废水大部分进污水处理站进行二级生化处理后排放，只有纯化水车间再生渗透膜时排放的 28.4 t/d 含有少量盐的废水直接排往园区雨水管网。

生活污水的厕所污水先经化粪池处理，食堂废水先经隔油处理后再进污水处理站处理，达标后排放。

（2）排放废水水质

为了解生产工艺中排放的废水水质，对生产工艺废水进行了采样分析。由于柴贯解热颗粒和益气增乳胶囊两种药品还处在小试阶段，尚未达到规模生产阶段，水样的分析结果仅供参考，由于其水样中碱和乙醇含量很高，致使 COD$_{Cr}$、BOD$_5$ 数据偏高，如在生产线生产时，乙醇要回收应用，COD$_{Cr}$、BOD$_5$ 的含量将会下降。采样分析结果见表Ⅱ-6。

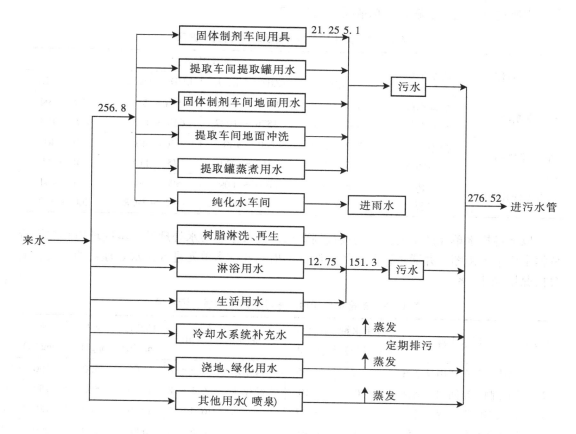

图Ⅱ-1　全厂用、排水量(t/d) 平衡图

表Ⅱ-6　工艺排水采样监测水质

mg/L

	项　　目	COD$_{Cr}$	BOD$_5$	TDS	色度(倍)	SS
治理前	醇沉分离水	3.9×10^4	3.2×10^4	2.34×10^4	$8 \sim 10$	
	醇沉	1.16×10^6	8.13×10^5	6.55×10^4	1500	
	药液滤后液1	2.84×10^4	1.62×10^4	2.38×10^4	8500	
	药液滤后液2	2.61×10^4	1.63×10^4	2.48×10^4	704	
	2%碱酒精清洗液	1.43×10^7	1.12×10^7	1.99×10^4		
	2%酸酒精清洗液	1.37×10^7	1.02×10^7	445		
	水清洗液	3.26×10^4	2.4×10^4	396		
	生活污水	300	150	500		300
要求治理后污水排放水质		60	20	800	50	50

　　由于拟建项目无论是在生产过程中各种生产工艺中产生的废水，还是车间、设备等的冲洗废水，虽然水量不同、水质不同，但均是经每一车间(生产单元)的排水管统一排入拟建污水处理站，经处理后排入科技园区污水管。车间排水水质是各种单元产生废水混合后的混合水水质。为了解各车间排水情况，本次环境影响评价对生产规模、工艺类似的中

药厂水质进行了调查了解，汇总情况见表Ⅱ-7。

表Ⅱ-7 类比厂各排水单元水质调查一览表

单位名称	废水来源	污染物名称			
		pH	COD$_{Cr}$（mg/L）	BOD$_5$（mg/L）	SS（mg/L）
同仁堂制药二厂	提取车间	6.5～7.8	1446～1850	594～950	139～194
	提取车间	6.4～7.9	1576～1927	639～1123	126～184
同仁堂制药厂	公用工程	7.0～8.0	60～100	20～40	30～40
	生活污水	6.5～7.5	160～230	75～110	100～150
崇光饮片厂	洗药	6.5～6.8	1065～1098	594～603	235～241
	泡药	5.5～6.5	2156～8000	1172～3938	200～450

以上各排水单元产生的污水均按规划要求，进入拟建污水处理站。本次环境影响评价依据全厂水平衡图，并通过监测、类比调查给出了各排水单元进入污水处理站的水质。汇总情况见表Ⅱ-8。

表Ⅱ-8 各排水单元污水来源、污水水质、污水量

序号	污水来源	日用水量（m³/d）	污水量（m³/d）	备注	pH	COD$_{Cr}$（mg/L）	BOD$_5$（mg/L）	SS（mg/L）
1	固体制剂车间用具清洗	25.0	21.25	自来水	6.5～8	1400	500	150
2	固体制剂车间用具清洗	6.0	5.10	纯化水	6.5～8	1500	500	150
3	提取车间提取罐冲洗	45.0	38.25		6.5～9	1500	800	180
4	固体制剂车间地面清洗	2.0	1.70		6.5～8	600	200	200
5	提取罐地面冲洗	10.0	8.50		6.5～8	600	200	200
6	益气增乳提取罐蒸煮用水	61.2	50.40	需要考虑单独预处理	6～9	2.8×10⁴	1.6×10⁴	
7	淋浴用水	15.0	12.75					
8	生活用水	71.3	60.57			300	150	300
9	益气增乳提取工段大空树脂	78.0	78.00	需要考虑单独预处理	6～9	1.4×10⁷	1.1×10⁷	
10	冷却系统补充用水	161.5		直排				
11	浇洒道路及绿化用水	46.7		蒸发				
12	喷泉补水	5.0		蒸发				
13	纯化水制备废水	28.40		直排				
14	制药用水	1.20		入药				
15	药渣含水	10.80		运走				
用水量估算		567.06						
排水量与排水水质			276.52	入园区污水管	6.5～8	60	20	

二、评价思路

（一）项目特点与评价重点

本项目为中药生产，是对中药材进行加工而后制成中成药。根据中成药生产的特点，其污染主要表现在水污染、粉尘污染和噪声污染。特别是在水污染方面，中药生产用水量大，水中污染物浓度高，故本次评价的重点是水污染影响及污染防治措施评述。

中药厂环境影响评价工作的重点是应交待出拟建项目的污水处理工艺选择的合理性与可行性分析；计算各污染物的削减历程，计算污水处理的投资费用；给出污水处理的初步设计方案。最后通过水平衡计算、物料衡算等工作计算污染源强；通过清洁生产工艺分析，给出水重复利用的方式与途径，论证有些设计工艺的环保不合理性。

（二）评价技术路线

该项目环境污染类型属中药制剂类型，建设内容为在已建成的开发区内建设新医药厂房。本次环境影响评价技术路线是在建设项目工程分析的基础上，确定工程污染源和源强，进而进行大气环境、水环境的影响评价，并提出污染防治对策、环境保护治理设施、环境监管计划，对当地环境质量是否能满足建设项目的环境要求进行分析。

三、预测评价

（一）污水处理方案

广大制药厂新建生产基地的设计单位并未给出污水处理站的设计处理方案。基于必须做到达标排放的考虑，提供以下污水处理方案，供建设单位参考使用。

广大制药厂生产设施建成以后，废水排水量（包括生产废水和生活污水）约为 280 m^3/d，考虑到水量预测中可能的误差，本工程设计水量定为 300 m^3/d。

从废水的水量来看，本工程属小型工业废水处理设施。废水主要来自中药制剂的生产过程，同时每日的处理量中约有 80 m^3 为生活污水，因此废水中的污染物以有机物为主，属典型的有机型工业废水，可生化性较好，适合进行生化处理。

广大制药厂废水处理出水，近期拟排入开发区管网后排入地表水体，根据排放标准的要求，出水水质必须达到排入二级水体的要求。在远期，当开发区地下污水管网及城市污水处理厂建成后，处理出水拟排入城市污水处理厂进行合并处理，出水水质要求将有所放宽。

1. 工艺选择

结合本工程的实际情况，本方案选择的生化处理工艺为延时曝气活性污泥法。虽然延时曝气是一种相对传统的工艺，但是这一方法在诸多方面与本工程的实际要求相吻合。

本工程所采用的延时曝气活性污泥法，是在传统推流式活性污泥法的基础上，通过延长曝气时间，控制曝气池尾段微生物生长在内源呼吸阶段，保持其活性，从而使其在被回流入曝气池始端时，能发挥强有力的对有机物的氧化分解作用。

延时曝气活性污泥法主要有以下一些优势，这些优势较好地适应了本工程的要求，这就是选择这种工艺的理由。

① 延时曝气法的有机物去除率有保证。曝气时间的延长使推流曝气池末端的微生物处于贫营养状态，这一方面有利于保证出水质量，另一方面，当饥饿的微生物被引入曝气池始端时，其吸附和降解的能力很强，能在较短时间内大幅度削减有机物，并且在曝气池的中段重新开始进入缺营养的状态，形成一种良性循环。

② 延时曝气法运行管理简单方便。在系统建成后，经调试进入正常运转状态，维护的工作量很小，日常运行中不用对系统进行经常性调整。

③ 延时曝气法运转可靠性高。系统的各个运行参数一经确定，在长时期内无需做更改（除非水量水质因生产要求而做了大的变动）。此外，延时曝气法的主要设备只有回流污泥泵和曝气系统，曝气器将选用防止堵塞、质量可靠的橡胶膜中微孔曝气器，故障频率小，回流污泥泵和鼓风机均有备用，因此不会因设备原因影响系统的正常运行。

④ 延时曝气法可以用简单实用的方式实现系统的自动化，既做到了自动化和无人看守，又不影响系统的可靠性，降低了劳动强度和工作量。

⑤ 延时曝气沿袭了传统活性污泥法的操作方式，只是在反应时间、池型布置、有机负荷等方面做了必要的改进，因此传统活性污泥法的多数设计和运转经验都可适用于延时曝气系统，而丰富的设计运转经验正是活性污泥法多年以来在废水处理中发挥主导作用的最重要的原因。

⑥ 延时曝气法由于采用了较长的曝气时间，污泥在曝气池中达到了部分好氧消化，因此剩余污泥产量小。当然，延时曝气法也有弱点，如系统对进水冲击负荷的适应能力不强。在设计中将针对这一点采取相应的措施，一是在生化处理之前设置调节池，调节时间8h（每一生产班的水量），使曝气池进水在水质和水量上尽量均匀；二是在曝气池的设计上增加运转的灵活性，使进水和回流污泥可以从不同的点进入曝气池。这样，曝气池既可以传统的方式运行，也可以按多点进水和吸附再生的方式运行，还可以将池的始端作为生物选择池，优化污泥的性能。

活性污泥系统的另一个主要缺陷是运转过程中有时会发生污泥膨胀，但本工程在设计中将给出避免膨胀的有效措施，运转中将不会出现这一类问题。

生化处理过程中将会产生剩余污泥，由于本工程规模很小，如果采用传统的浓缩脱水工艺进行处置，会大量增加工程投资，这是没有必要的。本工程中采用了延时曝气活性污泥法，剩余污泥产量很小，因此可以由环卫部门的卫生车定期将剩余污泥抽走进行集中处理。

由于废水中有一部分有机污染物是难以生物降解的，而本工程对出水 COD 有很高的要求，为了确保出水达标，拟在生化处理之后设置物化－生化联合的后处理工艺。后处理工艺采用生物活性炭法，利用活性炭吸附和生物再生的机理将残余的一些难降解有机物去除。生物活性炭的主要处理设施为炭滤池及反冲洗系统。在远期，当对处理出水的要求有所降低时，生物活性炭后处理工艺可以停止运行，仅靠活性污泥工艺便可以使出水达标。

根据工艺选择的结果，本工程拟采用的单元处理工艺包括格栅和格网，调节延时曝气活性污泥、生物炭等。

2. 关于益气增乳胶囊生产废水处理的几点说明

广大制药厂拟采用"大空树脂提取"的工艺生产益气增乳胶囊，由于该工艺提取率低，大量原料药以污染物的形式排入废水中，造成废水污染强度极大。

益气增乳胶囊生产废水中污染物含量与其他生产和生活废水中污染物含量的对比见表Ⅱ－9。从表中可以看出，将 1 L 益气增乳胶囊废水中的有机物完全氧化需要 8.5 kg 的氧气，而 1 L 水本身的重量只有 1 kg，由此可见有机物浓度极高。其他废水中有机污染物的浓度比益气增乳胶囊废水中低 4 个数量级，因此从污染物的水平上讲，如果拟建项目准备生产益气增乳胶囊，则建立污水处理站，主要是对益气增乳胶囊废水的处理。

表 Ⅱ - 9　污水处理站进水水质处理

序号	废水来源	水量（m³/d）	pH	COD$_{cr}$（mg/L）	BOD$_5$（mg/L）	SS（mg/L）	色度（倍）
1	提取罐蒸煮用水	50.40	6.0～9.0	2.8×10^4	1.6×10^4		850
2	大空树脂水洗	78.00	6.0～9.0	1.4×10^7	1.1×10^7		700
3	益气增乳胶囊废水的合计水量（平均水质）	128.40	6.0～9.0	8.5×10^6	6.7×10^6		780
4	其他生产生活废水	148.12	6.0～8.0	821	379	227	
5	总计水量（平均水质）	276.52	6.0～8.5	4.0×10^6	3.1×10^6	122	400

　　关于益气增乳胶囊生产废水的处理工艺，由于益气增乳胶囊生产废水的 BOD 与 COD 的比值达到 0.79，可生化性很好，因此无论从技术还是经济的角度，采用生化法都应该是最佳的。考虑到原水浓度极高，为了降低处理费用，可采用三级厌氧加好氧的工艺。为了使出水 COD 降低到 60 mg/L 以下，在好氧处理之后再辅以物化处理。废水处理工艺及 COD 去除历程如下：

　　原水（COD = 8.5×10^6）→一级厌氧（去除率 95%，COD = 4.3×10^5）→二级厌氧（去除率 85%，COD = 6.5×10^4）→三级厌氧（去除率 70%，COD = 2.0×10^4）→好氧（去除率 90%，COD = 2000）→臭氧氧化（去除率 50%，COD = 1000）→一级活性炭吸附（去除率 80%，COD = 200）→二级活性炭吸附（去除率 75%，COD = 50）→外排

　　在上述流程中，三级厌氧处理均只针对益气增乳胶囊生产废水，为高浓度废水的预处理措施。而进入好氧处理流程后，可与其他生产和生活废水进行合并处理。这样，就要求在生产设施和厂区地下污水管道的设计中，应该将益气增乳胶囊废水单独敷设管道引入废水处理站。

　　值得说明的是，鉴于益气增乳胶囊生产废水的污染物浓度极大，为了确保废水处理设施建设成功并达到设计要求，必须在设计之前先做小试，验证处理方法的可靠性并寻找最佳工艺参数。

　　益气增乳胶囊废水的处理不仅在技术上有一定难度，而更主要的困难却是在经济方面。

　　益气增乳胶囊废水处理的设计流量按 130 m³/d 计，三级厌氧处理的容积负荷分别可取为 50 kg COD/（m³·d）、30 kg COD/（m³·d）、10 kg COD/（m³·d），则厌氧处理构筑物（钢筋混凝土水池）的总容积应有 23 150 m³；混合废水的设计流量为 300 m³/d，好氧处理容积负荷取 1.0 kg COD/（m³·d），则好氧处理构筑物的容积为 2700 m³。再加上其他构筑物（如集水池、调节池、沉淀池等），则整个废水处理站的水池总容积约为 26 000 m³，占地面积高达 5300 m²。土建投资约 400 万元，设备投资 200 万元，总投资 600 万元。预计每 1 m³ 废水的处理运行费用为 3 元。

如果没有益气增乳胶囊生产废水，厂内其他生产和生活废水的设计处理流量按 200 m^3/d 计，原水 COD 按 1 000 mg/L 计，处理出水的 COD 降低至 60 mg/L，则废水处理站的总投资（含土建和设备）约为 70 万元，处理费用可控制在 1.0 元/m^3 废水以下，处理站占地面积仅为 12 m × 6 m = 72 m^2。

故从技术上看，无论处理工艺还是生产工艺，都应进一步加以论证，建设单位不要急于选定该项目。从经济上看，如果没有益气增乳胶囊或"大空树脂提取"的工艺生产的中药，污水处理站的建设有显著的环境经济效益，而如果污水处理站接入"大空树脂提取"的工艺生产废水，则投资回报效益太差。

（二）废水排放时对昌平科技园区环境影响预测

1. 废水污染物排放总量对科技园区的影响预测

拟建厂排放废水几乎全部进厂内污水处理站进行二级生化处理，处理后达到《北京市水污染物排入标准》中排入地表水二级（新建单位）标准限值，即 COD 60 mg/L、BOD_5 20 mg/L、SS 50 mg/L、TDS 800 mg/L。据此可以估算出该厂建成后日排放污水量约为 276.52 m^3/d，每天排放 COD_{Cr}、BOD_5、TDS、SS 总量分别为 16.59 kg/d、5.53 kg/d、221.22 kg/d、13.83 kg/d。

根据昌平科技园区二期工程废水污染物排放总量预测数据，分析该厂排放废水对科技园区二期工程的影响程度，预测分析结果见表 II −10。

表 II −10　拟建厂排放废水对昌平科技园区的影响预测

项　目	排水量（m^3/d）	COD_{Cr}（kg/d）	BOD_5（kg/d）	SS（kg/d）
园区工业废水	1950	292	146	195
拟建厂排放废水	276.52	16.59	5.53	13.83
拟建厂排放废水占园区工业废水百分比	15.64%	5.68%	3.79%	7.09%

由表中数据可以看出，该厂排放废水量较大，约占园区工业废水排水量的 15.64%；也可看出是耗水量大的单位，二期工程园区工业按日均排水量 43 t/ha 估算，若按此指标，要求拟建厂日排放废水量为 124.7 t（占地 29 000 m^2 计）超出指标 1.45 倍。废水中主要污染物排放量占园区工业废水污染物量的百分比均小于 8%，对园区排放总量影响不大。但本企业用水、排水量大，建设单位应挖掘潜力减少用水、排水量，以达到科技园区对入园企业的要求。

2. 废水排放对科技园区水质影响预测

该厂建成后排放废水汇入科技园区总排放口，对总排污管水质有一定影响。为了预测其影响程度，我们调查了园区现有单位废水排放量及水质，采用完全混合模式预测，计算结果列于表 II −11。

表Ⅱ-11 拟建厂排放废水对昌平科技园区水质影响预测

项　　　目	废水量（m³/d）	COD_cr（kg/d）	BOD₅（kg/d）	SS（kg/d）
园区现有单位废水中污染物浓度	1 089	100～200（平均150）	50～100（平均75）	～100
拟建厂排放废水中污染物浓度	276.52	60	20	50
混合后废水中污染物浓度	1 365.52	131.77	63.86	89.87
混合后增减量	+276.52	-18.23	-11.14	-10.13

从表Ⅱ-11中的数据可以看出，该厂建成后，由于排放废水经二级生化处理达标后排放，水质较好，对园区现有单位排放废水起到稀释作用，使废水中污染物浓度有所降低，起到正效应作用。

四、小结

1. 制药厂的废气污染治理措施

设计中生产粉尘均要有收尘器，经评价后其排放浓度低于标准。建议设计单位提交的设计中排放源要集中排放，不要由分散的小烟囱排放。

建议将排放源（主要指粉碎间排风口）集中在楼顶高架排放，以减少对附近建筑物的影响。

一般中药制药设备均有醇提的工序，在总平面布置中，乙醇回收装置特别要考虑消防问题，要远离各种可能的爆炸源，做好防范风险的措施。

2. 水污染防治措施与对策

污水处理设施的设计与运行情况直接关系到建设项目污水排放是否达标，本次环境影响评价类比调查了北京制药三厂的污水处理设施情况。北京制药三厂污水处理工艺采用生物曝气法，其污水处理设施由市政设计院设计。了解运行情况时发现，该处理场接触氧化池的去除效果不够理想，主要是设计不够完善，在污水入厂前的水调节池中未调节pH值，造成pH值时高时低，有时甚至达到9～10，这样对微生物杀伤性强，影响了去除效果；同时说明该厂药品对微生物有抑制与杀伤作用，故制药废水的可生化性较差。所以，调节pH值在处理制药废水中显得十分重要。本项目也应对此注意，调节池的设立即是针对于此。

3. 建议

制药厂为新扩改建项目，基于可控制的总量核算考虑，建设单位应加装污染物自动（在线）监测系统，及时反映各排放口污染物排放的真实情况，并将采集的数据以有线或无线的方式传送到企业环保部门或上级环保部门。根据需要，本系统可以及时显示和打印出各种数据报表，同时兼有相应的数据库，可以长期储存各项监测数据。

实例Ⅲ　三峡工程对水质的影响评价（简介）*

三峡建坝后，库区的水环境将发生变化，特别是水的流态和流速的变化将改变水环境

---

* 摘自丁桑岚. 环境评价概论. 北京：化学工业出版社，2001

的物理和化学条件，从而影响污染物在水体中的稀释、扩散、降解和转化等净化过程。这些影响究竟有多大，库区及坝下游的水质会不会因建库而恶化，于此将根据多年调查研究的结果就工程对水质的影响进行论述。

一、污染源状况

三峡库区江段有污染源 3000 余个，年排工业废水和生活污水 10 亿 t 左右，排放 50 余种污染物。对库区工业废水、生活污水、城市径流、农田径流和船舶流动污染源调查与等标污染负荷评价，结果表明，库区主要污染源为工业污染源，其次按顺序排列为农田径流、生活污水、城市径流和船舶流动污染源。主要污染物依次是挥发酚、总磷、生化需氧量（BOD）、总氮、石油类化学需氧量（COD）、悬浮物、总汞、硫化物、氰化物、六价铬和砷。

重庆至坝址 600 多公里的干流江段，对水库水质影响较大的是重庆、涪陵、万县等沿江城市，特别是直接入江排污口。其中重庆（三峡库区最大的污染源）、涪陵和万县 3 个城市的污染物及废水排放量为 628 亿 t，其中主要直接入江排污口 123 个，每年直接排入长江干流的污水高达 2 亿 t；库区其余城镇直接入江的排污量为 2166 万 t。

二、污染负荷预测

经调查，在库区江段 3000 多个污染源中，主要污染源有 1324 个，其中 93 个为重点污染源。这些重点污染源的入江废水量占主要污染源入江废水量的 80.7%。污水量以电力、化工、冶金、造纸、纺织等行业为最大；污染水质则以化工、造纸、纺织等行业最为严重。

污染负荷预测按设计水平年主要城镇发展规划为依据。如，重庆市《"九五"、"十五"（1999—2005 年）的发展设想》、《长江流域综合利用规划简要报告》中水资源保护规划等。库区其他沿江城镇也按类似的增长状况预测。

工业废水量、生活污水量及相应的污染物入库量，均分别采用动态预测及综合达标法对各水平年进行滚动预测，并用综合系统分析法和趋势外延法比较。

根据库区主要城市江段水质现状和污染负荷预测趋势，影响整体水质和局部水质（岸边污染带）的主要污染物是石油类、COD、挥发酚等。水库水质预测，以 COD 为代表污染指标。

水库主要江段污染负荷预测结果见表Ⅲ－1。

表Ⅲ－1　三峡库区污染负荷预测结果

水平年	库水位（m）	污水量（亿 t/a）		COD 排放量（万 t/a）	
		库尾	库中	库尾	库中
2005	156	0.61	0.56	1.47	1.59
2015	175	25.87	—	62.08	—

三、库区水质状况

1. 总体水质状况

根据监测，对枯水期、平水期、丰水期监测的 1 万多个数据进行统计计算，取平均值作为库区总体的水质指标，并按 GBZB 1—1999 标准进行单项指标评价，结果表明，除大肠菌群及石油类、总汞外，各项指标均优于 GBZB 1—1999 Ⅱ类水质标准，满足多功能目标的用水要求。

2．近岸水域水质状况

由于长江水量大，稀释自净能力强，因此，库区江段整体水质良好。但是，由于大量未加处理的污水任意排放，使江段局部近岸水域形成岸边污染带。枯水季节个别大型沿江排污口下游更为突出，感官性状差，泡沫绵延数千米。库区城市江段中，重庆江段的污染带最严重，其次是万县江段和涪陵江段。主要污染指标是石油类、COD、挥发酚等。

在近岸水域水质调查中，还对多环芳烃、有机氯农药、多氯酚和多氯联苯等微量有机物进行了监测。分析结果说明，长江近岸水域水环境普遍遭受微量有机物污染，已检出300余种有机污染物，其中检出率最高的有烷烃类、多环芳烃、酯类、有机氯、多氨酸、多氯联苯等。这些污染物虽然含量极微，但有的毒性很大，在环境中不易降解，易被生物富集，造成长期或潜在危害。这些污染物的分布与沿江城市工业布局密切相关，应予以足够的重视。

据研究，三峡库区江段重金属元素以天然输入为主，其主要存在形态在库区高pH值和高氧化还原电位的水环境条件下较稳定。但在枯水期，重庆、长寿、涪陵江段银、汞、铅等元素的含量比其他江段高 $1 \sim 10$ 倍，特别是涪陵乌江口，其沉积物的汞含量高达 1 mg/kg，证明这些江段已受到不同程度的污染。

总之，三峡库区江段总体水质良好，局部江段的江水和沉积物受到不同程度的污染影响，城市江段及工矿企业和邻近居民点集中的江段，污染较重，库区上游较重，下游较轻，库区下游江段的水质优于上游江段。

四、水库水质影响研究

三峡水库蓄水后，流速变化将影响扩散能力、复氧能力及水体对有机物质降解的速率。

1．扩散能力减弱对水质的影响

水库蓄水使流速减小是引起扩散能力减弱的主要原因。根据模型试验，库区流速改变规律：① 库尾流速高于库中，更高于坝前；② 汛期流速高于枯季；③ 随水库运行年份加长、库底淤积，库水流速普遍有所提高；④ 水库低水位运行时流速高于高水位运行时流速。

目前库区江段总体水质良好，但城市江段岸边存在范围不等的污染带。采用二维扩散模型，预测建库后扩散能力降低对水质的影响，有

$$C(x, y) = \frac{m}{(4\pi \overline{D}_y x/v_x)^{1/2}} \exp\left(-\frac{v_x y^2}{4x\overline{D}_y} \right)$$

式中　$C(x, y)$——污染带内坐标为 x、y 处污染物的浓度，mg/L；

　　　m——源的强度，即单位水深污水排放率；$m = C_0 q_0/H$，其中 C_0 为污水浓度，q_0 为污水量，H 为污染带平均水深；

　　　$\overline{D}_y$——平均横向扩散系数，m^2/s；

　　　v_x——纵向平均流速，m/s；

　　　x——距排污口的纵向距离，m；

　　　y——距排污口的横向距离，m。

由于岸边排放，考虑河岸的反射作用使污染带内污染物浓度增加 1 倍，按污染带中浓度最大处 $y = 0$ 进行计算，则有

$$C(x, y) = \frac{m}{(\pi \overline{D}_y x / v_x)^{1/2}} \exp\left(-\frac{v_x y^2}{4x \overline{D}_y}\right)$$

假定排污量不变,经计算不同流速下的污染物浓度值列于表Ⅲ–2。

表Ⅲ–2   不同流速下的污染物浓度

流速	天然情况	流速减小20%	流速减小40%	流速减小70%	流速减小85%
污染物浓度	C	$1.11C$	$1.28C$	$1.82C$	$2.58C$

表Ⅲ–2表明,随流速的降低,岸边污染物浓度增量变大、扩散能力减弱的影响越显著。由库尾至坝前,流速逐渐减小,对岸边水域水质的影响将逐渐增大。

水库蓄水后,扩散能力减弱会加大岸边污染物的浓度,但是否一定会造成岸边水域水质恶化、功能下降仍不得而知,为此,选择排污量最大的重庆江段,以COD为指标,用上述二维扩散模型进行分析验证。

① 检验点位置及标准:根据取水口的有关规定,检验点位置纵向距离为排污口下游1000 m处,横向距离为污染带的最大值,即$z = 0$处;按饮用水源一级保护区要求,检验点水质采用GBZB 1—1999 Ⅱ类水(COD 15 mg/L以下)为评价标准。

② 模型参数选择:从对水质最不利的影响考虑,应选水库运行初期入库流量约5 000 m^3/s,库尾流速约0.38 m/s。选用两个不同的横向扩散系数分别进行计算。选择依据是长江青山工业潜江段的实验结果:流量5 850 m^3/s,平均流速0.7 m/s,横向扩散系数为0.67 m^3/s;狮子滩水库的实验结果:流量为35 m^3/s,库尾流速约0.1 m/s,推得库尾横向扩散系数0.044 6 m^3/s。平均水深取岸边污染带内平均水深5 m计算。

③ 排污条件:重庆市每日排污量为250万t,共计100多个排污口。生活污染源按排放量5万t/d,COD排放浓度450 mg/L计;工业污染源按排放量10万t/d,COD排放浓度150 mg/L计。生活污水和工业废水混合排放量按15万t/d,COD排放浓度按225 mg/L计。

根据上述条件,计算结果列于表Ⅲ–3。另外再考虑叠加背景浓度。据监测,枯水期重庆上游江段高锰酸盐指数约为1 mg/L,根据长江水质特征分析,COD约为高锰酸盐指数的3倍,COD背景浓度取3 mg/L。将背景值与计算值叠加后得到检验点的COD浓度值,不同横向扩散系数下的COD值,均低于Ⅱ类水质标准规定的阈值15 mg/L。

表Ⅲ–3   蓄水后重庆江段岸边检验点COD浓度表

扩散系数(E_2)(m^2/s)	生活排污口 $C_0 = 450$ mg/L $q_0 = 5$ 万 t/d	工业排污口 $C_0 = 150$ mg/L $q_0 = 10$ 万 t/d	混合排污口 $C_0 = 225$ mg/L $q_0 = 15$ 万 t/d
0.044 6	7.2	4.8	0.7
0.67	1.8	1.2	2.7

在坝址附近库段,流速取0.05 m/s,岸边污染带平均水深仍为5 m,横向扩散系数0.03 m^2/s,排污量4万t/d,COD排放浓度225 mg/L,排污口下游1000 m岸边处($z = 0$)

COD 浓度约 95 mg/L，叠加背景浓度，仍不会超过 Ⅱ 类水质标准。

应当看到，以上分析还只是考虑污染物扩散作用，水体对污染物的作用要复杂得多，因此，库水实际水质可能比上述计算结果还要好一些。

计算结果表明，目前主要排污口只要严格按照国家规定达标排放，蓄水后尽管扩散能力下降，控制点污染物浓度有所增加，但不会因此而造成水质超标，导致水体功能下降。

2. 对生化需氧量 BOD 的影响

（1）复氧能力减小，库区接纳 BOD_5 污染负荷能力下降。建坝后，长江库区江段从天然河道变成河道型季调节水库，流速下降，复氧能力减弱，将降低对 BOD_5 的接纳能力。根据 Streeter–Phelps 模型得其解为

$$L = L_0 e^{-k_1 t}$$

$$D = \frac{k_1 L_0}{k_2 - k_1} (e^{-k_1 t} - e^{-k_2 t}) + D_0 e^{-k_2 t}$$

式中　L——河水中的 BOD 值；

　　　D——河水中的氧亏值；

　　　D_0——初始氧亏，mg/L；

　　　L_0——初始 BOD_5 浓度，mg/L；

　　　t——时间，d；

　　　k_1，k_2——耗氧、复氧速度常数，1/d。

按 GBZB 1—1999 地面水 Ⅱ 类水质标准溶解氧不小于 6 mg/L 计算，结果见表Ⅲ–4。建坝后 BOD_5 接纳能力将大幅度下降，减少 59%，带来不利影响。但由于径流量大，其接纳 BOD_5 能力仍有 156 万 t/a，比库区现有 BOD_5 排放量大得多，所以不致影响水库的水质。

表Ⅲ–4　建坝前后可接纳 BOD_5 负荷比较

库区	t_c (d)	L_a (mg/L)	最大允许 BOD_5 浓度（mg/L）	BOD_5 负荷量（万 t/a）
建坝前	2.66	21.0	10.6	383.40
建坝后	5.33	8.7	4.3	155.96

（2）滞留时间加长，BOD_5 降解量增加。根据质量平衡原理，水库中 BOD_5 浓度的变化可描述为

$$\frac{dC}{dt} = \frac{\overline{W}_0}{V} - \frac{q_v}{v} C - KC$$

其解为

$$C(t) = \frac{\overline{W}_0}{\left(\frac{q}{v} + K\right) V} \left[1 - \exp\left(-\frac{q}{v} + K \right) \right]$$

式中　$C(t)$——t 时的 BOD_5 浓度，mg/L；

　　　$\overline{W}_0$——水库初始 BOD_5 流入量，mg/s；

　　　q——分别为入、出水流量，m^3/s；

v——水的流速，m/s；

K——降解速度常数，1/d；

V——水库库容，m^3。

在天然状态下污染物随水在库区滞留 5 d；三峡建库后，污染物将滞留 33 d，经估算，BOD_5 降减量建库后将比建库前增加 9 万 t/a 左右，具有较大的自净环境容量，这将有利于水质改善。

3. 三峡建库对 BOD_5 的影响

从两个主要影响考虑：流速减缓，降低自净能力；滞留时间增加，增大自净能力。对库水水质影响是这两个因素综合影响的结果。由于库水自净容量很大，这两个因素的作用都不至于影响库水水质。

实例 Ⅳ   某钢铁厂技改工程大气环境影响评价(简介)*

某钢铁厂原生产钢材 15 万 t/a，现计划扩展其生产能力到 30 万 t/a。预计需完成转炉炼钢、电炉炼钢等系统的扩建和技术改造。其废气的排放量将增加，因而导致大气污染加重，所以进行该工程项目的大气环境影响评价。

一、工程概况及评价等级划分

该厂地处一大城市的东面，厂区距城区中心 7 km，地形为河谷盆地，地质结构为风成黄土。气候属温带半干旱气候，干旱而寒冷，温差大、降水少，冬季较长。年平均气温 6~9 ℃。

技改工程的主要污染物每年 TSP 排放量为 4 580 t/a，SO_2 排放量为 1 201 t/a。根据以下公式划分评价等级

$$P_i = Q_i/C_{0i}$$

式中 P_i——等标排放量，m^3/h；

Q_i——单位时间排放量，应符合排放标准，t/h；

C_{0i}——大气环境质量标准，mg/m^3。（GB 3095—1996）二级标准，小时浓度。

计算得评价等级为三级评价（$P_{TSP} = 1.3 \times 10^8$），根据实际环境状况选定厂中心 6 km × 5 km 为评价范围。

二、工程分析和环境调查

电炉炼钢工艺流程为：钢铁料、合金料——熔化——氧化——扒渣——还原——浇铸。

在熔化、氧化、还原阶段均有废气外排，主要是烟尘、SO_2、CO、CO_2、氟化物等。

转炉炼钢工艺流程为：矿石、石灰、铁水、氧气——转炉炼钢。

炼钢、炼铁阶段有废气外排，主要是烟尘、SO_2、CO 等。

现有废气污染源废气排放总量为 14.43×10^8 m^3/a，其中烟尘排放量为 5 386 t/a，SO_2 排放量为 707.17 t/a，NO_x 排放量为 123 t/a，CO 排放量为 638 t/a。另据调查，主要污染

---

* 摘自丁桑岚. 环境评价概论. 北京：化学工业出版社，2001

物是烟尘、SO$_2$，主要污染源是转炉车间，其等标污染负荷分担率为36%；其次是电炉车间，分担率为23%。

根据工程初步设计方案，计算得技改工程投产后废气排放总量为31×10^8 m^3/a。由于改造布袋除尘治理措施，烟尘排放量为4580 t/a（减少15%），SO$_2$排放量为1210 t/a。

现状监测以转炉车间为中心东西向3 km、南北向各2.5 km的范围布点，采用功能区与扇形布点相结合共设7个采样点：厂区2个，厂生活区1个，市区3个，对照点1个（图略）。评价采用上海大气指数$I_上$，其数学模式为：

$$I_上 = \sqrt{\left(\max \left| \frac{C_1}{S_1}, \frac{C_2}{S_2}, \cdots, \frac{C_k}{S_k} \right| \right) \times \frac{1}{k} \sum_{i=1}^{k} \frac{C_i}{S_i}} = \sqrt{I_{\max} \times I}$$

式中　C_i——i污染物的浓度，mg/m^3；

$\qquad S_i$——i污染物的评价标准，mg/m^3；

$\qquad k$——污染物种类数。

评价标准采用GB3095—1996中的二级标准（见第七章），其评价区现状监测及评价结果见表Ⅳ－1。

表Ⅳ－1　现状监测情况及评价表

采样点	采样项目浓度（mg/m^3，日平均）					评价指数$I_上$	污染状况
	TSP	SO$_2$	NO$_x$	HF	CO		
1（对照点）	0.54	0.066	0.034	0.0065	1.52	0.78	轻污染
2（炼钢区）	1.34	0.083	0.069	0.0063	1.88	2.47	重污染
3（轧钢区）	0.96	0.072	0.058	0.0068	2.04	1.91	重污染
4（生活区）	0.89	0.031	0.041	0.0062	1.64	1.7	中等污染
5（市区东）	0.71	0.065	0.05	0.0077	1.6	1.5	中等污染
6（市区北）	0.45	0.028	0.027	0.0057	1.2	0.96	轻污染
7（市区南）	0.74	0.084	0.057	0.0081	1.64	1.01	中等污染

从表Ⅳ－1可见，炼钢区污染最重，生活区、城区基本为中等污染。根据7个测点5种污染物单项质量指数值比较，它们造成大气污染程度的次序是：TSP、HF、NO$_x$、SO$_2$。

三、环境影响预测

预测内容包括1h和日平均取样时间地面最大浓度和位置，不利气象条件下评价区域内的浓度分布图及其出现频率，评价区年平均浓度分布图等。

根据评价大纲选择污染物排放量大的TSP、SO$_2$为预测因子。

（1）评价区网格化

炼钢车间为中心5 km×5 km见方面积，以500 m×500 m正方形为1个计算网格。

（2）气象参数的处理

根据气象资料归纳出评价区年、季的风向、风速、稳定度联合频率分布，见表Ⅳ－2。

表Ⅳ–2 评价区年风向、风速、稳定度联合频率分布表

风速（m/s）	风向 稳定度	N	NNE	NE	…	NW	NNW	静风	降雨频率
≤1.5	A、B、C	0.37	0.33	0.96	…	0.30	0.56	12.61	
	D	0.32	0.15	0.29	…	0.26	0.13	16.62	
	E、F	0.22	0.15	0.59	…	0.07	0.22	39.55	
1.5～3.0	A、B、C	0.23	0.41	0.05	…	0.3	0.43	0	
	D	0.29	0.22	0.5	…	0.28	0.13	0	
	E、F	0.23	0.2	0.56	…	0.17	0.06	0	0.35
3.1～5.0	A、B、C	0.03	0.03	0.04	…	0.04	0.11	0	
	D	0.06	0.06	0.06	…	0.08	0.04	0	
	E、F	0.04	0.04	0.04	…	0.03	0	0	
>5.0	A、B、C	0.11	0.06	0.15	…	0.03	0	0	
	D	0.26	0.34	0.23	…	0.10	0.13	0	
	E、F	0.10	0.06	0.04	…	0	0	0	

另外，需收集全年不利（逆温）气象条件参数。污染源参数分类为将评价区内 30 m 以下的源及无组织排放作为面源处理，30 m 以上的排气筒按高架源处理（数据略）。

（3）预测模型及方法

预测采用高斯模式，见第七章的介绍。

① 扩散参数选取。

② 有效源高的确定。面源按冷排放考虑，忽略热力抬升高度；高架源按热排放考虑。其有效排烟高度为

$$H_e = H + \Delta H$$

式中 H_e——有效源高，m；

H——烟囱几何高度，m；

ΔH——抬升高度，m。

抬升高度按国际 GB 3840—83《制定地方大气污染物排放标准的技术原则和方法》中规定的模式计算（见第七章）。

（4）预测结果及评价

技改工程建成后的大气中污染物浓度是：将短期浓度监测时的气象条件用于预测模型的计算，根据建设工程的污染源（转炉、电炉炼钢车间等），计算出与现状监测相同条件下的预测浓度，再与监测点的现状监测数据叠加，得出监测点位置叠加后的浓度值。

评价需绘出的各种图有：主导风向下各大气稳定类型的大气环境质量状况短期预测分布图；月、季、年平均大气环境质量状况长期预测分布图；各大气稳定度类型下主要评价

因子 TSP、SO_2 的最大落地浓度值和距离，以及季、年最大落地浓度的平均值和平均距离。图Ⅳ-1 和图Ⅳ-2 仅为部分略图。

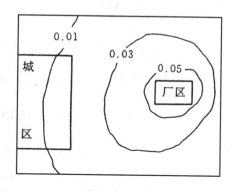

图Ⅳ-1　D 类稳定度下 SO_2 小时
预测浓度分布图

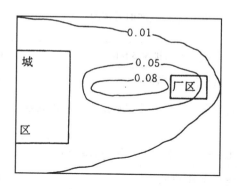

Ⅳ-2　冬季逆温 E、F 类稳定度下 SO_2
小时浓度预测图

由以上可知，钢铁厂投产后，在评价区内各测点 SO_2 夏、冬季的日平均值低于"大气质量标准"二级标准限值，单项评价指数在 0.09～0.44。TSP 因技改工程改造烟尘治理措施，总排放量减少，日平均值在评价区内较监测时会降低 0.18～0.31 mg/m³。因炼钢区本底超标，项目建成后此区 TSP 仍将超标，但总的结果是评价区内 TSP 污染将减轻。

实例Ⅴ　某焦化厂扩建工程土壤环境影响评价*

一、工程概况

某焦化分厂第三号炼焦炉工程，是在原有两座炼焦炉基础上进一步扩大焦炭和煤制气生产，扩建第三号炼焦炉和处理能力为 60 万 t/a 焦炭规模的回收车间，并扩建备煤、筛焦部分和锅炉房、给水排水等公用设施，同时对原有的废水处理站进行扩建，增加其处理能力。

该厂位于城市东北工业区内，距市区 13 km，属暖温带落叶阔叶林褐色土地带，为山前平原区，地表水为河流，北靠黄河侧渗补给水源。河流经城市时，接纳市区大量工矿企业废水和生活污水，成为该地区主要的纳污排污河道，水体环境质量很差。

本项工程是扩建第三号炼焦炉，属该钢铁厂焦化分厂的一部分，建成投产后废水排放污染物的种类和数量列入表Ⅴ-1。

该厂污水通过暗沟和明沟，排入河流，加重了河流的污染负荷。该厂外排废水部分用来农业灌溉，对土壤造成污染威胁。所以，在本项环境影响评价中，着重工程项目对土壤的环境影响做出评价。

---

*　摘自丁桑岚. 环境评价概论. 北京：化学工业出版社，2001

表 V −1 水体污染排放量

焦炉工程投产前后情况		排放量（kg/h）				
		COD	酚	氰	油	共计
现状	酚、氰废水站排水 3 t/h	0.450	0.0015	0.0015	0.030	0.483
	直接外排废水 73 t/h	109.5	25.55	2.19	2.19	139.43
焦炉新建酚、氰废水处理站投产后外排废水 72.4 t/h		14.48	0.036	0.036	0.724	15.276
焦炉工程投产后水体污染物外排减少量		95.47	25.516	2.156	1.496	124.64
排放量减少率（%）		86.83	99.86	98.38	67.39	89.08

二、焦化分厂对周围土壤影响

焦化厂扩建后排放的废水中酚、氰、油等污染物含量均达到工厂排放标准和农田灌溉标准，在严防"跑、冒、滴、漏"事故的情况下，若进行农田灌溉，可解决部分农业用水，另一方面还可利用土地处理部分活水，减轻小清河的污染负荷。焦化分厂排放的废水对土壤的影响情况做以下分析：

焦化厂废水灌溉农田，土壤中污染物含量评价结果列于表 V −2。

表 V −2 地区土壤污染状况

元素	表土	土壤背景值（mg/kg）	污染起始值（mg/kg）（2s 背景值）	污染指数
Hg	14.38	0.018	0.052	4.42
Cd	1.07	0.042	0.66	1.55
Cu	1.49	17.34	30.28	0.84
Pb	0.78	24.81	42.79	0.39
As	0.94	9.9	15.96	0.40
Cr	0.78	63.06	82.86	0.57
Zb	1.57	55.70	91.70	0.69
酚	1.13			
氰	0.98			
氟	0.89			
油	无			
Bap	41.14			

从表Ⅴ-2可以看出，土壤表层土中苯并[a]芘（Bap）污染系数很高，超过底土41倍，一般含量在 0.01～0.03 μg/kg 之间，说明焦化厂附近农田已受到 Bap 的污染。土壤酚和重金属 Hg、Cd、Cu、Zn 污染系数已超过 1，说明已受到污染，若以土壤背景值加两倍标准差作为污染起始值，求出的土壤 Hg、Cd 污染指数较高，污染程度较重，应引起重视；土壤表层 Pb、As、Cr 含量尚未超过背景值，属正常范围。

从土壤污染地区来看，厂址以北、以西土壤污染物含量高，污染重，说明土壤除受污水灌溉影响外，大气降尘对土壤来讲也是一个不可忽视的污染来源。厂以南地区，远离厂址，灌溉地下水，土壤基本上未受到污染。

土壤氟含量较高，在 224.5～292 mg/kg 之间，且上下土层含量一致，对照点土壤氟含量也并未降低，说明氟并非人为污染，而是属于土壤高氟区。

根据有机物在土壤中的运动规律，按下式计算出污染物在土壤中的逐年累积量

$$W_n = BK^n + RK \frac{1 - K^n}{1 - K}$$

式中　W_n——污染物在土壤中的年累积量，mg/kg；

　　　B——区域土壤背景值，mg/kg；

　　　R——土壤污染物年输入量，mg/kg；

　　　K——土壤污染物年残留率；

　　　n——土壤可污灌（安全）年限。

表Ⅴ-3 表明，在土壤酚、氰含量现状基础上，扩建后焦化废水用于灌溉，28 a 后土壤氰化物达到标准，灌溉 42 a 后土壤酚接近标准，灌溉 30 a 时矿物油在土壤中残留量达到稳定状态。土壤中重金属从目前情况分析，汞和镉含量已超过污染起始值，扩建后焦化废水经处理后不能有重金属检出。在降低氰化物含量情况下，可以利用处理后的废水灌溉农田，但时间不能超过 30 a。

表Ⅴ-3　土壤有机物累积量的预测　　　　　　　　　　　　　　　mg/kg

灌溉年限（a）	1	5	10	20	28	30	42	50
酚	0.4628	0.5140	0.5780	0.7060		0.8340	0.9876	1.004
氰化物	0.4984	0.6720	0.6640	0.8480	0.9952	1.032		
油	7.00	19.41	22.67	23.31		23.33	23.33	23.33

实例Ⅵ　某磷肥厂改建工程噪声影响评价（简介）[*]

某化工企业主要生产磷肥，改建工程欲将其磷铵产量从年产 3 万 t 改为年产 4 万 t，每年增加产量 1 万 t；配套硫酸产品由原来年产 10 万 t 改为年产 12 万 t，每年增加产量 2 万 t。因新增加大型设备而产生噪声，所以欲对其进行噪声影响评价。

---

[*] 摘自丁桑岚. 环境评价概论. 北京：化学工业出版社，2001

一、工程分析和环境影响识别

1. 主要生产工艺简述

（1）磷接生产工艺：原3万t磷接生产工艺由两个主要工序组成。第一个工序是磷酸的制备。用磷矿和硫酸为原料，湿法萃取制备磷酸；第二个工序是由磷酸与气态氮的中和反应生成磷酸铵产品，简称为磷铵。

（2）硫酸生产工艺：生产磷酸所需用的原料之一硫酸由该厂所属硫酸分厂提供。硫酸分厂采用硫铁矿沸腾焙烧制取二氧化硫；所得二氧化硫气体经过一系列净化洗涤干燥等处理后进入转化炉，在转化炉中二氧化硫经催化氧化转化成为三氧化硫；三氧化硫经硫酸吸收后得到浓硫酸。

2. 技改方案要点简述

本技改工程实质上包括两项技术改造，即磷铵生产系统本身的改造和配套硫酸生产系统的改造。本环境影响评价即针对这两项技改工程而进行。噪声的主要声源及其车间岗位强度情况见表Ⅵ-1。

表Ⅵ-1　噪声的主要声源及车间岗位强度情况表

单　位	主要声源（dB(A)）	车间岗位（dB(A)）	治理措施
硫酸分厂	SO_2 风机 96	79	隔音操作室
	叶式风机 84	75	地下式消声室
	酸泵 89	71	隔音操作室
	水泵 92	78	隔音操作室
普钙分厂	球磨机 89.5	81.5	隔音室
	抽风机 93	68	隔音室
	离心机 89	75	隔音室
	浆泵 81.5	75.5	隔音室
磷酸分厂	萃取槽 88	78	隔音室
	绝干风机 92.5	80	隔音室
	酸泵 90	73.5	隔音室
	球磨机 94	82	隔音室
炼钢分厂	透平风机 87.5	77.5	半地下式消声室
	罗茨风机 106	82	半地下式消声室
机修分厂	金工房 77.5	77.5	无措施
动力分厂	发电机组 94	72	半地下式消声室
	锅炉给水泵 92	72.5	半地下式消声室

工厂设备噪声主要来自硫酸分厂的鼓风机、普钙分厂的球磨机、炼钢分厂的罗茨鼓风机等。该厂生产时的噪声是设备设置隔、消声措施后对居民区的影响。

二、声环境现状监测及评价

该厂厂区位于山区谷地，周围工厂较少，外来噪声较少。厂区西南面700～1000 m处是铁路，火车站有间隙性的噪声偶尔影响厂环境本底值。工厂环境噪声主要来自厂内设备。根据监测站监测(布点图略)，结果见表Ⅵ-2。

表Ⅵ-2　噪声现状监测值

位　　置	噪声值 $L_{昼间}$～$L_{夜间}$（dB(A)）
1（厂子弟学校）	65～43
2（商店附近）	57～44
3（3 kW 热电站）	65～51
4（硫酸、炼铁车间相交处）	75～55
5（磷铵厂）	83～64
6（厂区主要公路）	70～53

表Ⅵ-3 列出噪声评价标准。

表Ⅵ-3　噪声评价标准

适用区域	昼间（dB(A)）	夜间（dB(A)）
工业集中区，交通干线道路两侧	65	55
	70	55
每个工作日接触噪声时间 8 h	允许噪声 85 dB(A)	

由表Ⅵ-2、表Ⅵ-3 可见，厂区环境符合工业集中区规定值。操作岗位噪声值均小于标准规定值 85 dB(A)。

三、噪声影响预测及评价

（1）新增声源情况

此次改建工程因工艺线路有所改动，产量和原材料相应增加，需更换一批设备，其中噪声值大者见表Ⅵ-4。

表Ⅵ-4　工程新增改建设备表

项　　目	设备名称	噪声值（dB(A)）
新增设备	鼓风机	95
更换设备	料浆泵	85
	滤液泵	92
	洗液泵	75
改造设备	SO_2 风机	85

（2）该厂生产时的噪声环境影响预测

根据其生产规模属三级评价。由表Ⅵ-4 可见，工程的主要噪声源来自磷铵分厂和硫酸分厂改造的设备。根据厂区及周围的实际情况，主要的敏感点在厂东北方距磷铵分厂 100 m 的居民区和距硫酸分厂 100 m 外的厂区职工宿舍区。厂内主要噪声设备都采用了厂房内隔声等有关消声措施。预计到达厂界的噪声不会大于 85 dB(A)（见表Ⅵ-5 对比实测值）。

表VI－5　设备厂房外噪音实测值

项　　目		设备噪音（dB(A)）	厂房外噪音（dB(A)）	倍频程声压级（dB）					
				125	250	500	1k	2k	4k
硫酸分厂	SO₂风机	89	79	75	79.5	81	84	89	75
	炉底风机	79	66	71	84	71	73	69	63
磷铵分厂	磨球机	94	82	92	97	92	85	76	70
	干燥风机	85	80	88	82	84	77.5	71	61.5

噪声的衰减可通过以下几方面实现：① 厂房隔声；② 距离衰减；③ 空气吸收衰减；④ 绿化降噪等。预测仅考虑距离衰减而将其余量作为安全系数，则

$$\Delta L_1 = L_{p1} - L_{p2} = 20 \lg (r_2/r_1)$$

式中　L_{p2}，L_{p1}——声源 2、1 处的声压级，dB(A)；

r_2，r_1——声源 2、1 处间的距离，m。

预测的结果见图VI－1。

由图VI－1可见，在两处敏感点（即

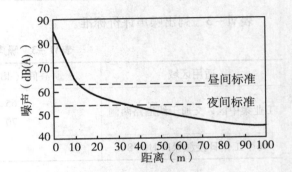

图VI－1　噪音随距离衰减关系图

距离厂界 100 m 之外），其噪声的值为 45 dB(A)，对原本底值的贡献已很小。改建工程不会对环境造成噪声危害。

实例VII　家庭废弃物不同处置方式的风险比较与评价 *
（干电池的焚烧和土地填埋）

一、评价目的

由于人们现在不断关心化学品对环境的污染，关心潜在有毒化学品不断进入环境引起危害影响，应对化学废物处置采取严格的控制措施。其中之一是土地填埋处置家庭有毒废物（包括废弃干电池）。废弃的干电池被遗弃并与家庭的生活垃圾及城市固体废物（MSW）相混合，这些废物最终被焚烧或土地填埋，回收也正成为管理废旧家用电池的重要方式。无论采取何种合适的废物管理方法，电池中的金属都可对健康和环境产生不良影响。然而，由城市废物管理系统对干电池处置进行的环境影响研究表明，这种处置措施对环境不产生严重威胁。事实上，许多电池厂家已采取措施大大降低家用电池中汞的含量（在过去十年中降低了 98%），汞是家用电池中最有害的金属之一。

从原理上讲，人们倾向于采用回收的方法，然而分离收集的干电池可引起危险，如火

* 摘自胡二邦. 环境风险评价实用技术和方法. 北京：中国环境科学出版社，2000

灾、爆炸，以及人体暴露于化学品引起皮肤刺激。其实分离收集干电池作为回收目的似乎不是可行方法，由于回收该物质需大量能源，回收质量较差，同时也缺乏市场；另外，回收过程也产生了新的不同类型的其他废物来源。

二、研究的范围

本范例讨论内容是选自 1991—1992 年由加拿大渥太华省滑铁卢风险研究所研究关于 AAA、AA、CD 和 9V 电池的风险评价，这些电池分别属于碱、Zn – Cl 和 Ni – Cd 电池。该研究提出了采用适宜的电池处置方法以减少其对环境和人体危害的影响的建议，并对以下几方面内容进行分析和总结。

① 家用电池的组成；

② 家用电池消费的平均数量（国内）；

③ 家用电池中各种金属对城市固体废物的贡献；

④ 研究干电池管理对健康和环境的影响。

该研究根据已知干电池化合物的组成进行评估，分析家用电池中化合物组成的有关特性，包括毒性、迁移和归趋、残留的降解等影响，研究替代家用电池汞的特殊表面活性物的有关性质，以推断其环境影响和风险特性，然后根据这些因子，估计家用电池的环境影响和潜在风险，并对各种处置方案进行评价和比较。

三、干电池的组成

所有不同类型电池都含有可对环境产生潜在影响的特殊金属。在该研究中与干电池有关的金属包括 Cd、Mn、Hg、Ni、Zn。在制造碱电池和普通电池的所有这些金属中，Cd 和 Hg 是最常用的金属，碱电池中的 Hg 和 Ni – Cd 电池的 Cd 分别占干电池该金属的较大比例。尤其汞是对人体健康最有毒的元素，这一事实已被人们普遍认识，潜在的汞污染来自汞转化变成的有机汞如甲基汞和其他有机汞化合物。汞在野外条件下较难以移动。

四、干电池的组成变化

城市固体废物中家用电池的 Hg 主要来源是碱电池，因此降低碱电池中汞的含量对减少进入城市固体废物中汞的总量有较大意义。由于它具有较高毒性、价格也高，制造商正竭力降低干电池中汞的用量。在过去的几年中，北美制造的干电池中汞的总量减少约 95%，并仍在降低。事实上，大多数 Zn – Cl 电池不含有汞，即使存在，也低于总重量的 0.01%。汞使用量的降低主要发生于碱电池，的确，在大多数情况下，北美制造的碱电池中汞的含量现在不超过重量的 0.025%。为了做到这点，一些有机替代品的专利技术正用于一些家用电池的制造。然而，Cd 被用作 Ni – Cd 充电电池的负极，它的使用量不能降低，否则会相应降低电池的能量。

五、替代汞的材料

特殊有机表面活性物质被用作汞的替代品，以减少碱电池生产中汞的用量，这些有机替代品使用浓度约为 100 mg/kg。典型物质安全数据库（MSDS）中专用复合有机磷酯数据表明，它比汞的毒性远远要低。另外，它不易挥发，属于较为稳定的化合物，如有机替代品的 LD_{50} 是汞的 5 ~ 15 倍。已知该物质溶于水，也具有腐蚀性，因此在土壤填埋条件下，该电池可能容易分解。

六、家用电池可行的处置方法

土地填埋是处置城市固体废物传统选择方法，随着管理的不断严格和缺乏合适的土地填埋场地，处置措施正进行着几种变化，尤其是对有害废物的管理。焚烧和回收正逐渐替代土壤填埋，但这些废物管理措施也存在着自身的问题。虽然焚烧可降低废物的体积，但由于毒性物质的存在及其生成其他副产物，处理后存在的残灰毒性更高，另外它还可释放有毒污染物进入大气。回收似乎是更可行的方法，通过对家用电池的管理也被证明是有效的方法。事实上，回收家用电池的经济效益是主要问题——撇开由于收集大量这些电池的潜在风险：由于电池残存的电压，可引起短路产生足够的热量引起火灾。这些残留的能量也使得电池更易腐蚀，因此电池在长期土地填埋的情况下，这种因素应加以考虑。

七、城市固体废物的土地填埋

在过去的十多年中，人们日益关心土地填埋引起的地下水和地表水污染。由于城市固体废物土地填埋对环境的潜在影响，应制订法规，进行技术改造，潜在影响同时也是人们对设施选点考虑的重要因素。然而，土地填埋对周围环境产生的实际影响取决于该设施的操作和运行情况，土地填埋是否引起污染取决于三个主要因素：

① 淋溶物的移动性；

② 淋溶物组分的潜在危害；

③ 淋溶物中各种污染物的相应浓度。

另外，对存在潜在风险的受体(人或生态)，应该有一定的暴露途径。

正常情况下，电池中的金属不会迅速从土地填埋场中释放出来，但应评价金属进入土壤的总量以及土壤吸附金属的能力，它是考虑家用电池是否采用土地填埋的重要因子。各种金属在土壤中的移动性受固定、吸附、排斥、形成螯合、反应动力学的程度以及土壤各种物理化学特性的影响。的确，土壤物理化学特性可影响淋溶物的迁移性，土壤质地、团粒结构、氢氧化物和土壤有机质，阳离子代换量(CEC)及 pH 值是决定淋溶物迁移性的重要土壤特性，因此，土地填埋场周围的土壤性质严重影响重金属迁移的速度。例如，粘土对金属迁移有阻滞作用，而砂或砾石土壤则具有较低的吸附性，对水流阻力也较小。Cd、Ni 和 Zn 在大多数粘土中有较低的移动性，而汞在相同组分土壤中有中等移动性。

当电池用土地填埋处置时，它与城市固体废物埋在一起，土地填埋场封盖比未封盖的湿度要低。由于城市固体废物的可压缩性，这使得作用于电池上的外力较小而不易使电池损坏，这种情况减少重金属从电池中释放出来。而一旦电池破裂，情况则不相同。另外，电池在土地填埋中也可受到外力而导致电池的破裂。通过对土地填埋中的电池进行的调查表明，一些电池已破裂、腐蚀，导致内部物质流出。土地填埋的条件将促进电池的腐蚀退化，结果它释放出金属到土壤填埋场内产生淋溶。在土地填埋场内，淋溶物随水和其他溶液以及来自填埋上层的水分移动，由于这些液体经废物流动，它流出并带有一些其他物质。如果电池破裂或腐蚀，土地填埋场内的水中将含有这些金属。然而，实验研究表明，城市固体废物和重金属均不严重影响土地填埋物底部的衬垫。而且，由于金属易于吸附在粘土上，这里的自然粘土也可作土地填埋场的衬垫，金属从土地填埋物释放进入下层地下水的可能性很小。

八、城市固体废物的焚烧

电池的焚烧并不破坏内部的金属，焚烧过程转化重金属为微粒态的气体以及底灰。灰的重要特点在于它的毒性以及废物的形态。在燃烧过程中，固体废物被燃烧，底灰和浮灰为最终产物，底灰存在于焚烧器火炉的底部，浮灰上升经过尘收集器可被收集装置吸收。

焚烧可降低废物体积的80%～95%，并使质量降低为50%～70%。

焚烧炉产生的大多数重金属可由焚烧炉的污染控制系统捕获。使用过滤纤维的石灰净化系统可去除99.9%的浮灰，99%的Cd和Zn以及90%～95%的汞经过滤被去除。据保守估计，美国国家环保局认为空气污染控制装置（APCDs）的去除效果对Cd达99%，对Hg达98%，MPCA认为使用空气污染控制设备对去除来自家用电池含有金属粒子的和气体十分有效，现行干燥和半干燥空气污染控制系统能够吸收城市固体废物中95%甚至更多的金属（除汞以外）。而一种新型湿式或干/湿式净化器对汞有较高的去除效果。在含家用电池的废物焚烧中，控制汞对大气的污染是一个重要问题。不同空气污染控制装置（APEDs）对去除汞的效果差异较大。一种喷雾干燥和布袋式除尘器能够去除70%～85%的汞；如果去除灰尘中的汞，喷雾干燥加静电沉淀器能够去除35%～45%。来自家用电池焚烧的其他金属（包括Cd），在焚烧过程中大部分存在于灰尘中，大约有92.4%的Cd在焚烧废物时存在于底灰中。汞是焚烧处置较为重要的金属，因为它沸点较低，因此它不总是存在于浮灰里，而可以释放到大气中。如果汞的去除存在问题，则在城市固体废物中事先拣出含高汞电池可缓解这一问题。

悬浮在空气中的浮灰可被焚烧器过滤去除，底灰积存于焚烧炉的底部。在焚烧废物的过程中，一些重金属可挥发然后上升经过烟囱吸附于浮灰颗粒上，因此浮灰有较高浓度的重金属。一部分金属不挥发，它存在于焚烧过程产生的底灰中。在燃烧产生的灰中，10%是浮灰，90%是底灰，重金属在底灰和浮灰中的比例随焚烧炉不同而变化，也受焚烧炉的温度和焚烧物质是否充分与空气接触有关。事实上，金属在底灰和浮灰中的比例在焚烧过程中是难以确定的，因为大多数焚烧装置把底灰和收集的浮灰混合起来进行处理。不管它在底灰和浮灰中的比例如何，假设没有或有极小量的金属从烟囱里释放出来，则来自电池的金属总量对于整个灰尘大致是固定的。实验室研究表明，Cd作为与家用电池有关的毒性物质之一，它是更易存在于浮灰中的两种金属之一（另一种是Pb）。由于Cd是经呼吸途径引起致癌的物质，在城市固体废物焚烧炉中充分使用净化器是十分必要的，它将尽可能地去除浮灰，减少最终到达人体的重金属数量。Ni－Cd电池对于城市固体废物的污染，Cd的贡献较大，如果焚烧缺少该净化器，应将Ni－Cd电池从待焚烧的废物中去除掉。

九、回收作为对电池的管理

风险评价研究所（IAA）对回收家用电池进行了详细的推理及可行性研究，它包括电池回收方法，各种电池回收技术的现行状况，电池回收的经济效益等。这些研究将帮助估价使用电池回收技术的可行性。事实上，在认为广泛使用收集和回收家用电池技术之前，还存在重要的技术和经济问题需要解决。

十、家用电池处理过程的潜在健康和环境影响

研究与家用电池相关的金属有Cd、Mn、Hg、Ni和Zn，无论对废旧家用电池采用何种处置方式和管理措施，都可能释放这些金属的一种或几种，直接或间接影响人体健康和环境。现在使用的家用电池均遗弃在家庭垃圾中，它最终被焚烧或土地填埋。近来，采用收集、分离进行回收电池的方法也正成为人们关注的焦点。

废弃家用电池在土地填埋条件下将被分解，腐烂的速度和过程取决于电池的类型、电池带电程度以及填埋场的自然条件。除了分解过程，确定电池中的金属是否会从土地填埋淋溶进入下层地下水是十分重要的。一些变化因子包括土地填埋场的管理措施将影响淋溶

过程。在理想的土地填埋条件下，金属不会迅速淋溶经过土地填埋场和土壤进入地下水，但由于金属不会分解和降解，因此经过长期的过程，它有可能通过淋溶进入水体。

在焚烧过程中，由于金属不可燃烧，因此对它必须十分关注。对于焚烧管理及对环境的保护取决于焚烧器对释放到空气中金属的去除能力。尽管由于汞的蒸气压较低，对减少汞的释放不是十分有效，并且价格较贵，但仍有一些技术用来去除多数的金属。焚烧后存在的一些其他金属，包括焚烧灰中的镉，使得这些灰尘有较高的毒性，而这些高浓度的灰在城市固体废物土地填埋时不再处理。

总之，家用电池的焚烧导致 Cd 主要存在于灰中，而 Hg 可能存在于灰中也可能以气体释放。废旧电池的土地填埋对地下水资源有可能产生影响。在这种情况下，地下水可能变成主要的污染途径。对于分离、收集、回收干电池，有可能出现火灾及爆炸等危险情况。

十一、可能进入城市固体废物处置场的金属

各种类型家用电池中的金属有可能进入到城市固体废物中的数量的计算是根据各种类型电池中金属平均含量和卖给消费者各种电池的数量进行的。保守估计每年卖出电池的量与遗弃的数量相等，但这种情况不完全适用于 Ni－Cd 充电电池，然而假设前几年使用的电池也进入到废弃物中，这种销售量与遗弃量相等的估算还是合理的。事实上，来自遗弃电池的 Hg 和 Cd 分别占北美城市固体废物中金属总量的 20% 和 33%。Cd 主要用于 Ni－Cd 电池，它占据大部分普通干电池市场，Ni－Cd 电池由于 Cd 进入到城市固体废物，它处置后进入各种环境媒介会产生潜在的环境问题：如果采取土地填埋，Cd 可能影响地下水资源；如果采取焚烧，进入到大气中的污染物经呼吸可能影响人体健康。

十二、不同电池处置方法的风险评价

已确认重金属对生态系统会产生影响，很显然，生态系统有其自身的重金属含量，这些金属的引入将影响生态系统和种群的生态平衡。同样，人体可承受重金属允许暴露浓度的平衡要被打破，因而采用不同干电池处置方法会使各种生态受体受到超过允许浓度的金属的影响。

以上分析了干电池(它成为家庭废物的一部分)不同处置方法相关的风险性，在该估计中保守假设一年中卖出的电池量即为进入该年城市固体废物的量。由于实际上被处置的量要少于该估计量，这意味着进入到城市固体废物的重金属估计量是过量估算，这将更有利于保护人体健康和环境。它可作为一安全因子，可抵消分析过程中一些不确定因子的误差。

风险评价的概念被用于评价和比较家用电池可行的处置方法。在加拿大，根据干电池的卖出总量(保守估计它等同于处置总量)用来估算选择不同干电池处置方法的潜在风险。使用在本评价中的风险评价模型来比较采用不同处置措施，估计有关金属可能进入到各种环境介质中的量。

所调查的电池类型中有关的金属是对人体和环境产生潜在风险的来源，潜在风险是由于城市固体废物中电池被处置有可能释放金属进入环境的结果。Cd 和 Hg 被认为是有关的主要金属。由于电池处置措施不同，可造成不同的暴露结果。计算化学品吸收量的普通方程，可用来估计由于电池处置引起金属释放到环境介质而使受体实际暴露的吸收量。一种近似的质量平衡被用在该评价中，按照如下的关系：

$$I = \{数量/年\} \times \{1/BW\} \times \{CF\}$$

式中　I——吸收量，由吸入量校正，$mg/(kg \cdot d)$；

　　　CF——转换因子（与使用单位一致）；

　　　BW——体重，kg。

（数量/年）表示每年有可能影响受体的化学品数量。该方程用来估计受体吸入量可能受选择不同电池处置方法的影响。

本范例拟用来证明受体暴露于由于电池进入到城市固体废物中的相关金属所受到的潜在影响。范例对三种不同情形进行评估，它包括：城市固体废物的土地填埋处置、城市固体废物的焚烧处置、城市固体废物的土地填埋和焚烧联合处置。

模拟估算需要如下数据：

每年进入到城市固体废物的电池总量，对于城市固体废物管理，为每年被土地填埋和/或焚烧的电池总量。为了完成估算，另外还需要一些其他数据。

1. 采用土地填埋处置的风险表征

家用电池随城市固体废物被土地填埋是干电池常用的处置方法。电池的土地填埋导致电池分解，结果存在于电池中有关的金属被释放到土地填埋场的水溶液中，这些水溶液迁移进入地下水域将导致地下水源的污染。

为了确定采用土地填埋法的风险特征，根据暴露模拟参数，下列情形对进行估算是必需的：

对于淋溶，假定 0.05% 进入土地填埋物的金属将以淋溶形式迁移污染地下水，与城市固体废物土壤淋溶的转换因子相比较，这还是保守估计。

假设受体摄取可能污染的地下水。

从风险表征结果可以看出，尽管大量的废弃电池经土地填埋，由于 HIs 值对所有受体小于 1，它不对人体健康和环境产生影响。

2. 选择焚烧处置的风险表征

家用电池的焚烧将引起金属随烟和粒子释放，这种污染物暴露将通过人体直接吸收，或者由于污染其他环境媒介再产生对人体影响（如使用被污染的食品和水）。焚烧过程产生浮灰和底灰，它们都含有一些金属。根据焚烧废物 10% 变成浮灰和 90% 变成底灰的假设，由于浮灰比底灰的单位重量要轻，据估计，大约有 70% 重量的金属存在于底灰，30% 存在于浮灰中，进一步估计约 99% 的浮灰被焚烧器的 APCD 所去除。这一部分浮灰与底灰由有毒废物厂处理。

通过暴露量计算和风险表征表明焚烧大量的干电池可对受体产生致癌的风险。这些风险大多数是由 Cd 引起，已知它可能是经吸入途径对人产生致癌的物质，这些 Cd 主要来源于 Ni–Cd 电池，因而从将要焚烧的城市固体废物中去除一定数量的 Ni–Cd 电池将减轻由焚烧（被选为电池管理的方法）产生的潜在风险。

3. 土地填埋和焚烧联合处理的风险表征

存在于城市固体废物中的部分干电池可被土地填埋，或部分被焚烧，结果表明：小孩和成人的 HI 值分别为 1.0 和 1.4、小孩和成人的致癌风险分别为 2.7×10^{-3} 和 6.1×10^{-4}。该值与允许值 HI 值为 1 和致癌风险值 $1.0 \times 10^{-4} \sim 1.0 \times 10^{-7}$ 相比较，可见，由焚烧释放的 Cd（来自 Ni–Cd 电池）存在着相应的风险。事实上，这些金属由于与大量城市固体废物混合而被稀释，较少存在高浓度的 Ni–Cd 电池。这意味着这里风险评价的浓度实际上要更低。不过如果有大量 Ni – Cd 电池存在，应建议采用土地填埋或将其回收。

4．选择不同干电池处置方法的风险比较

这里，有必要分析采用不同处置措施降低风险的程序以及降低风险的途径。表Ⅶ–1总结了选用不同干电池处置方法的风险状况，从理论上讲，该研究中电池的焚烧将存在较大风险。但实际上由于它们与城市固体废物混合，这些电池与城市固体废物安全焚烧而不产生任何严重风险。干电池与城市固体废物土地填埋不存在严重风险。现在对家用电池采用回收的方法还不多，但它对碱式、Zn – C/Zn – Cl 电池并不是最好的方法，而对于 Ni – Cd 电池，采用回收方法值得进一步探讨。

表Ⅶ–1　不同处置方案的风险比较

处置方案	定量风险值[①]	
	HI	致癌风险
填埋	$0.4(1.6)$[②]	$0.0(0.0)$
焚化	$3.5(0.0)$	$5.3 \times 10^{-3}(1.4 \times 10^{-60})$
填埋和焚化联合处置	1.9	2.7×10^{-3}

注：① 表示最敏感受体即显示最大风险值的人群的值。可接受 $HI \leqslant 1$。可接受致癌风险范围是 $10^{-4} \sim 10^{-7}$，其中 10^{-6} 用作分离点。

② 括号中的数字表示选定处置方案的典型或实际案例研究值。这些值均来自位于加拿大安大略省的滑铁卢填埋场（滑铁卢）和 Tricil SWARU 焚化装置。

十三、结论和建议

废物处理和管理措施一部分是根据各级行政部门的规章和法规，废物处置管理的规章试图将有害和无害物质分开。确定物质是否有害是根据一系列的检测试验，如毒性、可燃性、可爆性、腐蚀性和/或传染性。尽管家用电池组成中含有有毒物质，但由于所有家庭废物进入城市固体废物中而常被分类为无毒物。干电池本身也不按有毒废物进行管理。但应考虑到电池处置有可能引起有毒物质/化学品从土地填埋场淋溶或经城市固体废物焚烧进入到大气中。另外，家用电池使用的数量似乎在不断增加，它们与城市固体废物一起处置时，将增加对处置的影响。在一些电池中，有毒化学品的数量正在减少/或者它可能被低毒的物质替代，因此减少了干电池在城市固体废物中的潜在影响。表Ⅶ–2列出了管理废旧干电池的建议、方法，推荐使用适宜的处置方法作为管理措施。

表Ⅶ–2　推荐的废弃干电池管理方法

电池类型	优选的管理方案	替代的管理方案	评　价
碱性（锰）	填埋	焚化	即使浓缩形态的填埋或焚化，似乎都不存在任何重大风险
锌–碳/锌–氧化物	填埋	焚化	即使浓缩形态的填埋或焚化，似乎都不存在任何重大风险
镍–镉	回收	填埋	由于 Cd 的潜在风险，最好分离收集和回收镍–镉电池

大多数家用电池变成城市固体废物的一部分。所有固体废物或被土地填埋或被焚烧，而采用回收则成为独立的一部分。根据这一特点，拟提出以下几点建议：

① 被调查的干电池(例如碱式、Zn－C/Zn－Cl 和 Ni－Cd)通常并不代表城市固体废物重金属的主要来源。

② 没有明显的证据表明，经焚烧或土地填埋处置城市固体废物中的干电池将会出现对环境和健康的危害问题。

③ 由于土地填埋和焚烧处置电池的环境风险可能不十分严重。因此，更多的家用电池可由市政土地填埋和焚烧安全处置，Ni－Cd 电池最好用土地填埋。

④ 目前"回收"可能存在较大风险，由于分离、收集、储存和处置家用电池似乎会产生较大的健康危害问题。因此，现在所要做的应为降低电池汞的含量(尤其是碱式和 Zn－C/Zn－Cl 电池)，而不必要对碱式和 Zn－C/Zn－Cl 电池进行回收，但对 Ni－Cd 电池采取回收可能是较可行的理想的方法。

⑤ 应制订政策使所有市政焚烧场装配湿式气体净化装置，这样可以去除由于废物焚烧释放的汞。另外，由于 Cd 是经呼吸途径的致癌物，在城市固体废物充分使用有关装置，尽可能去除浮灰以减少最终影响人体健康的重金属浓度是十分重要的。如果没有净化设备，由于 Ni－Cd 电池是城市固体废物中 Cd 的重要来源，应将焚烧废物中的 Ni－Cd 电池分拣出来。

实际上，电池本身不是对 HHW 的最大贡献者，但它们是普遍存在的分散的重金属废物源。有效地管理其处置过程有可能减少这类金属对整个环境的威胁。另一方面，对所有电池不加区别的政策可能是有害的，最好也只会导致无效而不经济的计划，最差则可能是有害的和环境上的不安全。

参考文献

［1］北京市环境保护科学研究院. 环境影响评价典型实例［M］. 北京：化学工业出版社，2002.

［2］程胜高，张聪辰. 环境影响评价与环境规划［M］. 北京：中国环境科学出版社，1999.

［3］梁耀开. 环境评价与管理［M］. 北京：中国轻工业出版社，2001.

［4］陆书玉，栾胜基，朱坦. 环境影响评价［M］. 北京：高等教育出版社，2001.

［5］国家环境保护局科技标准司. 工业污染物产生与排放系数手册［M］. 北京：中国环境科学出版社，1996.

［6］曾贤刚. 环境影响经济评价［M］. 北京：化学工业出版社，2003.

附　录

附录一　环境影响评价工作大纲编制提纲

（摘自 HJ/T2.1—93）

　　1.1　评价大纲应在开展评价工作之前编制，它是具体指导建设项目环境影响评价的技术文件，也是检查报告书内容和质量的主要判据，其内容应该尽量具体、详细。

　　1.2　评价大纲一般应按 3.1 中所表明的顺序，并在充分研读有关文件、进行初步的工作分析和环境现状调查后编制。

　　1.3　评价大纲一般应包括以下内容：

　　1.3.1　总则

　　其中包括评价任务的由来、编制依据、控制污染与保护环境的目标、采用的评价标准、评价项目及其工作等级和重点等。

　　1.3.2　建设项目概况（如为扩建项目应同时介绍现有工程概况）

　　1.3.3　拟建地区的环境简况（附位置图）

　　1.3.4　建设项目工程分析的内容与方法

　　根据当地环境特点、评价项目的环境影响评价工作等级与重点等因素，说明工程分析的内容、方法和重点。

　　1.3.5　建设项目周围地区的环境现状调查

　　1.3.5.1　一般自然环境与社会环境现状调查。

　　1.3.5.2　环境中与评价项目关系较密切部分的现状调查。

　　根据已确定的各评价项目工作等级、环境特点和影响预测的需要，尽量详细地说明调查参数、调查范围及调查的方法、时期、地点、次数等。

　　1.3.6　环境影响预测与评价建设项目的环境影响

　　根据各评价项目的工作等级、环境特点，尽量详细地说明预测方法、预测内容、预测范围、预测时段以及有关参数的估值方法等。如进行建设项目环境影响的综合评价，应说明拟采用的评价方法。

　　1.3.7　评价工作成果清单、拟提出的结论和建议的内容

　　1.3.8　评价工作的组织、计划安排

　　1.3.9　评价工作经费概算

　　1.4　在下列任意一种情况下应编写环境影响评价工作的实施方案，以作为大纲的必要补充：第一，由于必需的资料暂时缺乏，所编大纲不够具体，对评价工作的指导作用不足；第二，建设项目特别重要或环境问题特别严重，如规模较大、工艺复杂、污染严重等；第三，环境状况十分敏感。

附录二　环境影响评价报告书编写提纲

（摘自 HJ/T2.1—93）

2.1　环境影响报告书应全面、概括地反映环境影响评价的全部工作，文字应简洁、准确，并尽量采用图表和照片，以使提出的资料清楚，论点明确，利于阅读和审查。原始数据、全部计算过程等不必在报告书中列出，必要时可编入附录。所参考的主要文献应按其发表的时间次序由近至远列出目录。评价内容较多的报告书，其重点评价项目另编分项报告书；主要的技术问题另编专题技术报告。

2.2　环境影响报告书应根据环境和工程的特点及评价工作等级，选择下列全部或部分内容进行编制。

2.2.1　总则

2.2.1.1　结合评价项目的特点阐述编制环境影响报告书的目的。

2.2.1.2　编制依据：

a．项目建议书；

b．评价大纲及其审查意见；

c．评价委托书（合同）或任务书；

d．建设项目可行性研究报告等。

2.2.1.3　采用标准：包括国家标准、地方标准或拟参照的国外有关标准（参照的国外标准应按国家环境保护局规定的程序报有关部门批准）。

2.2.1.4　控制污染与保护环境的目标。

2.2.2　建设项目概况

2.2.2.1　建设项目的名称、地点及建设性质。

2.2.2.2　建设规模（扩建项目应说明原有规模）、占地面积及厂区平面布置（应附平面图）。

2.2.2.3　土地利用情况和发展规划。

2.2.2.4　产品方案和主要工艺方法。

2.2.2.5　职工人数和生活区布局。

2.2.3　工程分析

报告书应对建设项目的下列情况进行说明，并做出分析。

2.2.3.1　主要原料、燃料及其来源和储运，物料平衡，水的用量与平衡，水的回用情况。

2.2.3.2　工艺过程（附工艺流程图）。

2.2.3.3　废水、废气、废渣、放射性废物等的种类、排放量和排放方式，以及其中所含污染物种类、性质、排放浓度；产生的噪声、振动的特性及数值等。

2.2.3.4　废弃物的回收利用、综合利用和处理、处置方案。

2.2.3.5　交通运输情况及场地的开发利用。

2.2.4　建设项目周围地区的环境现状

2.2.4.1　地理位置（应附平面图）。

2.2.4.2　地质、地形、地貌和土壤情况，河流、湖泊（水库）、海湾的水文情况，气候与气象情况。

2.2.4.3　大气、地表水、地下水和土壤的环境质量状况。

2.2.4.4　矿藏、森林、草原、水产和野生动物、野生植物、农作物等情况。

2.2.4.5　自然保护区、风景游览区、名胜古迹、温泉、疗养区以及重要的政治文化设施情况。

2.2.4.6　社会经济情况，包括：现有工矿企业和生活居住区的分布情况、人口密度、农业概况、土地利用情况、交通运输情况及其他社会经济活动情况。

2.2.4.7　人群健康状况和地方病情况。

2.2.4.8　其他环境污染、环境破坏的现状资料。

2.2.5　环境影响预测

2.2.5.1　预测环境影响的时段。

2.2.5.2　预测范围。

2.2.5.3　预测内容及预测方法。

2.2.5.4　预测结果及其分析和说明。

2.2.6　评价建设项目的环境影响

2.2.6.1　建设项目环境影响的特征。

2.2.6.2　建设项目环境影响的范围、程度和性质。

2.2.6.3　如要进行多个厂址的优选时，应综合评价每个厂址的环境影响并进行比较和分析。

2.2.7　环境保护措施的评述及技术经济论证，提出各项措施的投资估算（列表）。

2.2.8　环境影响经济损益分析。

2.2.9　环境监测制度及环境管理、环境规划的建议。

2.2.10　环境影响评价结论。